高职高专测绘类专业"十二五"规划教材·规范版

全国测绘地理信息职业教育教学指导委员会组编

工 程 测 量（测绘类）

- 主 编 王金玲
- 副主编 刘仁钊 林乐胜 郭 涛
- 主 审 张东明

武汉大学出版社

图书在版编目(CIP)数据

工程测量(测绘类)/王金玲主编;刘仁钊,林乐胜,郭涛副主编;张东明主审.—武汉:武汉大学出版社,2013.7(2022.2重印)
高职高专测绘类专业"十二五"规划教材·规范版
ISBN 978-7-307-10869-1

Ⅰ.工… Ⅱ.①王… ②刘… ③林… ④郭… ⑤张… Ⅲ.工程测量—高等职业教育—教材 Ⅳ.TB22

中国版本图书馆 CIP 数据核字(2013)第 105381 号

责任编辑:王金龙　　责任校对:王　建　　版式设计:马　佳

出版发行:武汉大学出版社　　(430072　武昌　珞珈山)
(电子邮箱:cbs22@whu.edu.cn 网址:www.wdp.com.cn)
印刷:武汉图物印刷有限公司
开本:787×1092　1/16　印张:16.75　字数:393 千字　插页:1
版次:2013 年 7 月第 1 版　　2022 年 2 月第 6 次印刷
ISBN 978-7-307-10869-1　　定价:33.00 元

版权所有,不得翻印;凡购买我社的图书,如有质量问题,请与当地图书销售部门联系调换。

高职高专测绘类专业 "十二五"规划教材·规范版
编审委员会

顾问
宁津生　教育部高等学校测绘学科教学指导委员会主任委员、中国工程院院士

主任委员
李赤一　全国测绘地理信息职业教育教学指导委员会主任委员

副主任委员
赵文亮　全国测绘地理信息职业教育教学指导委员会副主任委员
李生平　全国测绘地理信息职业教育教学指导委员会副主任委员
李玉潮　全国测绘地理信息职业教育教学指导委员会副主任委员
易树柏　全国测绘地理信息职业教育教学指导委员会副主任委员
王久辉　全国测绘地理信息职业教育教学指导委员会副主任委员

委员　（按姓氏笔画排序）
王　琴　黄河水利职业技术学院
王久辉　国家测绘地理信息局人事司
王正荣　云南能源职业技术学院
王金龙　武汉大学出版社
王金玲　湖北水利水电职业技术学院
冯大福　重庆工程职业技术学院
刘广社　黄河水利职业技术学院
刘仁钊　湖北国土资源职业学院
刘宗波　甘肃建筑职业技术学院
吕翠华　昆明冶金高等专科学校
张　凯　河南工业职业技术学院
张东明　昆明冶金高等专科学校
李天和　重庆工程职业技术学院
李玉潮　郑州测绘学校
李生平　河南工业职业技术学院
李赤一　国家测绘地理信息局人事司
李金生　沈阳农业大学高等职业学院
杜玉柱　山西水利职业技术学院
杨爱萍　江西应用技术职业学院
陈传胜　江西应用技术职业学院
明东权　江西应用技术职业学院
易树柏　国家测绘地理信息局职业技能鉴定指导中心
赵文亮　昆明冶金高等专科学校
赵淑湘　甘肃林业职业技术学院
高小六　辽宁省交通高等专科学校
高润喜　包头铁道职业技术学院
曾晨曦　国家测绘地理信息局职业技能鉴定指导中心
薛雁明　郑州测绘学校

序

　　武汉大学出版社根据高职高专测绘类专业人才培养工作的需要，于2011年和教育部高等教育高职高专测绘类专业教学指导委员会合作，组织了一批富有测绘教学经验的骨干教师，结合目前教育部高职高专测绘类专业教学指导委员会研制的"高职测绘类专业规范"对人才培养的要求及课程设置，编写了一套《高职高专测绘类专业"十二五"规划教材·规范版》。该套教材的出版，顺应了全国测绘类高职高专人才培养工作迅速发展的要求，更好地满足了测绘类高职高专人才培养的需求，支持了测绘类专业教学建设和改革。

　　当今时代，社会信息化的不断进步和发展，人们对地球空间位置及其属性信息的需求不断增加，社会经济、政治、文化、环境及军事等众多方面，要求提供精度满足需要，实时性更好、范围更大、形式更多、质量更好的测绘产品。而测绘技术、计算机信息技术和现代通信技术等多种技术集成，对地理空间位置及其属性信息的采集、处理、管理、更新、共享和应用等方面提供了更系统的技术，形成了现代信息化测绘技术。测绘科学技术的迅速发展，促使测绘生产流程发生了革命性的变化，多样化测绘成果和产品正不断努力满足多方面需求。特别是在保持传统成果和产品的特性的同时，伴随信息技术的发展，已经出现并逐步展开应用的虚拟可视化成果和产品又极好地扩大了应用面。提供对信息化测绘技术支持的测绘科学已逐渐发展成为地球空间信息学。

　　伴随着测绘科技的发展进步，测绘生产单位从内部管理机构、生产部门及岗位设置，进而相关的职责也发生着深刻变化。测绘从向专业部门的服务逐渐扩大到面对社会公众的服务，特别是个人社会测绘服务的需求使对测绘成果和产品的需求成为海量需求。面对这样的形势，需要培养数量充足，有足够的理论支持，系统掌握测绘生产、经营和管理能力的应用性高职人才。在这样的需求背景推动下，高等职业教育测绘类专业人才培养得到了蓬勃发展，成为了占据高等教育半壁江山的高等职业教育中一道亮丽的风景。

　　高职高专测绘类专业的广大教师积极努力，在高职高专测绘类人才培养探索中，不断推进专业教学改革和建设，办学规模和专业点的分布也得到了长足的发展。在人才培养过程中，结合测绘工程项目实际，加强测绘技能训练，突出测绘工作过程系统化，强化系统化测绘职业能力的构建，取得很多测绘类高职人才培养的经验。

　　测绘类专业人才培养的外在规模和内涵发展，要求提供更多更好的教学基础资源，教材是教学中的最基本的需要。因此面对"十二五"期间及今后一段时间的测绘类高职人才培养的需求，武汉大学出版社将继续组织好系列教材的编写和出版。教材编写中要不断将测绘新科技和高职人才培养的新成果融入教材，既要体现高职高专人才培养的类型层次特征，也要体现测绘类专业的特征，注意整体性和系统性，贯穿系统化知识，构建较好满足现实要求的系统化职业能力及发展为目标；体现测绘学科和测绘技术的新发展、测绘管理与生产组织及相关岗位的新要求；体现职业性，突出系统工作过程，注意测绘项目工程和生产中与相关学科技术之间的交叉与融合；体现最新的教学思想和高职人才培养的特色，在传统的教材基础上勇于创新，按照课程改革建设的教学要求，让教材适应于按照"项目教学"及实训的教学组织，突出过程和能力培养，具有较好的创新意识。要让教材适合高职高专测绘类专业教学使用，也可提供给相关专业技术人员学习参考，在培养高端技能应用性测绘职业人才等方面发挥积极作用，为进一步推动高职高专测绘类专业的教学资源建设，作出新贡献。

按照教育部的统一部署，教育部高等教育高职高专测绘类专业教学指导委员会已经完成使命，停止工作，但全国测绘地理信息职业教育教学指导委员会将继续支持教材编写、出版和使用。

全国测绘地理信息职业教育教学指导委员会副主任委员

二〇一三年一月十七日

前　言

本书由全国测绘地理信息职业教育教学指导委员会组织实施，武汉大学出版社出版，是高职高专测绘类专业"十二五"规划教材。以全国测绘地理信息职业教育教学指导委员会"十二五"规划教材研讨会上制定的《工程测量》编写大纲和课程标准为主要依据，充分体现任务引领、实践导向的课程设计理念，全国 20 余所院校的测量教师在总结多年教学经验的基础上参与了编写与指导工作。

为使本教材具有较强的应用性和技能性，充分展示技能性、实用性和通用性等特点，教学指导委员会的领导和老师与各院校的参编老师历时两年多的时间先后进行了多次的研讨和交流，主编老师深入工程实践单位进行调研，广泛征询工程单位专家的意见和建议，综合考虑各行业对工程测量技术人才培养的要求，打破了传统的教材编写模式，以项目化的模式编写，以能力培养为主线，按照各行业特点将全书共划分为 1 个课程导入和 10 个工作项目，工作项目下设若干个工作任务。

本教材注重知识的实用性与应用性，重点突出"做"的过程与方法。力求结构合理、主线清晰、概念明确、文字简洁、篇幅适中。本教材的突出特点一是技能性，注重工程测量基本技能的叙述，概念阐述简单明了，工作过程条理清晰、通俗易懂，强调操作的要点和技能。二是通用性，本书综合考虑各行业对工程测量人才的需求，编写中注重工程测量基本原理、基本方法等共性的阐述，同时又根据行业不同划分成 10 个工作项目，普遍适合于各行业工程测量的基本工作。

参加本书编写的人员均是在本专业有多年教学经验的老师和工程实践单位从事工程测量工作的技术人员。本书由湖北水利水电职业技术学院王金玲主编，昆明冶金高等专科学校张东明主审，湖北水利水电职业技术学院王金玲编写课程导入和项目 2，江苏建筑职业技术学院林乐胜编写项目 1，内蒙古建筑职业技术学院弓永利编写项目 3，湖北水利水电职业技术学院徐卫卓编写项目 4，武汉理工大学华夏学院金莹编写项目 5，湖北国土资源职业学院刘仁钊编写项目 6，辽宁省交通高等专科学校高小六编写项目 7，武昌理工学院何欢编写项目 8，辽宁水利职业学院李金生编写项目 9，长江工程职业技术学院郭涛编写项目 10。全书由王金玲统稿、定稿。

本书在编写过程中得到了长江水利委员会勘测规划设计院、武汉勘测设计研究院、中南电力设计院等企业的领导和专家的大力支持，在此一并致谢！

由于编者水平有限，书中难免有疏忽和遗漏之处，恳请读者批评指正。如发现问题，有待改进或建议，请发电子邮件至 wjlclpc@163.com，在此特表谢意。

编　者
2013 年 4 月于武汉

目 录

课程导入 ··· 1
　【教学目标】 ·· 1
　一、工程测量的研究对象和内容 ·· 1
　二、工程测量在国民经济建设中的地位 ·· 2
　三、工程测量与其他学科的关系 ·· 2
　四、工程测量的应用与发展 ·· 3
　五、工程测量的岗位要求 ··· 3
　【知识小结】 ·· 6
　【知识与技能训练】 ·· 6

项目1　施工控制网的建立 ·· 7
　【教学目标】 ·· 7
　项目导入 ·· 7
　工作任务1　施工控制网的布设 ·· 7
　工作任务2　施工坐标与测图坐标的转换 ··· 9
　工作任务3　施工控制网精度的确定方法 ·· 10
　【知识小结】 ··· 12
　【知识与技能训练】 ··· 13

项目2　施工放样的基本工作 ··· 14
　【教学目标】 ··· 14
　项目导入 ··· 14
　工作任务1　放样前的准备工作 ··· 15
　工作任务2　高程放样 ·· 15
　工作任务3　已知水平角的测设 ··· 18
　工作任务4　已知水平距离的测设 ·· 20
　工作任务5　极坐标法放样平面点位 ··· 22
　工作任务6　直角坐标法放样平面点位 ·· 24
　工作任务7　角度前方交会法放样平面点位 ··· 27
　工作任务8　方向线交会法放样平面点位 ·· 30
　工作任务9　距离交会法放样平面点位 ·· 31

1

工作任务10　直线放样方法 …………………………………………………… 32
　　工作任务11　放样方法的选择 …………………………………………………… 35
　　【知识小结】 ……………………………………………………………………… 35
　　【知识与技能训练】 ……………………………………………………………… 36

项目3　建筑工程施工测量 ……………………………………………………… 37
　　【教学目标】 ……………………………………………………………………… 37
　　项目导入 …………………………………………………………………………… 37
　　工作任务1　建筑场地施工控制测量 …………………………………………… 38
　　工作任务2　民用建筑施工测量 ………………………………………………… 43
　　工作任务3　工业建筑物放样测量 ……………………………………………… 51
　　工作任务4　高层建筑物放样测量 ……………………………………………… 59
　　工作任务5　竣工测量 …………………………………………………………… 63
　　【知识小结】 ……………………………………………………………………… 65
　　【知识与技能训练】 ……………………………………………………………… 65

项目4　河道测量 ………………………………………………………………… 66
　　【教学目标】 ……………………………………………………………………… 66
　　项目导入 …………………………………………………………………………… 66
　　工作任务1　测深线和测深点的布设 …………………………………………… 67
　　工作任务2　水下地形点平面位置的测定 ……………………………………… 68
　　工作任务3　水位观测 …………………………………………………………… 71
　　工作任务4　水深测量 …………………………………………………………… 73
　　工作任务5　水下地形图的绘制 ………………………………………………… 76
　　工作任务6　河道纵、横断面图的测量 ………………………………………… 79
　　【知识小结】 ……………………………………………………………………… 82
　　【知识与技能训练】 ……………………………………………………………… 82

项目5　电力工程测量 …………………………………………………………… 83
　　【教学目标】 ……………………………………………………………………… 83
　　项目导入 …………………………………………………………………………… 83
　　工作任务1　选线定线测量 ……………………………………………………… 83
　　工作任务2　桩间距离及高程测量 ……………………………………………… 86
　　工作任务3　平断面测量 ………………………………………………………… 87
　　工作任务4　杆塔定位测量 ……………………………………………………… 93
　　工作任务5　杆塔基坑放样 ……………………………………………………… 93
　　工作任务6　拉线放样 …………………………………………………………… 96
　　工作任务7　导线弧垂的放样与观测 …………………………………………… 100

【知识小结】 102
【知识与技能训练】 102

项目6 线路工程测量 104
【教学目标】 104
项目导入 104
工作任务1 线路的初测 105
工作任务2 定线测量 107
工作任务3 圆曲线的测设 123
工作任务4 综合曲线的测设 132
工作任务5 综合曲线详细测设 138
工作任务6 复曲线与反向曲线的测设 144
工作任务7 竖曲线的测设 145
工作任务8 线路施工测量 149
工作任务9 管道施工测量 152
【知识小结】 156
【知识与技能训练】 156

项目7 桥梁施工测量 157
【教学目标】 157
项目导入 157
工作任务1 桥梁施工控制网 157
工作任务2 桥墩台基础施工放样 160
工作任务3 桥梁施工测量 166
工作任务4 桥梁施工中的检测与竣工测量 168
【知识小结】 169
【知识与技能训练】 169

项目8 地下工程施工测量 170
【教学目标】 170
项目导入 170
工作任务1 地面控制测量 171
工作任务2 地下控制测量 173
工作任务3 竖井联系测量 176
工作任务4 隧道贯通误差 183
工作任务5 隧道施工测量 188
【知识小结】 194
【知识与技能训练】 194

项目9 水工建筑物施工测量 ················· 195
【教学目标】 ································· 195
项目导入 ·································· 195
工作任务1 土坝的施工放样 ····················· 195
工作任务2 混凝土坝体放样线的测设 ················· 202
工作任务3 水闸的放样 ······················· 206
工作任务4 安装测量 ························ 209
【知识小结】 ······························· 216
【知识与技能训练】 ··························· 217

项目10 轨道工程测量 ·························· 218
【教学目标】 ······························· 218
项目导入 ·································· 218
工作任务1 高速铁路工程测量 ···················· 218
工作任务2 地下铁路工程测量 ···················· 230
工作任务3 线下工程测量 ······················ 239
工作任务4 无砟轨道铺设测量 ···················· 248
【知识小结】 ······························· 256
【知识与技能训练】 ··························· 256

参考文献 ································ 257

课 程 导 入

【教学目标】

学习本章，要求学生透彻理解工程测量的定义、研究对象及其特点、分类；了解工程测量与其他学科的关系及工程测量的发展动态。进而使学生对工程测量这门应用学科有一个较为全面的了解，形成对本门课程的初步理性认识。

一、工程测量的研究对象和内容

工程测量是研究地球空间中具体几何实体测量和抽象几何实体测设的理论、方法和技术的一门应用学科。一般将"工程测量"的定义为：在工程建设勘察设计、施工和管理阶段所进行的各种测量工作。工程测量是一门应用学科，主要应用在工程与工业建设、城市建设与国土资源开发，水陆交通与环境工程的减灾、救灾等事业中，进行地形和相关信息的采集与处理、施工放样、设备安装、变形监测与分析预报等方面的理论和技术，以及与之有关的信息管理与使用。

工程测量的内容，按照服务对象来讲，大致可分为工业与民用建筑工程测量，水利水电工程测量，铁路、公路、管线、电力线架设等线路工程测量，桥梁工程测量，矿山工程测量，地质勘探工程测量，隧道及地下工程测量等。为各项工程建设服务的测量工作，各有其特点与要求，但从其基本原理与基本方法来看，又有许多共同之处。因此，也可以不分工程的种类，而按照工程建设中测量工作进行的次序以及所用的测量理论与作业方法的性质，综合地讲述工程测量的内容。

按照工程建设的先后顺序，一般的工程建设基本上可以分为三个阶段，即勘测设计阶段、建筑施工阶段与运营管理阶段。这三个阶段的测量工作可分为：

(1)勘测设计阶段的测量工作。工程在勘测设计阶段需要各种比例尺的地形图、纵横断面图及一定点位的各种样本数据，这些都是必须由测量工作来提供或到实地定点、定线。

(2)建筑施工阶段的测量工作。每项工程建设的设计，经过讨论、审查和批准之后，即进入施工阶段。这就需要将设计的工程建筑物，按照施工的要求在现场标定出来（即定线放样），作为实际施工的依据。此外，在施工过程中还需对工程进行各种监测，确保工程质量。

(3)运营管理阶段的测量工作。工程竣工后，需测绘工程竣工图或进行工程最终定位测量，作为工程验收和移交的依据。在工程竣工后运营期间，为了监视其安全和稳定的情况，了解其设计是否合理，验证设计理论是否正确，还需定期地对其安全性和稳定性进行监测，为工程的安全运营提供保障。

可见，工程测量就是围绕着各项工程建设对测量的需要所进行的一系列有关测量理论、方法和仪器设备进行研究的一门学科，它在国民经济建设中和国防建设中起到了极其重要的作用。

因为工程测量是直接为工程建设服务的，所以工程测量工作者还必须具有一定的有关工程建设方面的知识。例如，在为工程建设的规划设计进行勘测时，应该了解该项工程的作用、总体布置的特点以及它与周围环境的关系等。当为工程的施工进行定线放样时，必须了解工程的结构，掌握其各部分的关系，了解工程施工的步骤和方法与施工场地的布置情况，以便确定在现场应该放样的点和线，找出它们之间的关系，算出它们的平面与高程位置。因为设计图样是工程师的语言，一般的工程结构都是通过各种图纸来表示的，所以工程测量工作者必须善于识图和读图，才能正确执行定线放样任务。当进行变形观测时，为了合理地进行观测点和控制点的布置，确定观测的精度，选择观测的方法，以及合理地进行成果的整理与分析，都需要具有该项工程的构造及其使用情况的知识。所以，在工程建设的三个阶段中进行测量工作时，都需要有关的工程知识。这样，才能使测量工作有针对性，避免盲目性，从而合理地解决工程建设中的测量问题。

二、工程测量在国民经济建设中的地位

工程测量在我国国民经济建设中发挥着巨大的作用。

在工业方面，各种工业厂房的建设，设备的安装、调试都要进行工程测量。

在交通运输方面，各种道路的修建，隧道的贯通，桥梁的架设，港口的建设等，如青藏铁路、康藏公路、兰新铁路、安康铁路、成昆铁路都是巨大而艰难的工程。工程测量是完成这些工程的重要保证。

在水利建设方面，各种水库、水坝及引水隧洞，水电站工程，例如三峡工程、长江葛洲坝工程、黄河小浪底工程及二滩电站都是大型的拦洪蓄水发电、灌溉的水利工程，这些工程不仅在清理地基、浇灌基础、竖立模板、开挖隧道、建设厂房和设备安装中进行工程测量，而且建成后还须进行长期的变形观测，监测大坝和河堤的安全。

在国防工业和军事工程建设方面，配合各种武器型号的试验，卫星、导弹和其他航天器的发射，都需要大量的军事工程测量工作，为其提供可靠保障。

三、工程测量与其他学科的关系

首先，工程测量与测绘类其他学科关系十分密切，在勘测设计阶段，主要是建立基础测量控制网，测绘大比例尺的地形图；在施工阶段，主要是各种工程点位的放样；在运营管理阶段，主要是研究建(构)筑物变形观测的基本理论和基本方法。要完成这些工作必须掌握测量学基础、控制测量学、测量平差等有关理论和方法，了解测量工作所用的仪器设备的构造、性能及其使用方法，掌握放样精度的估算方法。

其次，工程测量与其他学科的联系也日趋紧密，随着学科的发展，工程测量已由原来

的土木工程测量向"广义工程测量"发展，即"不属于地球测量，不属于有关国家地图集的陆地测量和不属于公务测量的实际测量课题，都属于工程测量。"一方面它需要应用测量学、摄影测量与遥感、地图制图、地理学、环境科学、建筑学、力学、计算机科学、人工智能、自动化理论、计量技术、网络技术等新技术新理论解决工程测量中的难题，丰富其内容；另一方面，通过在工程测量中的应用，使这些新的学科更加富有生命力。例如GPS、GIS和RS应用于工程勘测、资源开发、城市和区域专用信息管理系统及工程管理信息数据库。CCD固态摄影机使"立体视觉系统"迅速发展，应用到三维工业测量系统中；机器人技术应用于施工测量自动化，传感器技术和激光技术、计算机技术促进了工程测量仪器的自动化。

由此可见，这些新技术和新理论不断充实工程测量，成为工程测量不可缺少的内容，同时也促进了工程测量学科的发展和应用。

四、工程测量的应用与发展

随着传统测绘技术走向数字化，工程测量的服务不断拓宽，与其他学科的互相渗透和交叉不断加强，新技术、新理论的引进和应用不断深入，打破了传统测绘观念对测量工作的束缚，工程测量的发展将会沿着测量数据采集和处理向一体化、实时化、数字化方向发展；测量仪器向精密化、自动化、信息化、智能化发展；工程测量产品向多样化、网络化和社会化方向发展。

在勘察设计阶段，可以采用全站仪、GPS进行控制网的布设、地形图的测绘；在施工放样阶段，既可以采用普通光学经纬仪、水准仪，也可以采用电子经纬仪、电子全站仪、激光铅垂仪、激光准直仪和GPS等现代化设备和方法进行点、线、高的放样和检查验收；在运营管理阶段，可以用各种仪器对建筑物进行变形监测。随着工程测量理论和测绘仪器设备的发展，各种先进测量仪器设备在工程测量中广泛应用，使得工程测量的工作效率和精度都得到了大幅度的提高。

五、工程测量的岗位要求

1. 对测量技术人员的要求

工程测量是直接为工程建设服务的，工程测量工作者必须具有一定的有关工程建设方面的知识。工程测量技术人员应具备以下知识和素质：

（1）能熟练使用测量仪器和工具，并能进行常规的保养、检验、校正和维修。

（2）能够懂得设计意图和建筑物的构造，并能对图纸进行校对和审核。

（3）了解该项工程的作用、总体布置的特点以及它与周围环境的关系，了解工程施工的步骤和方法，对施工的各分部、分项的施工程序有明确的了解，能在施工过程中与其他工种协调配合，提供所需的测量服务。

（4）了解工程规范中对测量的允许偏差，选择适当的测量仪器和测量方法，满足精度要求。

2. 常见工程测量职位描述要求

案例一　测量员岗位职责

(1) 遵守国家法律和法规以及有关地方政策。

(2) 认真熟悉施工图纸和有关施工技术规范。

(3) 施测过程中，施测人员必须认真细致，做到步步有检核，项项能闭合。

(4) 对施测的每项工作必须进行复核后方可进行施工。

(5) 对施工人员交底必须清楚，让施工人员能明白设计意图和施工目的。

(6) 施测人员必须有吃苦耐劳的精神，保证测量数据准确无误。

(7) 对测量的有关成果必须保密，不能随意泄露。

(8) 必须熟悉测量的技术规范，使施测的成果在允许误差范围之内。

案例二　测量员岗位职责

(1) 测量员在项目工程部经理的领导下负责工程项目施工测量工作。

(2) 参加编制工程项目施工组织设计中的施测方案负责落实施工测量的准备工作。

(3) 参加工程项目的图纸会审，负责工程施工测量的定位、超平放线、高程控制等测量和沉降观测工作。

(4) 负责及时进行施工资料的编写、绘制、会签以及资料的汇集、整理归档、移交等工作。

(5) 积极参与项目质量、安全、文明施工和成本检查、分析活动，完成贯标要素。

(6) 积极完成领导和上级部门安排的其他工作。

案例三　测量队长岗位职责

(1) 按照建筑总平面图和发包人提交的施工场地范围，规划红线桩、工程控制坐标网点和水准基桩，负责施工现场的测量与放样。

(2) 负责组织测量人员进行控制网点布测和原始地形图复测。

(3) 负责工程实体、建筑物的施工放线、复核。

(4) 负责现场实物工程量的测量、统计、分解，准确提供工程量计量数据。

(5) 负责提供补偿、变更、索赔资料中的测量数据和原始签证。

(6) 遵守测量规范及相关要求，负责组织编写相关测量程序与方案。

(7) 按照设计文件、施工图纸、测量申请单、测量交样单的要求，根据现场测量结果进行测量技术交底。

(8) 负责变形观测，位移观测以及其他观测、计量、统计。

(9) 完成领导交办的其他工作。

案例四　测量队职责

(1) 严格执行测量规范、规程及技术标准。

(2) 根据施工组织设计和施工进程安排，编制项目施工测量方案和施工测量计划。

(3) 负责整个工程项目的测量管理工作，对测量结果负有直接责任。

(4) 负责测量人员的工作计划安排，统筹计划，协调管理，使测量工作按工程项目计划进度进行。

(5) 负责项目施工控制网的布设、导线点的引测。

(6) 负责施工放样的技术交底、检查施工记录及放样记录的核算。

(7) 负责测量仪器的管理。建立测量仪器、设备台账、精密测量仪器卡、仪器档案，定期对仪器进行检查，并按规定进行检查、确保仪器精度复核要求。

(8) 做好测量资料的计算、复核和对原始资料的整理、保管工作。

(9) 协助技术人员做好施工图纸的审核工作。

(10) 负责测量员的指挥、培训工作。

(11) 完成领导交办的其他工作。

案例五　测量资料员岗位职责

(1) 负责测量队技术文件、资料管理的内、外接口，整理存档。

(2) 负责测量队有关测量数据的收集、整理、统计，建账成册，及时报送。

(3) 负责现场实物工程量中测量数据部分的建账成册，及时报送有关部门和领导。

(4) 负责测量仪器、器材、工器具的建账，送检，修理计划。

(5) 负责文件、报表台账、资料传递，文件收发，竣工资料等各项内业文印。

(6) 完成领导交办的其他工作。

案例六　测量工程师岗位职责

(1) 熟悉设计技术文件、施工图纸，负责施工现场的测量、放线、复核。

(2) 负责施工现场控制网点的布测和观测桩点设立，复测。

(3) 负责施工过程中的变形与稳定性等现场观测项目，及时、准确、规范地填报各类观测数据。

(4) 协助进行测量技术交底。

(5) 编写测量程序、方案，按规定格式要求及时填写测量手簿，完善签字手续。

(6) 协助有关人员做好测量工程量，现场工程量签证。

(7) 负责填写测量日志，收集、整理、统计现场工程量报表中有关测量部分的资料、数据，建账成册，及时报送。

(8) 完成领导交办的其他工作。

案例七　测量监理工程师岗位职责

(1) 在总监理工程师(副总监)的领导下，复核设计原始基准点、基准线和基准高程等资料，并按设计图纸复核承包人施工放样。

(2) 参与设计交底、图纸会审，负责现场测量交桩工作。

(3) 检查承包单位的测量仪器型号、人员配置情况及组织、管理规章制度，审查测量人员的上岗证和资格证。

(4) 督促承包人对施工放线中的基准资料、转角点、水准点定期进行复查。

(5) 审核承包人的测量放线资料，复核承包人的测量放线成果。

(6) 对重点部位组织监理复核测量，整理测量成果。

(7) 记好测量日记，收集、整理、保管日常测量监理资料，建立台账，并接受检查。

(8) 编制《测量仪器使用制度》，并严格要求测量小组成员能遵守执行，负责对仪器保管、维护和定期自检，认真填写仪器使用和维修台账。

（9）负责检查各监理组测量工作和测量内业资料。

（10）完成总监理工程师(副总监)交办的其他工作。

【知识小结】

本课程导入首先介绍了工程测量的研究对象、定义及内容；工程测量工作的三个环节；简述了工程测量的在国民经济发展中的地位、与其他学科的关系及工程测量的应用与发展，最后以案例形式对工程测量的岗位要求进行了详尽的描述。

【知识与技能训练】

1. 工程测量的定义是什么？
2. 工程测量在工程建设的三个阶段具体要进行哪些测量工作？
3. 举一个身边发生的与工程测量相关的例子，说明工程测量在国民经济发展中的重要性。
4. 深入工程施工现场调查工程测量技术人员的岗位职责及工作要求，提交一份调研报告。

项目 1　施工控制网的建立

【教学目标】

学习本项目，要求学生理解施工控制网布设的必要性，熟练掌握施工控制网的布设方法，掌握施工控制网精度确定原则及方法。通过学习，使学生具有独立建立施工控制网的技能，为后续的课程学习和工程实践打下牢固的基础。

项　目　导　入

控制网根据其用途的不同分为两大类，即国家基本控制网和工程控制网。国家基本控制网的主要作用是提供全国范围内的统一参考框架，其特点是控制面积大，控制点间的距离较长，点位的选择主要考虑布网是否有利，不侧重具体工程施工利用时是否有利，它一般分级布设，共分为一、二、三、四等级。工程控制网是针对某项工程而布设的专用控制网，一般分为测图控制网、施工控制网和变形监测网。

在工程建设勘测阶段已建立了测图控制网，但是由于它是为测图而建立的，因此，控制网的密度和精度是以满足测图为目的的，不可能考虑建筑物的总体布置（当时建筑物的总体布置尚未确定），更未考虑到施工的要求，因此其控制点的分布、密度、精度都难以满足施工测量的要求。此外，平整场地时控制点大多受到破坏，因此在施工之前，必须建立专门的施工控制网。

工作任务 1　施工控制网的布设

一、施工控制网的作用及布设形式

专门为工程施工而布设的控制网称为施工控制网。施工控制网建立的目的有两个，一是为工程建设提供工程范围内统一的参考框架，为各项测量工作提供位置基准，在工程施工期间为各种建筑物的放样提供测量控制基础，是施工放样依据。二是在工程建成后为工程在运营管理阶段的维修保养、扩建改建提供依据。

施工控制测量同样分为平面控制测量和高程控制测量。平面控制网点用来确定测设点的平面位置，高程控制网点用来进行设计点位的高程测设。

施工平面控制网的布设，应根据建筑总平面设计图和施工地区的地形条件来选择控制网的形式，确定合理的布设方法。对于起伏较大的山岭地区，如水利枢纽、桥梁、隧道等工程，过去一般采用三角测量（或边角测量）的方法建网；对于建筑物密集而且规则的大中型工业建设场地，施工平面控制网多用正方形或矩形网格组成，称为建筑方格网；在面积不大、又不十分复杂的建筑场地上，常布设一条或几条基线作为施工控制；对于地形平坦的建设场地，也可以采用导线形式布设。有时布网形式可以混合使用，如首级网采用三角网，在其下加密的控制网采用导线形式。现在，大多数已被 GPS 网所代替。对于高精度的施工控制网，则将 GPS 网与地面边角网或导线网相结合，使两者的优势互补。

高程控制网通常用水准测量方法进行。在施工期间，要求在建筑物近旁的不同高度上都必须布设临时水准点。临时水准点的密度应保证放样时只设一个测站，即能将高程传递到建筑物上。高程控制网通常分两级布设，即布满整个施工场地的基本高程控制网与根据各施工阶段放样需要而布设的加密网。基本高程控制网通常采用三等水准测量施测，加密高程控制网则用四等水准测量施测。

另外，对于起伏较大的山岭地区，其平面和高程控制网通常各自单独布设。对于平坦地区，平面控制点通常均联测在高程控制网中，同时作为高程控制点使用。

二、施工控制网的特点

与测图控制网相比，施工阶段的测量控制网具有下述特点。

1. 控制的范围小，控制点的密度大，精度要求高

在工程勘测期间所布设的测量控制网的控制范围总是大于工程建设的区域，即工程施工的地区相对总是比较小的。对于水利枢纽工程、隧道工程和大型工业建设场地其控制面积约在十几平方公里到几十平方公里，一般的工业建设场地都在一平方公里以下。因此，控制网所控制的范围就比较小。

在工程建设施工场区，由于拟建的各种建（构）筑物的分布错综复杂，没有稠密的控制点，则无法满足施工放样需要，也会给后期的施工测量工作带来困难。故要求施工控制点的密度较大。

至于点位的精度要求，测量图控制网点是从满足测图要求出发提出的，而施工控制网的精度是从满足工程放样的要求确定的。这是因为施工控制网的主要作用是放样建筑物的轴线，这些轴线的位置，其偏差都有一定的限制，其精度要求是相当高的。例如工业建筑施工控制网在 200m 的边长上，其相对精度应达到 1/20000 的要求；对于隧道控制网，当长度在 4km 以下时，其相向开挖的横向贯通容许误差不应大于 10cm；大型桥梁施工时，桥墩定位的误差一般不得超过 2cm。由此可见，工程施工控制网的精度要比一般测图控制网要高。

2. 施工控制网的点位布置有特殊要求

如前所述，施工控制网是为工程施工服务的。因此，为保证后期施工测量工作应用方便，一些工程对点位的埋设有一定的要求。如桥梁施工控制网、隧道施工控制网和水利枢纽工程施工控制网要求在梁中心线、隧道中心线和坝轴线的两端分别埋设控制点，以便准确地标定工程的位置，减小施工测量的误差。此外，在工业建筑场地，还要求施工控制网点连线与施工坐标系的坐标轴平行或垂直。而且，其坐标值尽量为米的整倍数，以利于施工放样的计算工作。

在施工过程中，需经常依据控制点地进行轴线点位的投测、放样。由此，施工控制点

的使用将极为频繁,这样一来,对控制点的稳定性、使用时的方便性,以及点位在施工期间保存的可能性等,就提出了比较高的要求。

3. 控制网点使用频繁,且易受施工干扰

大型工程建设在施工过程中,控制点常直接用于放样,而不同的工序和不同的高程上都有不同的形式和不同的尺寸,往往要频繁地进行放样,这样,随着施工层面逐步升高,施工控制网点的使用是相当频繁的。从施工初期到工程竣工乃至投入使用,这些控制点可能要用几十次。另一方面,工程的现代化施工,经常采用立体交叉作业的方法,一些建筑物拔地而起,这样使工地建筑物在不同平面的高度上施工,妨碍了控制点间的相互通视。再加上施工机械调动,施工人员来来往往,也形成了对视线的严重障碍。因此,施工控制点的位置应分布恰当、坚固稳定、使用方便、便于保存,且密度也应较大,以便在放样时可有所选择。

4. 采用独立的施工坐标系

施工控制网的坐标轴常取平行或垂直于建筑物的主轴线。如,水利枢纽工程通常用大坝轴线作为坐标轴;大桥用桥轴线为坐标轴;隧道用中心线或其切线为坐标轴。当施工控制网与测图控制网联系时,应利用公式进行坐标换算,以方便后期的施工测量工作。

工作任务 2 施工坐标与测图坐标的转换

在建筑总平面图上,建筑物的平面位置一般用施工坐标系统的坐标来表示。当施工控制网与测图控制网不一致时(建筑总平面图是在工程或城市地形图上设计的,所以施工场地上的已知高等级控制点的坐标是测图坐标系下的坐标,该坐标通常由业主提供),应进行两种坐标系间的数据换算,以使坐标统一。将测图坐标换算为施工坐标,可分两步进行:如图1.1所示,设 xOy 为测量坐标系,$x'O'y'$ 为施工坐标系,x_0、y_0 为施工坐标系的原点在测量坐标系中的坐标,α 为两坐标系纵轴间的夹角。设施工坐标系中 P 点的坐标为 $(x'_P、y'_P)$,则可按下式将其换算为测量坐标 $(x_P、y_P)$

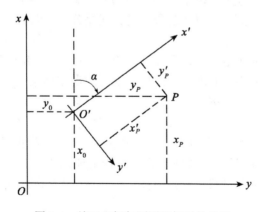

图 1.1 施工坐标与测图坐标系的关系

$$x_P = x_0 + x'_P\cos\alpha - y'_P\sin\alpha \brace y_P = y_0 + x'_P\sin\alpha + y'_P\cos\alpha} \tag{1.1}$$

若已知 P 点的测图坐标，则可按下式将其换算为施工坐标。

$$x'_P = (x_P - x_0)\cos\alpha + (y_P - y_0)\sin\alpha \brace y'_P = -(x_P - x_0)\sin\alpha + (y_P - y_0)\cos\alpha} \tag{1.2}$$

工作任务 3　施工控制网精度的确定方法

为了保证建(构)筑物放样的正确性和准确性，满足工程建设建筑限差的要求，施工控制网必须达到一定的精度要求。

一、建筑限差

工程建筑物的建筑限差是指建筑物竣工之后实际位置相对于设计位置的极限偏差。通常对其偏差的规定是随工程的性质、规模、建筑材料、施工方法等因素而改变。按精度要求的高低排列为：钢结构、钢筋混凝土结构、砖混结构、土石方工程等。按施工方法分，预制件装配式施工方法较现场现浇方法的精度要求高一些，钢结构用高强度螺栓连接的比用电焊连接的精度要求高。此外，由于建筑物、构筑物的各部位相对位置关系的精度要求较高，因而工程的细部放样精度要求往往高于整体放样精度。

对一般工程，混凝土柱、梁、墙的施工总误差允许为 10~30mm；对高层建筑物轴线的倾斜度要求高于 1/1000~1/2000；安装连续生产设备的中心线，其横向偏差不应超过 1mm；对于钢结构的工业厂房，柱间距离偏差要求不超过 2mm；钢结构施工的总误差随施工方法不同，允许误差在 1~8mm 之间；土石方的施工误差允许达 10cm；对特殊要求的工程项目，其设计图纸及设计总说明均有明确的建筑限差要求。

二、精度分配原则

对于相当多的工程，施工规范中没有具体的测量精度的规定。这时先要在施工测量、施工、加工制造等几个方面之间对建筑限差进行误差分配，然后方可确定施工测量工作应具有的精度。

设设计允许的总误差为 Δ，允许测量工作的误差为 Δ_1，允许施工产生的误差为 Δ_2，允许加工制造产生的误差为 Δ_3（如果还有其他重要的误差因素，则再增加项数），若假定各工种产生的误差相互独立，按照误差传播定律，则有：

$$\Delta^2 = \Delta_1^2 + \Delta_2^2 + \Delta_3^2 \tag{1.3}$$

式中只有 Δ 是已知的（即设计时所确定的建筑限差），其他各项都是待定量。

通常，在精度分配处理中，一般先采用"等影响原则"、"忽略不计原则"处理，然后把计算结果与实际作业条件对照，或凭经验作些调整（即不等影响）后再计算。如此反复，直到误差分配比较合理为止。

1. 等影响原则

所谓等影响原则是假定配赋给各个重要的误差因素的允许误差相同，即：假定 Δ_1、

Δ_2、Δ_3 相等，则各方面误差因素的允许误差均为 $\frac{\Delta}{\sqrt{3}}$。由此求得的 Δ_1 是分配给测量工作的最大允许误差，通常把它当做测量的极限误差来处理，由此可以根据它来确定测量方案，并确定出施工控制网的精度。

按照"等影响原则"进行等量配赋在实际工作中有时显得不太合理，因为各方面误差影响因素，往往并非相同等比重，这样，可能对某些方面来说显得太松，而对另一方面却显得太紧了。此时，常需结合具体条件或凭经验作些调整，以求配赋合理。但要求最终各方面误差的联合影响不超过总的建筑限差。

2. 忽略不计原则

若某项误差由 m_1 和 m_2 两部分组成，即

$$M^2 = m_1^2 + m_2^2 \tag{1.4}$$

其中 m_2 影响较小，当 m_2 小到一定程度时可以忽略不计，这样可以认为 $M = m_1$。

设 $m_2 = \frac{m_1}{k}$，则 $M = m_1 \sqrt{1 + \frac{1}{k^2}}$。通常取 $k = 3$ 时，$M = 1.05 m_1 \approx m_1$，因而可认为 $M = m_1$。

在实际工作中通常把 $m_2 \approx \frac{1}{3} m_1$ 作为可把 m_2 忽略不计的标准。

三、施工控制网精度确定

各种建筑物或同一建筑物的不同部分对放样的精度要求是不同的，有的精度要求高些，有的要求低些。例如有的连续生产的中心线，其横向偏差要求不超过 1mm；钢结构的工业厂房，钢柱中心线间的距离要求不超过 2mm。施工控制网的精度究竟应当如何确定？如果根据工程建筑物的局部要求来确定施工控制网的精度，势必将整个施工控制网的精度提得很高。精度要求提高了，将会使测量工作量增加，拖延工期，并且花费大量的人力和物力。

对于某些建筑元素，它们相互相对位置的精度要求很高，但不是直接根据控制点进行放样，如金属结构与机电设备安装测量的要求多为几毫米，这只是相对于某一个轴线而言的，所以在考虑控制网精度时，可以不考虑这一要求。

正确定出工程建筑物施工测量及施工控制测量的精度要求，是一项极为重要的工作。首先应依据建筑限差确定出施工测量的精度，然后，再依据测量精度定出施工控制测量的精度。由于各建筑物或同一建筑物中各不同建筑部分的施工标准及质量目标水平不一样，因而对施工放样精度的要求也就不同，在确定时，没有统一标准，此精度如果定得过宽，就可能造成质量事故；反之，定得过严，又会给放样工作带来不少困难，从而增加了放样工作量，延长了放样的时间，也就无法满足工程施工进度的需要。

我们知道，建筑物主要轴线的放样，一般是根据施工控制网进行；而细部放样则大多依据主轴线进行，但有时也可根据施工控制网进行。因此，如何根据施工测量的精度来确定施工控制网的精度，应考虑到施工现场条件、施工程序和方法，以及其各自的质量标准，分析这些建筑物是否必须直接从控制点进行放样，若是直接由控制点放样，必须考虑建筑限差对控制网的要求；若不是，则不必考虑建筑限差对控制网的要求。其次，建筑限

差一般是以相对限差(即局部要求)的形式提出的,如何将相对限差转化为放样点的点位误差的形式,需要根据工程实际而定。下面,依据建筑工程的建筑限差来分析确定施工测量误差及相关施工控制测量精度确定的方法。

施工测量的精度应由工程设计人员提出的建筑限差或按工程施工规范来确定。建筑限差 Δ 一般是指工程竣工后的最低精度要求,它应理解为极限误差,故工程竣工后的中误差 m 应为建筑限差的一半。通常,对土建施工来说,建筑物竣工时的中误差 m 是由施工误差 $m_{施}$ 和测量误差 $m_{测}$ 两项误差因素所共同引起的,测量误差只是其中的一部分。即

$$m^2 = m_{测}^2 + m_{施}^2 \tag{1.5}$$

按照"等影响原则"及"忽略不计原则",施工测量误差不能成为建筑误差的主要成分。一般来说,施工测量的任务是保证工程建筑物的几何形状和大小,而不应使得由于测量误差的累积,影响了工程质量;此外,在施工测量工作可以有很多措施来提高测量作业的精度,而在施工过程中,受施工方法及现场条件的限制,其施工精度要达到很高是很困难的。因此在施工中,常取测量误差为施工误差的 $\dfrac{1}{\sqrt{2}}$,即 $m_{测} = \dfrac{1}{\sqrt{2}} m_{施}$。由此,可得:$m_{测} = \dfrac{1}{\sqrt{3}} m$。

而测量误差又包括施工控制测量误差 $m_{控}$ 和细部放样误差 $m_{放}$ 两部分,即

$$m_{测}^2 = m_{控}^2 + m_{放}^2 \tag{1.6}$$

两者在测量误差中的比例应根据控制网的布设情况和放样工作的条件分两种不同的情况来分析,若放样条件好(指放样边长短,场地较平整),则放样误差可以很小,此时控制测量误差可以接近总测量误差;若放样条件不好,则放样误差一般较大,此时应提高控制测量的精度,使控制点误差所引起的放样点误差,相对于施工放样的误差来说,小到可以忽略不计,即控制测量误差在总的测量误差中不能起显著作用,一般而言约占测量总误差的10%,亦即使控制点误差对放样点位不发生显著影响。

由于在施工场地上,一般控制点较密,放样距离较近,条件较好,其放样误差较小,两者之间常常取适当的比例,一般取控制测量误差为细部放样误差的 $\dfrac{1}{\sqrt{2}}$。即 $m_{控} = \dfrac{1}{\sqrt{2}} m_{放}$

则,可得:$m_{控} = \dfrac{1}{\sqrt{3}} m_{测} = \dfrac{1}{3} m$

又因工程竣工后的中误差 m 为建筑限差 Δ 的一半,即 $m = \dfrac{1}{2}\Delta$,所以,

$$m_{控} = \dfrac{1}{6}\Delta \tag{1.7}$$

【知识小结】

本项目主要介绍了施工控制网布设的目的与建立的方法。详细叙述了施工控制网的特点,有别于我们以前学过的其他控制网,以及施工控制网精度确定的原则和方法。施工场地建立统一的平面和高程控制网在于保证各个建(构)筑物在平面和高程上都能符合设计

要求，互相连成统一的整体，然后以此控制网为基础，进行各个建筑物和构筑物主轴线、辅助轴线以及细部的测设。

【知识与技能训练】

1. 施工控制网建立的目的是什么？
2. 相对于测图控制网，施工平面控制网有哪些特点？
3. 施工控制网精度的确定有几种原则？各适用于什么情况？
4. 如图 1.2 所示施工坐标系原点 O' 在测量坐标系中的坐标是（3386380.725，495485.954），施工坐标系相对于测量坐标系顺时针旋转30°，某点 P 在施工坐标系下的坐标是（106.534，56.334），试将该点的施工坐标换算为测量坐标下的坐标。

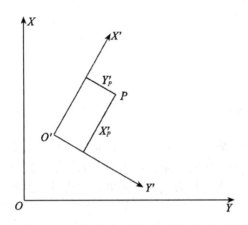

图 1.2 施工坐标与测图坐标系关系示意图

项目 2　施工放样的基本工作

【教学目标】

　　学习本项目，要求学生熟练掌握测设的三项基本工作，即已知水平距离测设、已知水平角测设和已知高程测设。在此基础上，着重掌握直角坐标法、极坐标法、前方交会法等平面位置放样的方法、高程传递方法以及坡度测设的方法，并掌握精度分析的方法和技巧。进而使学生能够根据实际工程情况和仪器设备条件选择合适的放样方法，并能够对测设的点位进行精度的分析，学会分析测设中产生测量误差的原因，懂得在实际测设时如何来消除或减弱误差，提高精度。

项 目 导 入

　　在建立好施工控制网以后，按照施工需要，将图上已设计的建筑物或构筑物的位置、形状、大小与高低，在实地上标定出来，作为施工的依据，这项工作称为放样。因此，放样过程中的任何一点差错，将直接影响施工的进度和质量，因此施工测量人员必须具有高度的责任心。

　　为了达到预期的目的，在进行放样之前，测量人员首先要熟悉工程的总体布局和细部结构设计图，找出工程主要设计轴线和主要点位的位置以及各部分之间的几何关系，结合现场条件和已有控制点的布设情况，分析具体放样的方案，选择合适的放样方法，做出最优化处理，使放样精度达到最高。为了做好放样工作，要学习放样的有关规定、数据准备和方法的选择，熟悉各种放样的特点，并能进行精度分析。

　　进行施工测量工作时，其工程建筑物放样的程序，应遵守"由整体到局部"、"先轴线后细部"的原则。即首先应以原勘测设计阶段所建立的测图控制网为基础，根据施工总平面图和施工场地地形条件设计并建立好施工测量控制网，再根据施工控制网点在现场定出各个建(构)筑物的主轴线和辅助轴线；根据主轴线和辅助轴线标定建(构)筑物的各个细部点。采用这样的工作程序，能保证建(构)筑物几何关系的正确，保证各种建筑物、构筑物、管线等的相对位置能满足设计要求，而且使施工放样工作可以有条不紊地进行，便于工程项目分期分批地进行测设和施工，避免施工测量误差的累积。

　　将施工图上建筑物的形状、大小和高程，通过其特征点标定在实地上。如矩形建筑物的四角，线形建筑物的转折点等，因此点位放样是建筑物放样得基础。根据所采用的放样仪器和实地条件不同，常用的点的平面位置的放样方法有极坐标法、直角坐标法、方向线交会法、前方交会法、距离交会法、全站仪坐标放样等。高程放样的方法主要是采用水准高程放样和三角高程放样。无论是采用何种方法，从总体来说，施工放样的基本工作可以归结为已知水平角的测设、已知水平距离的测设和已知高程的测设。放样数据的计算就是求出放样所需的长度、角度和高程或放样点的坐标。

工作任务1 放样前的准备工作

一、一般规定

施工放样前，应搜集施工现场控制测量成果及其技术总结和有关地形图、工程建筑物的设计图与设计文件等必要的资料。再对图纸中的有关数据和几何尺寸，认真进行检核，确认无误后，方可作为放样的依据。放样工作的任何一点差错，都将直接影响工程的质量和施工进度，因此，必须按正式设计审批的图纸和设计文件进行放样，不得凭口头通知或用未经批准的草图放样。所有放样的点、线均应有检核条件，经过检查验收，正确无误后才能交付使用。

二、放样数据的准备

测量人员在施工放样前，应根据设计图纸和有关数据及使用的控制点成果，计算放样数据，绘制放样草图。所有数据、草图均应认真检核。在放样过程中，应使用放样手簿，建立完整的数据记录制度。手簿应按工程部位分开使用，并随时整理，妥善保管，防止丢失。放样手簿主要内容包括：工程部位，放样日期，观测和记录者姓名；放样所使用的控制点名称、坐标和高程，设计图纸的编号，放样数据及放样草图；放样过程中疑难问题的解决办法；实测资料及外业检查图形等。

三、放样方法的选择

在实践工作中，对于不同的工程和不同的施工场地，可结合具体条件灵活地选择放样方法。根据拥有设备的情况来确定放样实施方案。通常情况下，平面位置放样采用的方法有极坐标法、直角坐标法、距离交会法、角度交会法、方向线交会法。高程放样采用的方法有全站仪三角高程法和水准测量法。放样方法虽然较多，归纳起来，最基本的方法还是测设水平角、测设长度和测设高程。

工作任务2 高程放样

已知高程测设，就是根据作业区附近的已知高程点，将另一点的设计高程测设到实地上。若附近没有高程点，则应从已知高程点处引测一个高程点到作业区域，并埋设固定标志。该点应有利于保存和放样，且应满足只架设一次仪器就能放出所需要的高程。

一、地面点高程测设

如图2.1所示，A点是已知高程水准点，高程H_A，B点的设计高程为H_B。测设方法为：在A、B两点之间安置水准仪，先在A点竖立水准尺，读得读数为a，则仪器的视线

高 $H_i = H_A + a$。要使 B 点的高程为设计高程 H_B，则在 B 点竖尺时，水准尺上的读数应为：

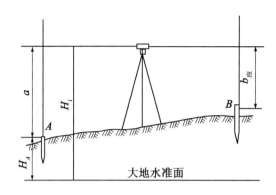

图 2.1 地面点高程测设

$$b_{应} = H_i - H_B = (H_A + a) - H_B \qquad (2.1)$$

将水准尺紧贴 B 点处的木桩侧面，上下移动，当 B 尺读数为 $b_{应}$ 时，在木桩侧面沿尺子底部画一横线，此处即是高程为 H_B 的位置。

【案例 1】 设施工区附近有一水准点 A，$H_A = 46.235\text{m}$，B 点为建筑物室内地坪±0.000 待测点，设计高程为 $H_B = 46.023\text{m}$，将仪器安置在 A、B 两点之间，在 A 点上水准尺的读数 $a = 1.241\text{m}$，试求 B 点水准尺读数为多少时，尺子底部位置就是设计高程 H_B。

解 $\quad b_{应} = (H_A + a) - H_B = 46.235 + 1.241 - 46.023 = 1.453(\text{m})$

即当 B 点上水准尺读数为 1.453m 时，尺子底部位置的高程就是设计高程 H_B。

如欲使 B 点桩顶高程为 H_B，可将水准尺立于 B 桩顶上，若水准仪读书小于 b 时，则逐渐将木桩打入土中，使尺上读数逐渐增加到 b，这样 B 点桩顶的高程即为设计高程。

如果地面坡度较大，无法将设计高程在木桩顶部或一侧标出时，可立尺于桩顶，读取桩顶前视，根据下式计算出桩顶改正数：

桩顶改正数＝前视桩顶实际读数－前视应读读数

假如前视应读读数是 1.500m，前视桩顶实际读数是 1.050m，则桩顶改正数为 -0.450m，表示设计高程的位置在自桩顶往下量 0.450m 处，可在桩顶上注"向下 0.450m"即可。如果改正数为正，说明设计高程高于桩顶，应自桩顶向上量改正数，得设计高程。

二、空间点高程测设

空间点高程测设，就是由地面已知高程点，测设建筑物的上部、基槽或井下坑道里的高程点。由于已知高程点与待测设的高程点之间高差较大，除水准尺外，还要借助于钢尺或测绳来完成高程测设。

如图 2.2 所示，已知地面水准点 A 的高程为 H_A，要测设坑内设计点 B 的高程 H_B，在坑口设支架，自上而下悬挂一钢尺，尺子零点向下，下端挂一个 10kg 重的垂球，放入油桶中，观测时，在地面上和坑内各安置一台水准仪，瞄准地面 A 点和坑内 B 点处的水准尺，读数分别为 a 和 d，钢尺上下端读数分别为 c、d。根据水准测量原理可知：

$$H_B = H_A + a - (b-c) - d \tag{2.2}$$
$$d = H_A + a - (b-c) - H_B \tag{2.3}$$

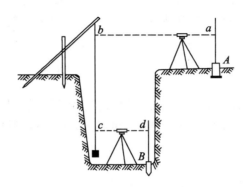

图 2.2　将地面高程传递到深坑里

在 B 点立尺，使水准尺紧贴着桩侧面或坑壁上下移动，当水准仪在水准尺上的读数等于 d 时，紧靠尺底在坑壁上画线，即可得到高程为 H_B 的位置。

【案例 2】设水准点 A 的高程 $H_A = 50.587$m，B 点的设计高程为 $H_B = 38.564$m，坑口的水准仪读取 A 点水准尺和钢尺的读数分别为 $a = 1.425$m、$b = 12.357$m，坑底水准仪在钢尺上的读数 $c = 1.368$m，在 B 点所立尺上的读数为多少时，尺底高程就是 B 点的设计高程 H_B。

解　$d = H_A + a - (b-c) - H_B = 50.587 + 1.425 - (12.357 - 1.368) - 38.564 = 2.459$m

即在 B 点上所立水准尺的读数为 2.459m 时，尺底高程就是 B 点的设计高程 H_B。

用同样的方法，可由低处向高处测设已知高程点。如图 2.3 所示，已知地面水准点 A 的高程为 H_A，要测设各层楼面 B 的高程 H_B，由水准测量原理可知：

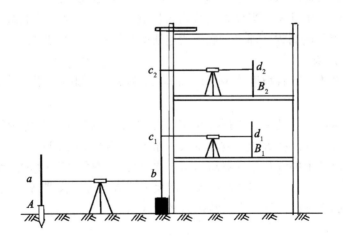

图 2.3　将地面点高程传递到高层建筑物上

$$H_B = H_A + a + (c-b) - d \tag{2.4}$$
$$d = H_A + a + (c-b) - H_B \tag{2.5}$$

当测量精度要求较高时,在钢尺的长度中应加入尺长和温度改正。为了检核还应改变钢尺的悬挂位置后重复测一次,当观测的同一点的高程互差不超过 3mm 时,取平均值作为最后结果。

三、坡度线的测设

在公路工程和排水工程施工中,常常遇到坡度线测设。如图 2.4 所示,由 A 点沿 AB 方向测设一条坡度为 i 的坡度线。有两种方法可以完成坡度线测设。

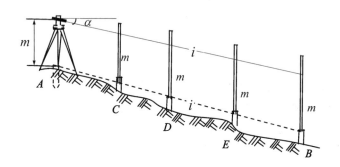

图 2.4 坡度线测设

1. 经纬仪测设法

当已知 A 点高程 H_A,要测设的坡度为 i,可以用经纬仪测设法,具体操作如下:

根据坡度 i 计算坡度线与水平面的夹角 $\alpha = \arctan i$,在 A 点安置经纬仪,量取仪器高 m,使竖直角为 α。即望远镜的视线的坡度就是 i,分别在 C、D、E、B 点处的木桩侧面竖水准尺,上下移动水准尺,当尺上读数为仪器高 m 时,此时尺子底端位置就是坡度线在 C、D、E、B 点处的高程。即尺子底端的连线就是坡度为 i 的坡度线。

2. 水准仪测设法

当测设的坡度不大,且坡度线两端的高程 H_A 和 H_B 已知时,用水准仪测设法。具体操作步骤如下:

在 A 点安置水准仪,使一个脚螺旋在 AB 方向线上,另外两个脚螺旋的连线垂直于 AB 方向线,量取仪器高 m。在 B 点上立水准尺,水准仪照准 B 点水准尺,转动 AB 方向线上那个脚螺旋,使尺子上的读数与仪器高相同,此时视线就平行于 AB 的连线。在 C、D、E 处的木桩侧面立水准尺,上下移动水准尺,使尺上读数均等于仪器高 m,此时尺子底端的连线即为所测设的坡度线。该种方法常称为平行线法。

工作任务 3 已知水平角的测设

已知水平角的测设,就是根据地面上给定的一个角顶点和一个已知方向,在地面上标定另一条边的方向，使其与已知边的夹角等于设计的角值。测设方法如下：

一、一般方法

如图 2.5 所示，设 O 点为角的顶点，地面上的已知方向 OA,，欲测设水平角 $\angle AOC$ 等于设计角值 β。测设时将经纬仪或全站仪安置在 O 点，用盘左瞄准 A 点，读取水平度盘读数 L，松开照准部，旋转照准部，当度盘读数增加到 $L+\beta$ 时，在视线方向上定出 C' 点。用盘右位置照准 A 点，然后重复上述步骤测设角值，得另一点 C''，C' 与 C'' 往往不重合，取 C' 和 C'' 两点连线的中点 C。则 $\angle AOC$ 就是要测设的水平角，OC 方向线就是所要测设的方向。这种测设角度的方法通常也称为正倒镜分中法。

二、精密方法（归化法）

当水平角测设精度要求较高时，可以采用精密的方法，如图 2.6 所示，在 O 点置经纬仪或全站仪，先用一般方法测设 β 角，在地面上定出 C' 点，再用测回法观测 $\angle AOC'$ 多个测回（测回数由精度要求或按有关规范规定），取各测回平均值，得到 $\angle AOC'=\beta_1$，计算 β 和 β_1 的差值，即 $\Delta\beta=\beta-\beta_1$，当 $\Delta\beta$ 超过限差（$\pm10''$）时，需要进行改正。根据 $\Delta\beta$ 和 OC' 的长度计算改正值 CC'：

$$CC'=OC'\times\tan\Delta\beta=OC'\times\frac{\Delta\beta''}{\rho''} \tag{2.6}$$

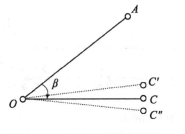 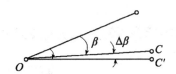

图 2.5　一般方法测设水平角　　　图 2.6　精密法测设水平角

式中：$\rho=206265''$

过 C' 点作 OC' 的垂线，以 C' 点为始点沿垂线方向量取 $C'C$，即得 C 点，则 $\angle AOC=\beta$。当 $\Delta\beta=\beta-\beta_1<0$，说明 $\angle AOC'$ 偏大，C' 点应向内改正；反之，向外改正。

【案例3】 已知地面上 A、O 两点，O 为角的顶点，欲沿顺时针方向测设 $\angle AOC=120°$。

解 在 O 点安置经纬仪，盘左、盘右测设一个 $120°$ 角，取平均位置 C' 点，量得 $OC'=60$m，用测回法观测三个测回，取平均值得 $\angle AOC'=120°00'40''$，

$$\Delta\beta=\beta-\beta_1=120°-120°00'40''=-40''$$

说明已测设的角大于要测设的角。计算改正值：

$$C'C=OC'\times\frac{\Delta\beta''}{\rho''}=60\times\frac{-40''}{206265''}=-0.012\text{m}=-12\text{mm}$$

过 C' 点作 OC' 的垂线，从 C' 开始向内量 12mm，即为 C 点，则 $\angle AOC=120°$。

工作任务4 已知水平距离的测设

已知水平距离测设，就是根据地面上一个已知的起点，沿给定的方向，在地面上标定另一个端点，使两点之间的距离等于设计的距离，这项工作也称为已知长度直线的测设，在施工放样过程中经常用到。距离放样一般采用钢尺丈量，当精度要求较高时采用电磁波测距仪或全站仪测设。

一、钢尺测设水平距离

1. 一般方法

当放样要求精度不高时，放样可以从已知点开始，沿给定的方向量出设计的水平距离，在终点处打一木桩，并在桩顶标出测设的方向线，然后仔细量出给定的水平距离，对准读数在桩顶画一垂直测设方向的短线，两线相交即为要放的点位。

为了校核和提高放样精度，以测设的点位为起点向已知点返测水平距离，若返测的距离与给定的距离有误差，且相对误差超过允许值时，须重新放样。若相对误差在容许范围内，可取两者的平均值，用设计距离与平均值的差的一半作为改正数，改正测设点位的位置(当改正数为正，短线向外平移，反之向内平移)，即得到正确的点位。

如图2.7所示，已知 A 点，欲放样 B 点。AB 设计距离为28.50m，放样精度要求达到1/2000。放样方法与步骤如下：

图2.7 已知水平距离的测设

(1)以 A 为准在放样的方向(A—B)上量28.50m，打一木桩，并在桩顶标出方向线 AB。

(2)甲把钢尺零点对准 A 点，乙拉直并放平尺子对准28.50m处，在桩上画出与方向线垂直的短线 $m'n'$，交 AB 方向线于 B' 点。

(3)返测 $B'A$ 得距离为28.508m。则 $\Delta D = 28.500 - 28.508 = -0.008$m。

相对误差 $= \dfrac{0.008}{28.5} \approx \dfrac{1}{3560} < \dfrac{1}{2000}$，测设精度符合要求。

改正数 $= \dfrac{\Delta D}{2} = -0.004$m。

(4)$m'n'$垂直向内平移4mm得 mn 短线，其与方向线的交点即为欲测设的 B 点。

2. 精密方法

当放样距离要求精度较高时，就必须考虑尺长、温度、倾斜等因素对距离放样的影响。放样时，可先用一般方法初步定出设计长度的终点，测出该点与起点的高差，测出丈量时的现场温度，再根据钢尺的尺长方程式计算尺长改正数、温度改正数和高差改正数。

设 $D_{设}$ 为欲测设的设计长度，在测设之前必须根据所使用钢尺的尺长方程式计算尺长改正数、温度改正数和高差改正数，则应丈量的水平距离 $D_{读}$ 可根据下式计算：

$$D_{读} = D_{设} - \frac{\Delta l}{l_0} \cdot D'_{读} - \alpha \cdot D'_{读} \cdot (t - t_0) + \frac{h^2}{2D'_{读}} \tag{2.7}$$

式中：Δl 为钢尺尺长改正值；l_0 为钢尺的名义长度；α 为钢尺线膨胀系数；t 为放样时的温度；t_0 为钢尺检定时尺面温度；h 为线段两端的高差。

若坡度不大时，上式右端的 $D'_{读}$ 可用 $D_{设}$ 代替，若坡度较大时，则应先以 $D_{设}$ 代入上式计算出 $D'_{读}$ 的近似值，然后再以 $D'_{读}$ 的近似值代入公式中做正式计算。

为了保证计算无误，通常将计算出的数据 $D_{读}$ 与欲测设的水平距离 $D_{设}$ 进行比较。其差值仅在末位数有所差别，若较差太大，则可能计算有误。

【案例 4】 某建筑物轴线的设计长度为 45.000m，实地测得直线段两端的高差为 0.250m，放样时的温度为 32℃，放样时的拉力与检定时相同，所用钢尺的尺长方程式为 $l = 30 + 0.004 + 0.0000125(t-20℃) \times 30$，试求放样时实地丈量的长度 $D_{读}$。

解 根据式(2.2)得：

$$D_{读} = 45 - \frac{0.004}{30} \times 45 - 0.0000125 \times (32-20) \times 45 + \frac{0.25^2}{2 \times 45}$$

$$= 44.987(\text{m})$$

按计算的 $D_{读}$ 沿给定的方向丈量，即得放样长度。作为检查，再丈量一次，若两次放样结果在规定限差之内，可取平均位置作为最后放样结果。

二、全站仪(测距仪)放样距离

随着全站仪(测距仪)的普及，目前水平距离的测设，尤其是长距离的测设多采用全站仪或测距仪。如图 2.8 所示，安置测距仪于 A 点，瞄准已知方向，在距离放样模式下输入放样距离，指挥施镜员沿仪器瞄准方向前后移动棱镜，使仪器显示值略大于测设的距离，定出 B' 点。在 B' 点安置反光棱镜，测出竖直角 α 及斜距 L(必要时加测气象改正)，计算水平距离：

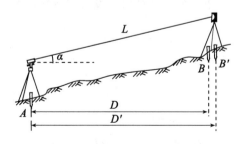

图 2.8 测距仪放样水平距离

$$D' = L \cdot \cos\alpha \tag{2.8}$$

求出 D' 与应测设的水平距离 D 之差 $\Delta D = D - D'$。根据 ΔD 的符号在实地用钢尺沿测设方向将 B' 改正至 B 点,并用木桩标定其点位。为了检核,应将反光镜安置于 B 点,再实测 AB 距离,其不符值应在限差之内,否则应再次进行改正,直至符合限差为止。若用全站仪测设,仪器可直接显示水平距离,测设时,反光镜在已知方向上前后移动,使仪器显示值等于测设距离即可。

工作任务5　极坐标法放样平面点位

一、放样方法

极坐标法点位放样是在控制点上测设一个水平角度和一段水平距离来确定点的平面位置。此法适用于测设点离控制点较近且便于量距的情况。若用全站仪测设则不受这些条件限制。

如图 2.9 所示,A、B 为控制点,其坐标 $A(x_A, y_A)$,$B(x_B, y_B)$ 为已知,P 点为建筑物的一个角点,其坐标 $P(x_P, y_P)$ 可在设计图上查得,现根据 A、B 两点,用极坐标法测设 P 点于实地上。

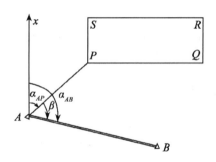

图 2.9　极坐标法测设点位

1. 用经纬仪、钢尺放样点位

(1)计算测设数据。先按下列公式计算出测设数据水平角 β 和水平距离 D_{AP}:

$$\left.\begin{array}{l} \alpha_{AB} = \arctan\dfrac{y_B - y_A}{x_B - x_A} \\[6pt] \alpha_{AP} = \arctan\dfrac{y_P - y_A}{x_P - x_A} \\[6pt] \beta = \alpha_{AB} - \alpha_{AP} \end{array}\right\} \tag{2.9}$$

$$D_{AP} = \sqrt{(x_P - x_A)^2 + (y_P - y_A)^2} \tag{2.10}$$

(2)测设点位。

①在 A 点安置经纬仪,瞄准 B 点,按逆时针方向测设 β 角,定出 AP 方向。

②沿 AP 方向自 A 点测设水平距离 D_{AP}，定出 P 点，做出标志。

③用同样的方法测设 Q、R、S 点。全部测设完毕后，检查建筑物四角是否等于 $90°$，各边长是否等于设计长度，其误差均应在限差以内。

同样，在测设距离和角度时，可根据精度要求分别采用一般方法或精密方法。

【案例 5】 如图 2.9 所示，已知 $x_A = 200.00$m，$y_A = 200.00$m，$x_B = 100.00$m，$y_B = 220.00$m，$x_P = 280.00$m，$y_P = 250.00$m。试求测设数据 β 和 D_{AP}。

解

$$\alpha_{AB} = \arctan \frac{y_B - y_A}{x_B - x_A} = \arctan \frac{220.00 - 200.00}{100.00 - 200.00} = 168°41'24''$$

$$\alpha_{AP} = \arctan \frac{y_P - y_A}{x_P - x_A} = \arctan \frac{250.00 - 200.00}{280.00 - 200.00} = 32°00'19''$$

$$\beta = \alpha_{AB} - \alpha_{AP} = 168°41'24'' - 32°00'19'' = 136°41'05''$$

$$D_{AP} = \sqrt{(x_P - x_A)^2 + (y_P - y_A)^2}$$
$$= \sqrt{(280.00 - 200.00)^2 + (250.00 - 200.00)^2} = \sqrt{80^2 + 50^2} = 90.34(\text{m})$$

2. 用全站仪放样

用全站仪按极坐标法测设点的平面位置，不需预先计算放样数据。如图 2.10 所示，A、B 为已知控制点，P 点为待测设的点。将全站仪安置在 A 点，瞄准 B 点，按仪器上的提示分别输入测站点 A、后视点 B 及待测点 P 的坐标后，仪器即自动显示水平角 β 和水平距离 D_{AP} 的测设数据，按仪器提示照准后视方向后，转动照准部直至角度显示为 $0°00'00''$，此时视线的方向即是欲测设 AP 方向。观测员指挥施镜员前后移动棱镜，差值为正时向近仪器方向移动，反之，背向仪器移动。当差值的绝对值较小时，可借助手钢尺来量距，定出 P 点的位置。然后再将棱镜立于 P 点，用全站仪检核点位。

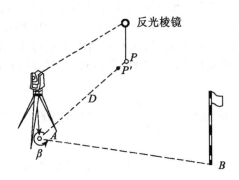

图 2.10 全站仪测设点位

二、放样点位的精度分析

根据极坐标法放样作业过程可以看出，放样设计点 P 时主要有两项工作，即测设水平角度 β 和水平距离 D，所以影响放样点位精度的误差主要有放样角度的误差和放样水平距离的误差。此外，还有仪器对中误差、点位标定误差等。

如图 2.9 所示，P 点测设的实际点位可以表达为坐标正算计算式，即

$$\left.\begin{array}{l} x_P = x_A + D_{AP}\cos\alpha_{AP} \\ y_P = y_A + D_{AP}\sin\alpha_{AP} \end{array}\right\} \quad (2.11)$$

$$\alpha_{AP} = \alpha_{AB} + \beta \quad (2.12)$$

根据误差传播定律对式(2.11)和式(2.12)求解 P 点在 x、y 轴产生的中误差，以中误差平方式表达则有：

$$\left.\begin{array}{l} m_{x_P}^2 = \cos^2\alpha_{AP}\left(\dfrac{m_D}{D}\right)^2 \cdot D^2 + D^2 \cdot \sin^2\alpha_{AP} \cdot \left(\dfrac{m_{\alpha_{AP}}}{\rho}\right)^2 \\ m_{y_P}^2 = \sin^2\alpha_{AP}\left(\dfrac{m_D}{D}\right)^2 \cdot D^2 + D^2 \cdot \cos^2\alpha_{AP} \cdot \left(\dfrac{m_{\alpha_{AP}}}{\rho}\right)^2 \end{array}\right\} \quad (2.13)$$

对(2.12)式应用误差传播定律有：

$$m_{\alpha_{AP}} = m_\beta \quad (2.14)$$

需要说明的是，以上讨论中均未考虑起始点 A 的误差，即将起始点的误差忽略不计。将式(2.14)代入式(2.13)则有：

$$\left.\begin{array}{l} m_{x_P}^2 = \cos^2\alpha_{AP}\left(\dfrac{m_D}{D}\right)^2 \cdot D^2 + D^2 \cdot \sin^2\alpha_{AP} \cdot \left(\dfrac{m_\beta}{\rho}\right)^2 \\ m_{y_P}^2 = \sin^2\alpha_{AP}\left(\dfrac{m_D}{D}\right)^2 \cdot D^2 + D^2 \cdot \cos^2\alpha_{AP} \cdot \left(\dfrac{m_\beta}{\rho}\right)^2 \end{array}\right\} \quad (2.15)$$

将式(2.15)代入 P 点的点位中误差 m_D 的计算式 $m_P^2 = m_{x_P}^2 + m_{y_P}^2$ 中，并考虑仪器对中误差 m_s 和标定点位误差 m_b，则有：

$$m_P^2 = \left(\dfrac{m_D}{D}\right)^2 \cdot D^2 + \left(\dfrac{m_\beta}{\rho}\right)^2 \cdot D^2 + m_s^2 + m_b^2 \quad (2.16)$$

式(2.16)即为极坐标法放样点的平面位置的点位中误差公式。

【案例6】已知设计长度的放样相对中误差 $m_D/D = 1/10000$，测设水平角的误差 $m_\beta = \pm10''$，标定点位的中误差 $m_{标} = \pm5\text{mm}$，当仪器的高度不超过 1.5m 时，采用光学对点器对中的误差可以忽略不计，设直线长度为 100m，试求极坐标法放样的点位中误差。

由式(2.16)得

$$m_P^2 = \left(\dfrac{1}{10000}\right)^2 \cdot (100\times1000)^2 + \left(\dfrac{10}{206265}\right)^2 \cdot (100\times1000)^2 + 5^2 = 100 + 24 + 25 = 149$$

故 $m_P = \pm12\text{mm}$

从式(2.16)可见，当放样边的相对中误差、测设水平角的中误差和标定点位的中误差一定时，测设的距离 D 越长，点位中误差 m_P 越大，因此，在采用极坐标放样时，应该选用后视边较长，前视边较短的图形。

工作任务6 直角坐标法放样平面点位

一、放样方法

用直角坐标法来放样待定点位是根据直角坐标原理，利用纵横坐标之差来测设点的平

面位置。直角坐标法适用于施工控制网为建筑方格网或建筑基线，待测设的建(构)筑物的轴线平行而又靠近基线或方格网边线，且量距方便的建筑施工场地。

如图2.11(a)、(b)所示，A、B、C、D点是建筑方格网的顶点，其坐标值已知，P、Q、R、T为拟测设的建筑物的四个角点，在设计图纸上已给定四个角点的坐标，现用直角坐标法测设建筑物的四个角桩。测设步骤如下：

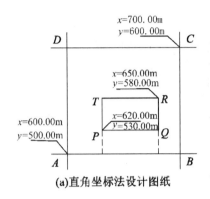 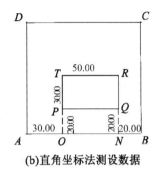

(a)直角坐标法设计图纸　　　　(b)直角坐标法测设数据

图2.11　直角坐标法

(1)计算测设数据。

根据设计图上各点坐标值，可求出建筑物的长度、宽度及测设数据。

建筑物的长度 $= y_R - y_P = 580.00 - 530.00 = 50.00$ m

建筑物的宽度 $= x_R - x_P = 650.00 - 620.00 = 30.00$ m

测设P点的测设数据(A点与P点的纵横坐标之差)：

$$\Delta x_{AP} = x_P - x_A = 620.00 - 600.00 = 20.00 \text{m}$$
$$\Delta y_{AP} = y_P - y_A = 530.00 - 500.00 = 30.00 \text{m}$$

(2)点位测设方法：

①在A点安置经纬仪，瞄准B点，沿视线方向测设距离30.00m，定出O点，继续向前测设50.00m，定出N点。

②在O点安置经纬仪，瞄准B点，按逆时针方向测设90°角，由O点沿视线方向测设距离20.00m，定出P点，做出标志，再向前测设30.00m，定出T点，做出标志。

③在N点安置经纬仪，瞄准A点，按顺时针方向测设90°角，由N点沿视线方向测设距离20.00m，定出Q点，做出标志，再向前测设30.00m，定出R点，做出标志。

④检查建筑物四角是否等于90°，各边长是否等于设计长度，其误差均应在限差以内。

测设上述距离和角度时，可根据精度要求分别采用一般方法或精密方法。直角坐标法计算简单，测设方便，精度较高，应用广泛。

二、放样点位的精度分析

如图2.12所示，用直角坐标法放样设计点P时，因测设纵横坐标差Δx，Δy而分别

产生距离中误差 $m_{\Delta x}$，$m_{\Delta y}$；由于 $m_{\Delta y}$ 的影响使 N 点移至 N' 点；又因 $m_{\Delta x}$ 的影响，使设计的点位 P 经过 P_1 移到 P_2；再因测角中误差 m_β 的影响，P_2 偏移至 P' 位置；最后，标定 P' 点时，产生误差 m_b。上述各种误差具有独立性，所以设计点 P 相对于建筑方格网角点 M 的总误差为：

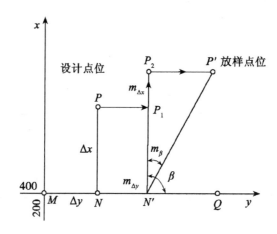

图 2.12　直角坐标法放样点位中误差示意图

$$M_P^2 = m_{\Delta x}^2 + m_{\Delta y}^2 + \left(\frac{m_\beta}{\rho}\right)^2 \Delta x^2 + m_b^2 \qquad (2.17)$$

放样 P 点时所测设的距离，就是 P 点相对于方格网角点的坐标增量 Δx，Δy；由于衡量放样距离精度的指标是相对误差，即 $\frac{m_{\Delta y}}{\Delta y}$，$\frac{m_{\Delta x}}{\Delta x}$；则各边全长的误差为 $\left(\frac{m_{\Delta y}}{\Delta y}\right)\Delta y$ 和 $\left(\frac{m_{\Delta x}}{\Delta x}\right)\Delta x$；根据等精度的原则，即 $\frac{m_{\Delta x}}{\Delta x} = \frac{m_{\Delta y}}{\Delta y} = \frac{m_D}{D}$，由中误差的定义，可写成下列形式：

$$M_P^2 = \left(\frac{m_D}{D}\right)^2 \Delta x^2 + \left(\frac{m_D}{D}\right)^2 \Delta y^2 + \left(\frac{m_\beta}{\rho}\right)^2 \Delta x^2 + m_b^2$$

或

$$M_P^2 = \left(\frac{m_D}{D}\right)^2 (\Delta x^2 + \Delta y^2) + \left(\frac{m_\beta}{\rho}\right)^2 \Delta x^2 + m_b^2 \qquad (2.18)$$

如果沿 x 轴先量 Δx 再沿垂线量 Δy，则设计点 P 的中误差为

$$M_P^2 = \left(\frac{m_D}{D}\right)^2 (\Delta x^2 + \Delta y^2) + \left(\frac{m_\beta}{\rho}\right)^2 \Delta y^2 + m_b^2 \qquad (2.19)$$

对照式(2.16)、(2.18)、(2.19)可以看出，极坐标法与直角坐标法放样的点位中误差形式基本相同，后者用坐标增量代替边长 D，而且比极坐标法多测设一个边，所以直角坐标法是极坐标法的一种特殊情况。

【案例7】用直角坐标法放样，已知 $m_D/D = 1/10000$，$m_\beta = \pm 30''$，$m_b = \pm 5\text{mm}$，$\Delta x = 50\text{m}$，$\Delta y = 100\text{m}$，求 P 点点位中误差。

解 按式(2.18)计算，则 P 点的点位中误差为：

$$M_P^2 = \left(\frac{1}{10000}\right)^2 [(100\times1000)^2 + (50\times1000)^2] + \frac{30^2}{4.25\times10^{10}}(50\times1000)^2 + 5^2 = 204$$

故 $M_P = \pm 14\text{mm}$

按式(2.19)计算，则有

$$M_P^2 = \left(\frac{1}{10000}\right)^2 [(100\times1000)^2 + (50\times1000)^2] + \frac{30^2}{4.25\times10^{10}}(100\times1000)^2 + 5^2 = 366$$

故 $M_P = \pm 19\text{mm}$

从上面的计算可以看出，在其他条件相同情况下，点位中误差的大小与放样程序有关，也就是说，要先沿着建筑方格网的横向还是先沿着纵向放样。由案例7可见当 $\Delta y > \Delta x$ 时，应先沿横向测设距离，然后，沿纵向测设距离，采用这样的程序，可以得到较精确的点位。如果 $\Delta x > \Delta y$，则应采用与上述相反的程序放样。由此可见，对于大的坐标增量应沿坐标线测设，而对于小的坐标增量则在垂直于坐标线的方向上测设。

工作任务7　角度前方交会法放样平面点位

一、两方向交会法

角度前方交会法是根据测设的两个水平角值定出两直线的方向。当需测设的点位与已知控制点相距较远或不便于测距时，可采用角度前方交会法。如图2.13所示，A，B 为已知控制点，P 为要测设的点，其测设方法如下：

(1)计算测设数据。

①按坐标反算公式，分别计算出 α_{AB}、α_{AP}、α_{BP}：

$$\left. \begin{aligned} \alpha_{AB} &= \arctan\frac{y_B - y_A}{x_B - x_A} \\ \alpha_{AP} &= \arctan\frac{y_P - y_A}{x_P - x_A} \\ \alpha_{BP} &= \arctan\frac{y_P - y_B}{x_P - x_B} \end{aligned} \right\} \quad (2.20)$$

②计算水平角 β_1、β_2：

$$\left. \begin{aligned} \beta_1 &= \alpha_{AB} - \alpha_{AP} \\ \beta_2 &= \alpha_{BA} - \alpha_{BP} \end{aligned} \right\} \quad (2.21)$$

(2)测设方法。

当用一台经纬仪测设时，无法同时得到两条方向线，这时一般用打骑马桩的方法。具体方法如下：

①经纬仪架在 A 点时，测设 β_1 得到了 AP 方向线。

②在大概估计 P 点位置后，沿 AP 方向离 P 点一定距离的地方，打入 A_1、A_2 两个桩，桩顶作出标志，使其位于 AP 方向线上。

③同理，将经纬仪搬至 B 点，可得 B_1，B_2 两桩点。

④在 A_1，A_2 与 B_1，B_2 之间各拉一根细线，两线交点即为 P 点的位置。

这样定出的 P 点，即使在施工过程中被破坏，恢复起来也非常方便。

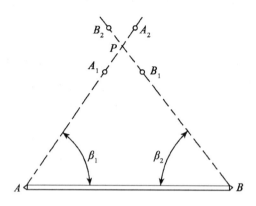

图 2.13　角度前方交会法

为满足精度要求，只有两个方向交会，一般应重复交会，以作为检核。

二、三方向交会法

采取三个控制点从三个方向交会，如图 2.14 所示，A、B、C 为已知平面控制点，P 为待测设点，现根据 A、B、C 三点，用角度交会法测设 P 点，其测设方法如下：

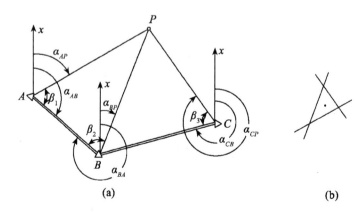

图 2.14　角度前方交会法

（1）计算测设数据。

①按坐标反算公式，分别计算出 α_{AB}、α_{AP}、α_{BP}、α_{CB}、α_{CP}：

$$\left.\begin{aligned}\alpha_{AB} &= \arctan\frac{y_B-y_A}{x_B-x_A}\\ \alpha_{AP} &= \arctan\frac{y_P-y_A}{x_P-x_A}\\ \alpha_{BP} &= \arctan\frac{y_P-y_B}{x_P-x_B}\\ \alpha_{CB} &= \arctan\frac{y_B-y_C}{x_B-x_C}\\ \alpha_{CP} &= \arctan\frac{y_P-y_C}{x_P-x_C}\end{aligned}\right\} \quad (2.22)$$

②计算水平角β_1、β_2和β_3：

$$\left.\begin{aligned}\beta_1 &= \alpha_{AB}-\alpha_{AP}\\ \beta_2 &= 360°-\alpha_{RA}+\alpha_{BP}\\ \beta_3 &= \alpha_{CP}-\alpha_{CB}\end{aligned}\right\} \quad (2.23)$$

（2）测设方法。

①在A、B两点同时安置经纬仪，同时测设水平角β_1和β_2定出两条视线，在两条视线相交处钉下一个大木桩，并在木桩上依AP、BP绘出方向线及其交点。

②在控制点C上安置经纬仪，测设水平角β_3，同样在木桩上沿CP绘出方向线。

③如果交会没有误差，此方向应通过前两方向线的交点，否则将形成一个"示误三角形"，如图2.14(b)所示。若示误三角形边长在限差以内，则取示误三角形重心作为待测设点P的最终位置。

测设β_1、β_2和β_3时，视具体情况，可采用一般方法和精密方法。三方向交会精度高于两方向交会。在桥墩中心位置水下定位时常用此种方法。

三、前方交会归化法放样点位

如图2.15(a)所示，A、B为已知点，其坐标已知，待定点P的设计坐标也已知。利用A、B、P三点坐标计算出β_a和β_b两个角度值。

先用一般放样法放样P'点。然后分别在A、B设站，观测β'_a和β'_b。计算$\Delta\beta_a=\beta_a-\beta'_a$，$\Delta\beta_b=\beta_b-\beta'_b$，再用图解方法从$P'$点出发求得$P$点的点位。其具体做法如下：

（1）如图2.15(b)所示，在图纸上适当的地方刺一点作为P'点。

（2）画两条交叉线，使其夹角为$(180°-\beta_a-\beta_b)$。并用箭头指明$P'A$及$P'B$方向。为此，也可以按A、B与P'（或P）坐标差，按缩小的比例尺画出A、B两点的位置。

（3）计算平移量：

$$\left.\begin{aligned}\varepsilon_a &= \frac{\Delta\beta_a}{\rho}\cdot D_a\\ \varepsilon_b &= \frac{\Delta\beta_b}{\rho}\cdot D_b\end{aligned}\right\} \quad (2.24)$$

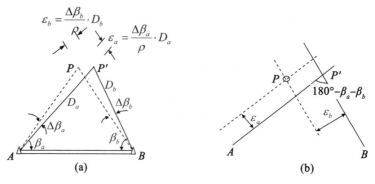

图 2.15 前方交会归化法放样点位

(4)作 PA、PB 两线,这两线平行于 P'A 和 P'B,平行间距分别为 ε_a 和 ε_b。参考 $\Delta\beta_a$ 和 $\Delta\beta_b$ 的正负号决定平行线在哪一侧。此两平行线的交点即为 P 点。

(5)将画好的归化图拿到现场,让图纸上的 P'点与实地 P'点重合,P'A 和 P'B 与实地对应线重合,此时 P 点位置对应的地面点位置即为归化后的 P 点。将它转刺到实地,并做上标记。

这种方法计算比较简单,且直观,归化精度较高,也可称为"秒差归化法"或"角差图解法"。用前方交会角差图解法放样,因为放样点与已知点已定,可预先计算好各测站放样待定点的秒差和画好定位图上的交会方向线,当各测站作业员照准 P'点读出角值,立即可以算得角差 $\Delta\beta$ 和该方向的横向位移 ε,并通知定点人员。定点人员则根据各横向位移值,很快地在定位图上标出 P'点,并求得归化量。定位中即使过渡点 P'不很稳定(例如设在船上),也可以用同步观测方法得到其与设计位置的差值。因此,它是一种快速放样(定位)的方法。

工作任务 8　方向线交会法放样平面点位

在工业厂房设计中,根据其功能需求,常会有成排的立柱,并且分布于平行于主轴线的两个相互垂直的方向上,另外可能还有一些设备的底座。在施工过程中,放样立柱位置时可采用方向线交会法,即利用两条垂直方向线相交来定出放样点位置。

如图 2.16(a)所示,AA'D'D 是一个厂房的主轴线,现在要放样立柱 N_1、N_2 的位置。现以 N_1 点为例说明测设过程。

一、计算测设数据

从图纸上查出 N_1 柱子中心位置,求其与邻近距离的指标桩的相对关系,据此绘出放样数据图表,见图 2.16(b)。

二、点位测设方法

(1)从角桩 A 沿 AD 量 20m,得到 B 点,从角桩 A'沿 A'D'量 20m,得到 B'点。从角桩 A 沿 A'量 30m,得到 C 点,同理,得到 C'点。

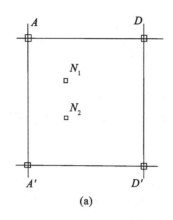
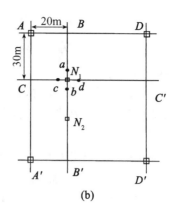

图 2.16 方向线交会定点

(2)在 B 点安置经纬仪瞄准 B′上的标志,得到方向 BB′,沿此方向线在 N_1 的挖土范围以外,设立 a、b 点。为了消除仪器误差的影响,需用正倒镜取中的方法确定 a、b 两点的位置。

(3)在 C 点安置经纬仪瞄准 C′上的标志,得到方向 CC′,同样的操作步骤得到 c、d 两点。

(4)有了 a、b、c、d 四点,用拉线的方法,定出 N_1 立柱中心位置。

如果 B、B′两点之间不能通视,或者两点上不便安置仪器,可在 B、B′两点上安置观测标志,选择与 B、B′两点都能通视的地方如 M 点安置仪器。用图 4.19 介绍的正倒镜投点法,将经纬仪准确地安置在 BB′方向线上。然后用经纬仪照准 B 点,用正倒镜取中的方法定出 a、b 两点。如果 C、C′之间不通视,也可以用此方法定出 c、d 两点。

工作任务9　距离交会法放样平面点位

距离交会法是由两个控制点测设两段已知水平距离,交会定出点的平面位置。距离交会法适用于待测设点至控制点的距离不超过一尺段长,且地势平坦、量距方便的建筑施工场地。根据工程要求的精度,距离交会法可分为距离交会直接放样和距离交会归化放样点位。

一、距离交会直接法放样

当工程要求点位放样精度较低时,可采用距离交会直接放样法。

1. 计算测设数据

如图 2.17 所示,A、B 为已知平面控制点,P 为待测设点,现根据 A、B 两点,用距离交会法测设 P 点,其测设数据计算方法如下:

根据 A、B、P 三点的坐标值,分别计算出 D_{AP} 和 D_{BP}。

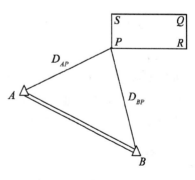

图 2.17 距离交会法

$$\left. \begin{array}{l} D_{AP} = \sqrt{(x_P-x_A)^2+(y_P-y_A)^2} \\ D_{BP} = \sqrt{(x_P-x_B)^2+(y_P-y_B)^2} \end{array} \right\} \tag{2.25}$$

2. 点位测设方法

(1)将钢尺的零点对准 A 点，以 D_{AP} 为半径在地面上画一圆弧。

(2)再将钢尺的零点对准 B 点，以 D_{BP} 为半径在地面上再画一圆弧。两圆弧的交点即为 P 点的平面位置。

(3)用同样的方法，测设出 Q 的平面位置。

(4)丈量 P、Q 两点间的水平距离，与设计长度进行比较，其误差应在限差之内。

实际作业时，先应根据 A、B、P 三点的坐标值判断 P 点在 AB 的左边还是右边。

二、距离交会归化法放样

当工程需要点位放样精度较高时，可采用距离归化法放样。在现场用直接放样法放样过渡点 P′，然后用距离交会归化法归化点位到 P 点。其具体操作步骤如下：

(1)如图 2.18 所示，从过渡点 P′ 开始，分别测出 D'_{AP} 和 D'_{BP} 的长度。

(2)计算 $\Delta D_a = D_{AP} - D_{AP'}$，$\Delta D_b = D_{BP} - D_{BP'}$。

(3)画归化图，得交点 P 点。

(4)将归化图纸带到实地，将 P′ 点与实地 P′ 点重合，AP′ 和 BP′ 与实地方向一致，则 P 点所对应的实地位置为所求的 P 点位置。将其转刺到实地，并标明之。

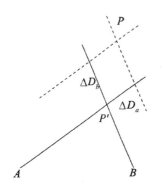

图 2.18 距离交会归化放样

工作任务 10　直线放样方法

在实际工程中，无论是工业厂房中柱列轴线的测设，还是直线形大坝轴线或坝轴线的平行线的测设、直线型桥梁的墩、台定位，都需要进行直线放样。可根据实际中的工程条件和测量仪器确定测设方法。

一、基本原理

直线放样就是按设计要求，在实地定出直线上一系列点的工作。直线放样又称定线。如已知两控制点 A、B，其坐标为 $A(x_A, y_A)$，$B(x_B, y_B)$，欲测设 $C(x_C, y_C)$。它分为两种情况：一种是在两点间定出其间连线上的一些点位，称"内插定线"，即 C 在 AB 之间；另一种是在两点的延长线上定点，称"外延定线"，即 C 在 AB 之外。

二、放样方法

1. 在两个已知点之间的直线上投点

(1)正倒镜投点法。

该方法是利用相似三角形的原理找出仪器偏离已知方向线的距离，然后将仪器移动至已知方向线上。如图2.19所示，AB为已知方向线，首先将仪器安置在O'点，假设仪器无误差，先后视A点，然后倒转望远镜前视，十字丝交点不位于B点，而位于其附近的B'，量取BB'后，即可根据AB和AO的长度，求出仪器偏移方向线的距离$OO' = \dfrac{AO}{AB} \cdot BB'$。将仪器由$O'$向方向线$AB$移动$OO'$，即可将仪器安置在已知方向线上。

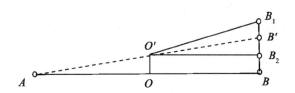

图2.19 正倒镜投点法

由于实际工作中的仪器都存在视准轴不垂直于横轴，或横轴不垂直于竖轴的误差，实际操作时，先目测一下两端点的位置，将仪器大致安置在AB连线O'点上，用盘左、盘右两个位置分别照准A点，倒镜后则十字丝中心分别位于B_1、B_2点，取其平均值即得B'点，按前述方法初步计算出OO'，然后再移动仪器。由于初步安置仪器时，AO的距离不能精确确定，因此，OO'的值也很近似，故只能用多次重复上述操作，以逐渐趋近的方法直至仪器移至AB上为止。

(2)测角归化法。

如图2.20所示，A、B为已知点，O点为欲测设点位，其坐标已知，通过计算可得$D_{AO} = a$、$D_{BO} = b$，在尽可能靠近O点的O'安置仪器，观测角度β，然后计算归化之δ。

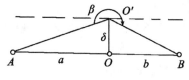

图2.20 测角归化法

因为O'点与O非常接近，所以可近似看做$AO' = a$，$BO' = b$，$\triangle AO'B$的面积

$$S_{\triangle AO'B} = \dfrac{1}{2} a \cdot b \cdot \sin(180° - \beta) = \dfrac{1}{2} \cdot \delta \cdot (a+b)$$

则

$$\delta = \dfrac{a \cdot b \cdot \sin(180° - \beta)}{a+b}$$

因为β接近于180°，所以$\Delta\beta = 180° - \beta$很小，故

$$\delta = \dfrac{a \cdot b \cdot \sin(180° - \beta)}{a+b} = \dfrac{a \cdot b \cdot \sin\Delta\beta}{a+b} \approx \dfrac{a \cdot b}{a+b} \cdot \dfrac{\Delta\beta}{\rho} \tag{2.26}$$

由上述可以看出，只要在O'点安置仪器，测量角度β，即可计算出仪器偏离方向线

AB 的偏距 δ，并按 δ 将仪器移到方向线 AB 上。

在此测距所产生的误差可忽略不计，由测角误差引起的归化值的误差为：

$$m_\varepsilon^2 = \left[\frac{a \cdot b}{\rho \cdot (a+b)}\right]^2 \cdot m_{\Delta\beta}^2$$

即
$$m_\varepsilon = \frac{a \cdot b}{\rho \cdot (a+b)} \cdot m_{\Delta\beta} \tag{2.27}$$

2. 在已知直线的延长线上投点

在实际工作中外延定线方法通常有正倒镜分中延线法、旋转180°延线法等方法；下面就这些方法在实际中的具体应用和精度状况作简要介绍和分析。

(1)正倒镜分中延线法。如图2.21所示，操作步骤如下：

①在 B 点架设经纬仪，对中、整平。

②盘左用望远镜瞄准 A 点后，固定照准部。

③把望远镜绕横轴旋转180°定出待定点 C'。

④盘右重复步骤(2)、(3)得 C''。

⑤取 C' 和 C'' 的中点为 C，则 C 点为待放样的直线上的点。

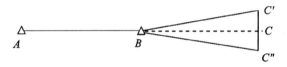

图2.21 正倒镜分中延线法

在正倒镜分中延线法中采用盘左、盘右，主要是为了避免经纬仪视准轴不垂直于横轴而引起的视准轴误差的影响。

(2)旋转180°延线法。如图2.22所示，操作步骤如下：

①将仪器安置在 B 点，对中、整平。

②盘左照准 A 点，顺时针旋转180°，固定照准部，视线方向即为延伸的直线方向。

③依次在此视线上定出 C'、D'、E' 等点。

④盘右重复上述步骤得 C''、D''、E'' 等点。

⑤取 C'、C''，D'、D''，E'、E''……的中点 C、D、E……即为最后标定的直线点。

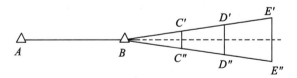

图2.22 旋转180°延线法

此法适用于仪器误差较小，且不需延伸太长，或是精度要求不太高时采用。当在一个点上架设仪器不够标出所有点时，可搬迁测站，则此时逆转望远镜照准部，如此反复。且有延伸点时，相邻点间距离不应有太大的变化。

工作任务 11　放样方法的选择

前面几节介绍了各种点位放样方法，在实际放样工作中，由于工程建筑物复杂多样，往往不是单一的基本方法可以解决的，需要将几种方法综合应用，才能放出该建筑物的轮廓点、线。因此，选取适当的放样方法，对快速准确地完成放样任务是十分重要的。

放样方法的选择应考虑以下因素：建筑物所在地区的条件；建筑物的大小、种类和形状；放样所要求的精度；控制点的分布情况；施工的方法和速度；施工的阶段；测量人员的技术条件；现有的仪器条件等。

测量放样工作是为工程施工服务的。所以，放样方法的选择与工程建筑物的类型、工程建筑物的施工部位、施工现场条件和施工方法以及放样的精度要求和控制点的分布都有着密切的关系。

根据前面对各种方法介绍和分析可知，在工业厂区的建设中，多采用直角坐标法或方向线交会法放样出柱子或设备中心位置，而对于桥梁的桥墩中心或混凝土拱坝坝块则多采用前方交会法和极坐标法放样确定。在同一工程建设中，不同的部位，采用方法可能不同，如直线型混凝土重力坝的底层浇筑时，各坝块的中心系根据设置在上、下游围堰及纵向围堰和岸边的施工控制网点，采用方向线交会法放样确定，而上部坝块的中心，则利用两岸的控制点采用轴线交会法放样确定。对于高大的塔式建筑物和烟囱，为满足滑模快速施工的要求，常采用激光铅直仪进行投点以确定烟囱的施工中心。

在工程施工中，施工控制点的分布情况对放样方法的选择有着关键性的作用。这主要是因为不同的放样方法对控制点的要求有所不同，例如，方向线交会法要求两对控制点的连线要正交或形成矩形方格控制网，另外对于不同控制点的选取也会对放样精度产生不同的影响。因此，放样方法的选取应该是在进行施工控制网设计时作为设计考虑的一个方面。

测量仪器设备对放样方法的确定也起着不可忽视的作用，对于不同的仪器，对同一个点的放样选取的方法也有所不同。随着仪器设备的不断更新，有些放样方法也逐步被淘汰，同时又有许多新方法出现。

为了保证建筑物放样的精度要求，在设计施工控制网精度时，就应考虑各种放样方法及其在各种不同的条件下所能达到的精度，由此来确定放样测站的加密方法及精度，进而结合具体工程建筑物的施工条件、现场情况来设计控制点的密度和加密方法与层次，并根据放样点的放样精度要求，来推求对控制网的精度要求，以作为控制网设计的精度依据。它也是选取放样方法时所考虑的一种因素。

【知识小结】

本项目首先简述了施工放样前的准备工作，详尽描述了施工放样的三项基本工作，为施工放样奠定牢固的基础，后续具体工程的测设都是在此基础上的发展和灵活应用。重点介绍了高程放样的方法和点的平面位置放样的几种典型方法。为了说明本章知识结构之间的系统性和关联性，特将本章的知识点表述如下：

1. 测设的基本工作
   - 已知水平距离的测设
     - 一般方法放样
     - 精密方法放样
   - 已知水平角的测设
     - 一般方法放样
     - 精密方法放样
   - 已知高程的测设
     - 地面点高程测设
     - 空间点高程测设
       - 向高处传递高程
       - 向低处传递高程
     - 坡度线测设
       - 经纬仪法
       - 水准仪法

2. 点的平面位置测设
   - 直角坐标法放样
     - 放样方法
     - 点位精度分析
   - 极坐标法放样
     - 放样方法
     - 点位精度分析
   - 前方交会法放样
     - 直接放样
     - 归化法放样
   - 距离交会法放样
     - 直接放样
     - 归化法放样
   - 直线放样
     - 在直线上投点
     - 在延长线上投点
     - 在轴线交点上投点

3. 放样方法的选择

【知识与技能训练】

1. 测设的基本工作有哪些？测设与测量有何不同？

2. 水平角测设的方法有哪些？各适用于什么情形？

3. 点的平面位置测设方法有哪几种？各适用于什么场合？各需要哪些测设数据？

4. 地面上用一般方法测设一个直角 $\angle POQ$，用经纬仪精确测得其角值为 $89°59'36''$，又知测设 OQ 长度为 50.000m，则 Q 点需要移动多大距离才能得到 $90°$ 角？应如何移动？

5. 已知 A 点高程 25.350m，AB 的水平距离为 95.50m，AB 的坡度为 -1%，在 B 点设置了大木桩，问如何在该木桩上定出 B 的高程位置。

6. 根据高程为 100.255m 的水准点 M，测设附近某建筑物的地平 ± 0 标高桩，设计 ± 0 的高程为 100.689m。在 C 点与 ± 0 标高桩间安置水准仪，读得 M 点标尺后视读数 $a=1.645$m，问如何在 ± 0 标高桩上做出标高线。

7. 已知 $x_A = 100.000$m，$y_A = 110.000$m，$x_B = 60.000$m，$y_B = 130.000$m，$x_P = 130.000$m，$y_P = 80.000$m，求极坐标法根据 A 点测设 P 点的数据 β 和 D_{AP}。简述如何测设。

8. 用直角坐标放样 P 点的平面位置，已知 $\dfrac{m_D}{D} = \dfrac{1}{3000}$，$m_\beta = \pm 36''$，标定误差为 $m_b = \pm 5$mm，$\Delta x = 100$m，$\Delta y = 80$m，试说明如何放样才能使 P 点的点位精度最高，并求出 P 点的点位中误差。

项目 3　建筑工程施工测量

【教学目标】

　　建筑工程测量是在建筑工程各阶段所进行的测量工作，学习本项目，要求学生掌握建筑工程测量的概念、特点和内容，掌握建筑施工控制网的建立方法。掌握工业与民用建筑施工测量的方法以及高层建筑物施工放样测量。通过学习，使学生具有建立建筑施工控制网的能力，建筑物的定位与放线的技能，轴线投测和高程传递的技能，并具有工业厂房测设、烟囱和水塔测设的基本技能。

项目导入

　　建筑工程一般分为工业建筑与民用建筑工程两大类。建筑工程测量是建筑工程的各个阶段所进行的测量工作，其内容包括：建立施工平面网和高程控制网，作为测设的依据；把设计在图纸上的建(构)筑物，按其设计平面位置和高程标定在实地，以指导施工，即测设或放样工作；测量各种建(构)筑物工程竣工后的实际情况，即竣工测量，并绘制竣工图，作为工程验收的依据；对各种建(构)筑物施工期间在平面和高程方面产生的位移、沉降和倾斜进行观测，确保建(构)筑物各个部位符合设计的要求。

　　目前，建筑工程中新结构、新工艺和新技术的应用，对施工测量提出了较高的要求，应根据建筑规模、建筑物的性质与使用要求、施工放样与现场施工条件等，以测量规范为依据，确定施工测量的精度和方法。工程施工测量是为工程施工服务的，贯穿于整个工程施工过程中，为使施工测量工作能与工程施工密切配合，测量人员应注意以下几点：

　　(1)须遵循测量工作的基本原则。

　　(2)要了解工作对象，熟悉图纸，了解设计意图并掌握建筑物各部位的尺寸关系与高程数据。

　　(3)要了解施工过程和每项施工测量的精度要求。

　　(4)测量标志是指导施工的依据，施工现场交叉作业，因此测量标志要选在不易受施工影响、能长期保存而又方便引用的位置，另外要经常检查，一旦发现标志被破坏，及时恢复。

　　为了确定建筑群的各个建(构)筑物的位置及高程均能符合设计要求，并便于分期分批的进行施工放样，施工测量必须遵循"从整体到局部，先控制后碎部"的原则。首先在施工场地上，以勘测设计阶段建立的测图控制网为基础，建立统一的施工控制网，然后根据施工控制网测设建(构)筑物的主轴线，再根据主轴线测设其细部。施工控制网不单是施工放样的依据，同时也是变形观测、竣工测量及以后建(构)筑物扩建或改建的依据。

工作任务1　建筑场地施工控制测量

在勘测阶段已建立有控制网,但由于它是为测图服务的,没有考虑施工的要求,控制点的分布、密度和精度,都难以满足施工测量的要求。另外,由于平整场地时控制点大多被破坏。因此,在施工之前,建筑场地上要重新建立专门的施工控制网。

一、施工控制网的分类

施工控制网分为施工平面控制网和施工高程控制网两种。

(1)施工平面控制网。施工平面控制网可以布设成导线网、建筑方格网和建筑基线三种形式。

①导线网。对于地势平坦,通视又比较困难的施工场地,可采用导线网。

②建筑方格网。对于建筑物多为矩形且布置比较规则和密集的施工场地,可采用建筑方格网。

③建筑基线。对于地势平坦且又简单的小型施工场地,可采用建筑基线。

(2)施工高程控制网。

施工高程控制网一般采用水准网。

二、施工场地平面控制测量

1. 施工坐标系与测量坐标系的坐标换算

在建筑总平面图上,建筑物的平面位置一般用施工坐标系来表示。所谓施工坐标系,就是为工程建筑物施工放样而建立的、其坐标轴与建筑物的主要轴线一致或平行的独立坐标系统。

在实际的工程建设中,施工坐标系统跟测量坐标系统往往不一致。由于建筑总平面图是在地形图上设计的,因此,施工场地上的已有高级控制点的坐标是测量坐标系统下的坐标。为了坐标统一,必须进行两种坐标系间的换算。如图3.1所示,设 xOy 为测量坐标系统,$AO'B$ 为施工坐标系统,P 点在两个坐标系统下的坐标分别为 x_P、y_P 和 A_P、B_P,它们之间的关系式为

$$\left.\begin{array}{l}x_P=x_0+A_P\cos\alpha-B_P\sin\alpha\\y_P=y_0+A_P\sin\alpha+B_P\cos\alpha\end{array}\right\} \tag{3.1}$$

或者,已知 x_P、y_P 时,求 A_P、B_P 的关系式为

$$\left.\begin{array}{l}A_P=(x_P-x_0)\cos\alpha+(y_P-y_0)\sin\alpha\\B_P=-(x_P-x_0)\sin\alpha+(y_P-y_0)\cos\alpha\end{array}\right\} \tag{3.2}$$

2. 建筑基线

建筑基线是建筑场地的施工控制基准线,即在建筑场地布置一条或几条轴线。它适用于建筑设计总平面图布置比较简单的小型建筑场地。

(1)建筑基线的布设形式。建筑基线的布设形式应根据建筑物的分布、施工场地地形

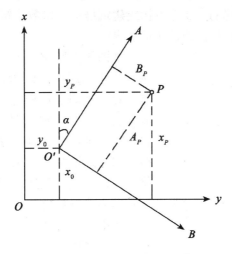

图 3.1 施工与测量坐标系的关系

等因素来确定。常用的布设形式有"一"字形、"L"形、"十"字形和"T"形,如图 3.2 所示。

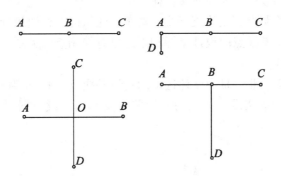

图 3.2 建筑基线的布设形式

(2)建筑基线的布设要求:

①建筑基线应尽可能靠近拟建的主要建筑物,并与其主要轴线平行,以便使用比较简单的直角坐标法进行建筑物的定位。

②建筑基线上的基线点应不少于三个,以便相互检核。

③建筑基线应尽可能与施工场地的建筑红线相联系。

④基线点位应选在通视良好和不易被破坏的地方,为能长期保存,要埋设永久性的混凝土桩。

(3)建筑基线的测设方法。根据建筑场地的不同情况,测设建筑基线的方法主要有下述两种。

①根据建筑红线测设建筑基线。在城市建设中,建筑用地的界址,是由规划部门确

定，并由拨地单位在现场直接标定出用地边界点，边界点的连线通常是正交的直线，称为建筑红线。建筑红线与拟建的主要建筑物或建筑群中的多数建筑物的主轴线平行。因此，可根据建筑红线用平行线推移法测设建筑基线。

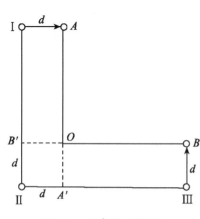

图3.3 用建筑红线测设

如图3.3所示，Ⅰ—Ⅱ和Ⅱ—Ⅲ是两条互相垂直的建筑红线，A、O、B三点是欲测设的建筑基线点。其测设过程为：从Ⅱ点出发，沿Ⅱ、Ⅰ和Ⅱ、Ⅲ方向分别量取长度d，得出A'和B'点；再过Ⅰ、Ⅲ两点分别作建筑红线的垂线，并沿垂线方向分别量取长度d，得出A点和B点；然后，将A、A'与B、B'连线，则交会出O点。A、O、B三点即为建筑基线点。

当把A、O、B三点在地面上作好标志后，将经纬仪安置在O点上，精确观测$\angle AOB$，若$\angle AOB$与90°之差不在容许值以内时，应进一步检查测设数据和测设方法，并应对$\angle AOB$按水平角精确测设法来进行点位的调整，使$\angle AOB = 90°$。

如果建筑红线完全符合作为建筑基线的条件时，可将其作为建筑基线使用，即直接用建筑红线进行建筑物的放样，既简便又快捷。

②根据附近已有控制点测设建筑基线。对于新建筑区，在建筑场地上没有建筑红线作为依据时，可根据建筑基线点的设计坐标和附近已有控制点的关系，按前所述测设方法算出放样数据，然后放样。

如图3.4所示，Ⅰ、Ⅱ、Ⅲ为设计选定的建筑基线点，A、B为其附近的已知控制点。首先根据已知控制点和待测设基线点的坐标关系反算出测设数据，然后用极坐标法测设Ⅰ、Ⅱ、Ⅲ点。

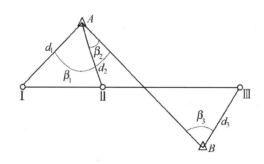

图3.4 根据附近已有控制点测设建筑基线

由于存在测量误差，测设的基线点往往不在同一直线上，因而，精确地检测出∠Ⅰ′Ⅱ′Ⅲ′。若此角值与180°之差超过限差±10″，则应对点位进行调整，如图3.5所示。调整值δ按下列公式计算：

$$\delta = \frac{ab}{a+b}\left(90° - \frac{\beta}{2}\right)'' \frac{1}{\rho''} \tag{3.3}$$

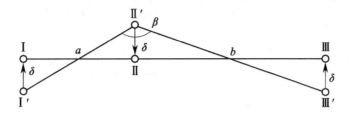

图 3.5 基线点的调整

除了调整角度以外，还应调整Ⅰ、Ⅱ、Ⅲ点之间的距离。先用钢尺检查Ⅰ、Ⅱ点与Ⅱ、Ⅲ点间的距离，若丈量长度与设计长度之差的相对误差大于，则以Ⅱ点为准，按设计长度调整Ⅰ、Ⅲ两点。以上调整应反复进行，直到误差在允许范围之内为止。

如果测设距离超限，如 $\frac{\Delta D}{D} = \frac{D'-D}{D} > \frac{1}{10000}$ ，则以Ⅱ点为准，按设计长度沿基线方向调整Ⅰ′、Ⅲ′点。

3. 建筑方格网

由正方形或矩形组成的施工平面控制网，称为建筑方格网，或称矩形网，如图 3.6 所示。建筑方格网适用于按矩形布置的建筑群或大型建筑场地。

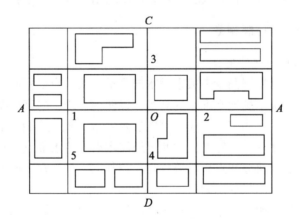

图 3.6 建筑方格网的布设

(1)建筑方格网的布设。

布设建筑方格网时，应根据总平面图上各建(构)筑物、道路及各种管线的布置，结合现场的地形条件来确定。如图 3.6 所示，先确定方格网的主轴线 AOB 和 COD，然后再布设方格网。

建筑方格网的精度要求，应根据建筑场地大小、建筑物的规模和性质以及地形情况而定，Ⅰ、Ⅱ级建筑方格网的主要技术要求见表3.1。

表3.1　　　　　　　　　建筑方格网的主要技术要求

等级	边长(m)	测角中误差	边长相对中误差	测角检测限差	边长检测限差
Ⅰ级	100~300	5″	1/30000	10″	1/15000
Ⅱ级	100~300	8″	1/20000	16″	1/10000

（2）建筑方格网的测设。

①主轴线测设。主轴线测设与建筑基线测设方法相似。首先，准备测设数据。然后，测设两条互相垂直的主轴线 AOB 和 COD，如图3.6所示。主轴线实质上是由5个主点 A、B、O、C 和 D 组成。最后，精确检测主轴线点的相对位置关系，并与设计值相比较，如果超限，则应进行调整。

②方格网点测设。如图3.6所示，主轴线测设后，分别在主点 A、B 和 C、D 安置经纬仪，后视主点 O，向左右测设90°水平角，即可交会出田字形方格网点。随后再作检核，测量相邻两点间的距离，看是否与设计值相等，测量其角度是否为90°，误差均应在允许范围内，并埋设永久性标志。

建筑方格网轴线与建筑物轴线平行或垂直，因此，可用直角坐标法进行建筑物的定位，计算简单，测设比较方便，而且精度较高。其缺点是必须按照总平面图布置，其点位易被破坏，而且测设工作量也较大。

由于建筑方格网的测设工作量大，测设精度要求高，因此可委托专业测量单位进行。

三、施工场地的高程控制测量

1. 施工场地高程控制网的建立

建筑施工场地的高程控制测量一般采用水准测量方法，应根据施工场地附近的国家或城市已知水准点，测定施工场地水准点的高程，以便纳入统一的高程系统。

在施工场地上，水准点的密度，应尽可能满足安置一次仪器即可测设出所需的高程。而测图时敷设的水准点往往是不够的，因此，还需增设一些水准点。在一般情况下，建筑基线点、建筑方格网点以及导线点也可兼作高程控制点。只要在平面控制点桩面上中心点旁边，设置一个突出的半球状标志即可。

为了便于检核和提高测量精度，施工场地高程控制网应布设成闭合或附合路线。高程控制网可分为首级网和加密网，相应的水准点称为基本水准点和施工水准点。

2. 基本水准点

基本水准点应布设在土质坚实、不受施工影响、无震动和便于实测的地方，并埋设永久性标志。一般情况下，按四等水准测量的方法测定其高程，而对于为连续性生产车间或地下管道测设所建立的基本水准点，则需按三等水准测量的方法测定其高程。

3. 施工水准点

施工水准点是用来直接测设建筑物高程的。为了测设方便和减少误差，施工水准点应靠近建筑物。

此外，由于设计建筑物常以底层室内地坪高±0.000标高为高程起算面，为了施工引测设方便，常在建筑物内部或附近测设±0水准点。±0.000水准点的位置，一般选在稳定的建筑物墙、柱的侧面，用红漆绘成顶为水平线的"▼"形，其顶端表示±0.000位置。

工作任务2　民用建筑施工测量

民用建筑是指住宅、医院、办公楼和学校等，民用建筑工地测量就是按照设计要求，配合施工进展，将民用建筑的平面位置和高程测设出来。民用建筑的类型、结构和层数各不相同，因而施工测量的方法和精度要求也有所不同，但施工测量的过程基本一样，主要包括建筑物定位、细部轴线放样、基础施工测量和主体施工测量等。

一、施工测量前的准备工作

1. 熟悉图纸

设计图纸是施工测量的主要依据，测设前应充分熟悉各种有关的设计图纸，以便了解施建筑物与相邻地物的相互关系，以及建筑物本身的内部尺寸关系，准确无误地获取测设工作中所需要的各种定位数据。与测设工作有关的设计图纸主要有：

(1)建筑总平面图。建筑总平面图给出了建筑场地上所有建筑物和道路的平面位置及其主要点的坐标，标出相邻建筑物之间的尺寸关系，注明各栋建筑物室内地坪高程，是测设建筑物总体位置和高程的重要依据。

(2)建筑平面图。建筑平面图标明了建筑物首层、标准层等各楼层的总尺寸，以及楼层内部各轴线之间的尺寸关系。它是测设建筑物细部轴线的依据，要注意其尺寸是否与建筑总平面图的尺寸相符。

(3)基础平面图及基础详图。基础平面图及基础详图标明了基础形式、基础平面布置、基础中心或中线的位置、基础边线与定位轴线之间的尺寸关系、基础横断面的形状和大小以及基础不同部位的设计标高等，它是测设基槽(坑)开挖边线和开挖深度的依据，也是基础定位及细部放样的依据。

(4)立面图和剖面图。立面图和剖面图标明了室内地坪、门窗、楼梯平台、楼板、屋面及屋架等的设计高程，这些高程通常是以±0.000标高为起算点的相对高程，它是测设建筑物各部位高程的依据。

在熟悉图纸的过程中，应仔细核对各种图纸上相同部位的尺寸是否一致，同一图纸上总尺寸与各有关部位尺寸之和是否一致，以免发生错误。

2. 现场踏勘

为了解施工现场上地物、地貌以及现有测量控制点的分布情况，应进行现场踏勘，以便根据实际情况考虑测设方案。

3. 施工场地整理

平整和清理施工场地，以便进行测设工作。

4. 确定测设方案和准备测设数据

在熟悉设计图纸、掌握施工计划和施工进度的基础上,结合现场条件和实际情况,拟定测设方案。测设方案包括测设方法、测设步骤、采用的仪器工具、精度要求、时间安排等。在每次现场测设之前,应根据设计图纸和测量控制点的分布情况,准备好相应的测设数据并对数据进行检核,需要时还可绘出测设略图,把测设数据标注在略图上,使现场测设时更方便快速,并减少出错的可能。

二、建筑物的定位和放线

1. 建筑物的定位

建筑物四周外廓主要轴线的交点决定了建筑物在地面上的位置,称为定位点或角点,建筑物的定位就是根据设计条件,将这些轴线交点测设到地面上,作为细部轴线放线和基础放线的依据。由于设计条件和现场条件不同,建筑物的定位方法也有所不同,下面介绍三种常见的定位方法。

(1)根据控制点定位。如果待定位建筑物的定位点设计坐标是已知的,且附近有高级控制点可供利用,可根据实际情况选用极坐标法、角度交会法或距离交会法来测设定位点。在这三种方法中,极坐标法适用性最强,是用得最多的一种定位方法。

(2)根据建筑方格网和建筑基线定位。如果待定位建筑物的定位点设计坐标是已知的,且建筑场地已设有建筑方格网或建筑基线,可利用直角坐标法测设定位点。用直角坐标法测设点位,所需测设数据的计算较为方便,在用经纬仪和钢尺实地测设时,建筑物总尺寸和四大角的精度容易控制和检核。

(3)根据与原有建筑物和道路的关系定位。如果设计图上只给出新建筑物与附近原有建筑物或道路的相互关系,而没有提供建筑物定位点的坐标,周围又没有测量控制点、建筑方格网和建筑基线可供利用,可根据原有建筑物的边线或道路中心线,将新建筑物的定位点测设出来。

具体测设方法随实际情况的不同而不同,但基本过程是一致的,就是在现场先找出原有建筑物的边线或道路中心线,再用经纬仪和钢尺将其延长、平移、旋转或相交,得到新建筑物的一条定位轴线,然后根据这条定位轴线,用经纬仪测设角度(一般是直角),用钢尺测设长度,得到其他定位轴线或定位点,最后检核四个大角和四条定位轴线长度是否与设计值一致。下面分两种情况说明具体测设的方法。

1)根据与原有建筑物的关系定位。如图3.7(a)所示,拟建建筑物的外墙边线与原有建筑的外墙边线在同一条直线上,两栋建筑物的间距为10m,拟建建筑物四周长轴为40m,短轴为18m,轴线与外墙边线间距为0.12m,可按下述方法测设其四个轴线交点:

①沿原有建筑物的两侧外墙拉线,用钢尺顺线从墙角往外量一段较短的距离(这里设为2m),在地面上定出 T_1 和 T_2 两个点,T_1 和 T_2 的连线即为原有建筑物的平行线。

②在 T_1 点安置经纬仪,照准 T_2 点,用钢尺从 T_2 点沿视线方向量10m+0.12m,在地面上定出 T_3 点,再从 T_3 点沿视线方向量40m,在地面上定出 T_4 点,T_3 和 T_4 的连线即为拟建建筑物的平行线,其长度等于长轴尺寸。

③在 T_3 点安置经纬仪,照准 T_4 点,逆时针测设90°,在视线方向上量2m+0.12m,在

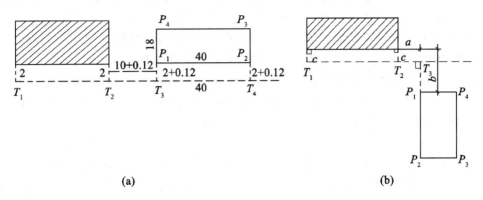

图 3.7 根据与原有建筑物的关系定位

地面上定出 P_1 点,再从 P_1 点沿视线方向量 18m,在地面上定出 P_4 点。同理,在 T_4 点安置经纬仪,照准 T_3 点,顺时针测设 90°,在视线方向上量 2m+0.12m,在地面上定出 P_2 点,再从 P_2 点沿视线方向量 18m,在地面上定出 P_3 点。则 P_1、P_2、P_3 和 P_4 点即为拟建建筑物的四个定位轴线点。

④在 P_1、P_2、P_3 和 P_4 点上安置经纬仪,检核四个大角是否为 90°,用钢尺丈量四条轴线的长度,检核长轴是否为 40m,短轴是否为 18m。

如果是如图 3.7(b)所示的情况,则在得到原有建筑物的平行线并延长到 T_3 点后在 T_3 点测设 90°并量距,定出 P_1 和 P_2 点,得到拟建建筑物的一条长轴,再分别在 P_1 和 P_2 点测设 90°并量距,定出另一条长轴上的 P_4 和 P_3 点。注意不能先定短轴的两个点(例如 P_1 点和 P_4 点),再在这两个点上设站测设另一条短轴上的两个点(例如 P_2 和 P_3 点),否则误差容易超限。

2)根据与原有道路的关系定位。如图 3.8 所示,拟建建筑物的轴线与道路中心线平行,轴线与道路中心线的距离见图 3.8,测设方法如下:

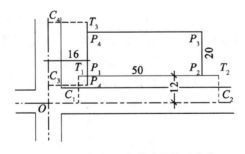

图 3.8 根据与原有道路的关系定位

①在每条道路上选两个合适的位置,分别用钢尺测量该处道路宽度,其宽度的 1/2 处即为道路中心点,如此得到路一中心线的两个点 C_1 和 C_2,同理得到路二中心线的两个点 C_3 和 C_4。

②分别在路一的两个中心点上安置经纬仪，测设90°，用钢尺测设水平距离12m，在地面上得到路一的平行线 T_1—T_2，同理作出路二的平行线 T_3—T_4。

③用经纬仪内延或外延这两条线，其交点即为拟建建筑物的第一个定位点 P_1，再从 P_1 沿长轴方向的平行线测设水平距50m，得到第二个定位点 P_2。

④分别在 P_1 和 P_2 点安置经纬仪，测设直角和水平距离20m，在地面上定出 P_3 和 P_4 点。在 P_1、P_2、P_3 和 P_4 点上安置经纬仪，检核角度是否为90°，用钢尺丈量四条轴线的长度，检核长轴是否为50m，短轴是否为20m。

2. 建筑物的放线

建筑物的放线，是指根据现场上已测设好的建筑物定位点，详细测设其他各轴线交点的位置，并将其延长到安全的地方做好标志。然后以细部轴线为依据，按基础宽度和放坡要求用白灰撒出基础开挖边线。

(1) 测设细部轴线交点。

如图 3.9 所示，A 轴、E 轴、①轴和⑦轴是建筑物的四条外墙主轴线，其交点 A_1、A_7、E_1 和 E_7，是建筑物的定位点，这些定位点已在地面上测设完毕并打好桩点，各主次轴线间隔见图 3.9 现欲测设次要轴线与主轴线的交点。

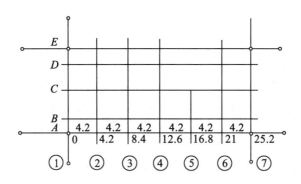

图 3.9 测设细部轴线交点

在 A_1 点安置经纬仪，照准 A_7 点，把钢尺的零端对准 A_1 点，沿视线方向拉钢尺，在钢尺上读数等于①轴和②轴间距(4.2m)的地方打下木桩，打的过程中要经常用仪器检查桩顶是否偏离视线方向，并不时拉一下钢尺，看钢尺读数是否还在桩顶上，如有偏移要及时调整。打好桩后，用经纬仪视线指挥在桩顶上画一条纵线，再拉好钢尺，在读数等于轴间距处画一条横线，两线交点即 A 轴与②轴的交点 A_2。

在测设 A 轴与③轴的交点 A_3 时，方法同上，注意仍然要将钢尺的零端对准 A_1 点，并沿视线方向拉钢尺，而钢尺读数应为①轴和③轴间距(8.4m)，这种做法可以减小钢尺对点误差，避免轴线总长度增长或减短。如此依次测设 A 轴与其他有关轴线的交点。测设完最后一个交点后，用钢尺检查各相邻轴线桩的间距是否等于设计值，误差应小于 1/3000。

测设完 A 轴上的轴线点后，用同样的方法测设 E 轴、①轴和⑦轴上的轴线点。如果建筑物尺寸较小，也可用拉细线绳的方法代替经纬仪定线，然后沿细线绳拉钢尺量距。此时要注意细线绳不要碰到物体，风大时也不宜作业。

（2）引测轴线。

在基槽或基坑开挖时，定位桩和细部轴线桩均会被挖掉，为了使开挖后各阶段施工能准确地恢复各轴线位置，应把各轴线延长到开挖范围以外的地方并作好标志，这个工作称为引测轴线，具体有设置龙门板和轴线控制桩两种形式。

1）龙门板法。

①如图3.10所示，在建筑物四角和中间隔墙的两端，距基槽边线约2m以外，牢固地埋设大木桩，称为龙门桩，并使桩的一侧平行于基槽。

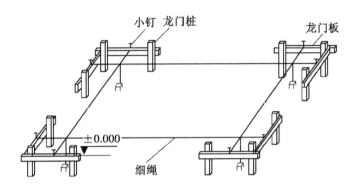

图3.10 龙门桩与龙门板

②根据附近水准点，用水准仪将±0.000标高测设在每个龙门桩的外侧上，并画出横线标志。

③在相邻两龙门桩上钉设木板，称为龙门板，龙门板的上沿应和龙门桩上±0.000标高的横线对齐，使龙门板的顶面标高在一个水平面上，并且标高为±0.000，龙门板顶面标高的误差应在±5mm以内。

④根据轴线桩，用经纬仪将各轴线投测到龙门板的顶面，并钉上小钉作为轴线标志，称为轴线钉，投测误差应在±5mm以内。对小型的建筑物，也可用拉细线绳的方法延长轴线，再钉上轴线钉。

⑤用钢尺沿龙门板顶面检查轴线钉的间距，其相对误差不应超过1/3000。

恢复轴线时，将经纬仪安置在一个轴线钉上方，照准相应的另一个轴线钉，其视线即为轴线方向，往下转动望远镜，便可将轴线投测到基槽或基坑内。也可用白线将相对的两个轴线钉连接起来，借助于垂球，将轴线投测到基槽或基坑内。

2）轴线控制桩法。

由于龙门板需要较多木料，而且占用场地，使用机械开挖时容易被破坏，因此也可以在基槽或基坑外各轴线的延长线上测设轴线控制桩，作为以后恢复轴线的依据。即使采用了龙门板，为了防止被碰动，对主要轴线也应测设轴线控制桩。

轴线控制桩一般设在开挖边线4m以外的地方，并用水泥砂浆加固。最好是附近有固定建筑物和构筑物，这时应将轴线投测在这些物体上，使轴线更容易得到保护，但每条轴线至少应有一个控制桩是设在地面上的,以便今后能安置经纬仪来恢复轴线。

轴线控制桩的引测主要采用经纬仪法,当引测到较远的地方时,要注意采用盘左和盘右两次投测取中法来引测,以减少引测误差和避免错误的出现。

(3)撒开挖边线。

如图 3.11 所示,先按基础剖面图给出的设计尺寸,计算基槽的开挖宽度 d:

$$d = B + 2mh \qquad (3.4)$$

式中:B 为基底宽度,可由基础剖面图查取;h 为基槽深度;m 为边坡坡度的分母。

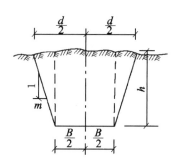

图 3.11 基槽开挖宽

根据计算结果,在地面上以轴线为中线往两边各量出 $d/2$,拉线并撒上白灰,即为开挖边线。如果是基坑开挖,则只需按最外围墙体基础的宽度、深度及放坡确定开挖边线。

三、基础施工测量

建筑物基础是指其入土的部分,它的作用是将建筑物的总荷载传递给地基。基础的埋设深度是设计部门根据多种因素确定的。因此,基础施工测量的任务就是控制基槽的开挖深度和宽度,在基础施工结束后测量基础是否水平,其标高是否达到设计要求,检查各角是否满足设计要求等。

1. 基槽开挖的深度的控制

当基槽开挖到槽底设计标高时,测量人员需要用水准仪根据地面上±0.000 点,在槽壁上测设一些水平小木桩(称为水平桩)。这项工作亦称为基础抄平。一般在基槽各拐角处均应打水平桩。基础抄平可作为槽底清理和打基础垫层时掌握标高的依据。如图 3.12 所示,在直槽上则每隔 3~4m 打一个水平桩,然后拉上白线,线下 0.5m 即为槽底设计高程。

水平桩可以是木桩也可以是竹桩,测设时,以画在龙门板或周围固定地物的±0.000 标高线为已知高程点,用水准仪进行测设,水平桩上的高程误差应在±10mm 以内。

【案例1】设龙门板顶面标高为±0.000,槽底设计标高为−2.1m,水平桩高于槽底 0.5m,即水平桩高程为−1.6m,用水准仪后视龙门板顶面上的水准尺,读数 $a = 1.286$m,则水平桩上标尺的读数应为 $0 + 1.286 − (−1.6) = 2.886$m

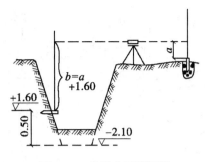

图 3.12 基槽水平桩测设

2. 基础垫层中线的投测

基础垫层打好后，根据轴线控制桩或龙门板上的轴线钉，用经纬仪或全站仪用拉绳挂垂球的方法，把轴线投测到垫层上，如图 3.13 所示，并用墨线弹出墙中心线和基础边线，作为砌筑基础的依据。

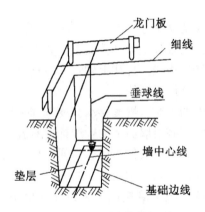

图 3.13 垫层中线的投测

3. 基础墙标高控制

建筑物的基础墙是指±0.000m以下的墙体，它的标高一般是用基础"皮数杆"来控制的，皮数杆是用一根木杆做成。如图 3.14 所示，在杆上事先按照设计尺寸将砖和灰缝的厚度，分别从上往下一一画出线条，并注明±0.000和防潮层的标高位置。立皮数杆时，可先在立杆处打一木桩，用水准仪在木桩侧面测设一条高于垫层设计标高某一数值（如100mm）的水平线，然后将皮数杆上标高相同的一条线与木桩上的水平线对齐，并用铁钉把皮数杆和木桩钉在一起，这样立好皮数杆后，即可作为砌筑基础墙的标高依据。对于采用钢筋混凝土的基础，可用水准仪将设计标高测设于模板上。

4. 基础面标高的检查

基础施工结束后，应检查基础面是否水平，各角是否为直角。

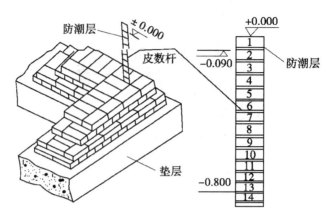

图 3.14 基础墙标高的控制

四、主体施工测量

1. 楼层轴线投测

每层楼面建好后,为了保证继续往上砌筑墙体时,墙体轴线均与基础轴线在同一铅垂面上,应将基础或首层墙面上的轴线投测到楼面上,并在楼面上重新弹出墙体的轴线,检查无误后,以此为依据弹出墙体边线,再往上砌筑。在这个测量工作中,从下往上进行轴线投测是关键,一般多层建筑常用吊锤线。

将较重的垂球悬挂在楼面的边缘,慢慢移动,使垂球尖对准地面上的轴线标志,或者使吊锤线下部沿垂直墙面方向与底层墙面上的轴线标志对齐,吊锤线上部在楼面边缘的位置就是墙体轴线位置,在此画一条短线作为标志,便在楼面上得到轴线的一个端点,同法投测另一端点,两端点的连线即为墙体轴线。

一般应将建筑物的主轴线都投测到楼面上来,并弹出墨线,用钢尺检查轴线间的距离,其相对误差不得大于 1/3000,符合要求之后,再以这些主轴线为依据,用钢尺内分法测设其他细部轴线。在困难的情况下至少要测设两条垂直相交的主轴线,检查交角合格后,用经纬仪和钢尺测设其他主轴线,再根据主轴线测设细部轴线。

吊锤线法受风的影响较大,楼层较高时风的影响更大,因此应在风小的时候作业,投测时应等待吊锤稳定下来后再在楼面上定点。此外,每层楼面的轴线均应直接由底层投测上来,以保证建筑物的总垂直度,只要注意这些问题,用吊锤线法进行多层楼房的轴线投测的精度是有保证的。

2. 标高传递

多层建筑物施工中,要由下往上将标高传递到新的施工楼层,以便控制新楼层的墙体施工,使其标高符合设计要求。标高传递一般有以下两种方法:

(1) 利用皮数杆传递标高。一层楼房墙体砌完并建好楼面后,把皮数杆移到二层继续使用。为了使皮数杆立在同一水平面上,用水准仪测定楼面四角的标高,取平均值作为二楼的地面标高,并在立杆处绘出标高线,立杆时将皮数杆的 ±0.000 线与该线对齐,然后以皮数杆为标高的依据进行墙体砌筑。如此用同样方法逐层往上传递高程。

（2）利用钢尺传递标高。在标高精度要求较高时，可用钢尺从底层的+50标高线起往上直接丈量，把标高传递到第二层，然后根据传递上来的高程测设第二层的地面标高线，以此为依据立皮数杆。在墙体砌到一定高度后，用水准仪测设该层的+50标高线，再往上一层的标高可以此为准用钢尺传递，依此类推，逐层传递标高。

工作任务3 工业建筑物放样测量

工业建筑物中以厂房为主，一般工业厂房多采用预制构件，在现场装配的方法施工，厂房的预制构件有柱子、吊车梁和屋架等。因此工业建筑施工测量的主要工作是保证这些预制构件安装到位。

一、厂房控制网的测设

1. 制定厂房矩形控制网的测设方案

工业厂房测设的精度要求高于民用建筑，而厂区原有的测图控制点的密度和精度往往不能满足厂房测设的要求，因此，对于每个厂房还应在原有控制网的基础上，根据厂房的规模大小，建立满足精度要求的独立矩形控制网。对一般中、小型厂房，可测设一个单一的厂房施工矩形控制网。如图3.15所示，L、M、N为建筑方格网点，厂房外廊各交点的坐标为设计值，P、Q、R、S为布置在厂房基坑开挖范围以外的厂房矩形控制网的四个角点，称为厂房控制桩。对于大型厂房或设备基础复杂的厂房，为保证厂房各部分精度一致，需先测试一条主轴线，然后以次主轴线测试出矩形控制网。

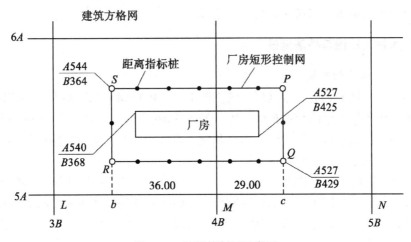

图3.15 矩形控制网示意图

厂房矩形控制网的测设方案，通常是根据厂区的总平面图、厂区控制网、厂房施工图和现场地形等资料来指定的。其主要内容为：确定主轴线位置、矩形控制网位置、矩形离指标桩的点位、测试方法和精确要求。在确定顶主轴线点及矩形控制网位置时,要考虑到控制点能长期保存,应避开地上和地下管线,位置应距厂房基础开挖边线以外 1.5~4m。距离指标桩即沿厂房控制网各边每隔若干柱间距埋设一个控制桩,故其间距一般为厂柱距的倍数,但不要超过所用钢尺的整尺长。

2. 绘制测设略图

根据厂区的总平面图、厂区控制网、厂房施工图等资料,按一定比例绘制测设略图,如图 3.15 所示,为测设工作做好准备。

3. 计算测设数据

根据厂房控制桩 S、P、Q、R 的坐标,计算利用直角坐标法进行测设时所需要的测设数据,计算结果标注于图 3.15 上。

4. 厂房矩形控制网的测设

厂房矩形控制网应布置在基坑开挖范围线以外 1.5~4m 处,其边线与厂房主轴线平行,除控制桩外,在控制网各边每隔若干柱间距埋设一个距离控制桩,其间距一般为厂房柱距的倍数,但不要超过所用钢尺的整尺长。

厂房矩形控制网的测设方法,如图 3.15 所示,将经纬仪安置在建筑方格网点 M 上,分别精确照准 L、N 点,自 M 点沿视线方向分别量取 $Mb=36.00m$ 和 $MC=29.00m$,定出 b、c 两点。然后,将经纬仪分别安置于 b、c 两点上,用测设直角的方法分别测出 bs、cs 方向线,沿 bs 方向测设出 R、S 两点,沿 cp 方向测设出 Q、P 两点,分别在 P、Q、R、S 四点上钉立木桩,做好标志。

5. 检查

最后检查控制桩 P、Q、R、S 各点和直角是否符合精度要求,一般情况下,其误差不应超过 $\pm 10''$,各边长度相对误差不应超过 $1/10000 \sim 1/25000$。然后,在控制网各边上按一定距离测设距离指示桩,以便对厂房进行细部放样。

二、厂房柱列轴线与柱基测设

1. 厂房柱列轴线的测设

厂房矩形控制网测定后,根据厂房施工图上所注的柱间距和跨距大小,用钢尺沿矩形控制网各边量出各柱列轴线控制桩的位置。如图 3.16 中的 1′、1″、2′、2″……并打入大木桩,桩顶用小钉标出点位,作为柱基测设和施工安装的依据,丈量时应以相邻的两个距离指标桩为起点分别进行,以便检核。

图 3.16 中的 A、B、C 轴线及①、②、③……轴线分别是厂房的纵、横柱列轴线,又称定位轴线。纵向轴线的距离表示厂房的跨度,横向轴线的距离表示厂房的柱距。在进行柱基测设时,应注意定位轴线不一定是柱的中心线,一个厂房的柱基类型很多,尺寸不一,放样时应特别注意。

2. 柱基测设

柱基的测设应以柱列轴线为基线,按基础施工图中基础与柱列轴线的关系尺寸进行。现以图 3.17 所示 C 轴与⑤轴交点处的基础详图为例,说明柱基的测设方法。

(1)首先将两台经纬仪分别安置在 C 轴与⑤轴一端的轴线控制桩上,瞄准各自轴线另

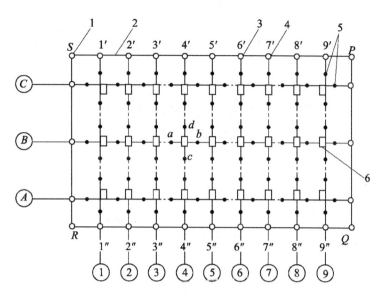

图 3.16 厂房柱列轴线的测设

一端的轴线控制桩,交会定出轴线交点作为该基础的定位点,称为柱基定位。(注意:该点不一定是基础中心点)。

(2)沿轴线在基础开挖边线以外 1~2m 处的轴线上打入四个小木桩 1、2、3、4,并在桩上用小钉标明位置。木桩应钉在基础开挖线以外一定位置,留有一定空间以便修坑和立模。

(3)根据基础详图的尺寸和放坡宽度,量出基坑开挖的边线,并撒上石灰线,此项工作称为柱列基线的放线。

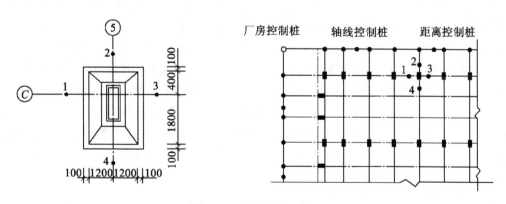

图 3.17 柱基测设示意图

3. 柱基施工测量

当基坑挖到一定深度后,用水准仪在坑壁四周离坑底 0.3m 或 0.5m 处测设几个水平桩用做检查坑底标高和打垫层的依据，如图 3.18 所示，在打垫层前还应测设垫层标高桩。

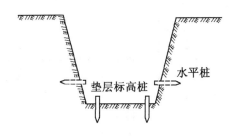

图 3.18 柱基施工测量示意图

基础垫层做好后，根据基坑旁的定位小木桩，用拉线吊锤球法将基础轴线投测到垫层上，弹出墨线，作为柱基础立模和布置钢筋的依据。

立模板时，将模板底线对准垫层上的定位线，并用锤球检查模板是否垂直。最后将柱基顶面设计高程测设在模板内壁。

三、厂房预制构件安装测量

在装配式工业厂房的构件安装测量中，精度要求较高，特别是柱的安装就位是关键，应引起足够重视。

1. 柱的安装测量

(1) 柱吊装前的准备工作。

柱的安装就位及校正，是利用柱身的中心线、标高线和相应的基础顶面中心定位线、基础内侧标高线进行对位来实现的。故在柱就位前须做好以下准备工作：

1) 柱身弹线及投测柱列轴线。

在柱子安装之前，首先将柱子按轴线编号，并在柱身三个侧面弹出柱子的中心线，并且在每条中心线的上端和靠近杯口处画上"▶"标志。并根据牛腿面设计标高，向下用钢尺量出一60cm 的标高线，并画出"▼"标志，如图 3.19 所示，以便校正时使用。

在杯形基础上，由柱列轴线控制桩用经纬仪把柱列轴线投测到杯口顶面上，如图 3.20 所示，并弹出墨线，用红油漆画上"▲"标志，作为柱子吊装时确定轴线的依据。当柱子中心线不通过柱列轴线时，还应在杯形基础顶面四周弹出柱子中心线，仍用红油漆画"▲"标志。同时用水准仪在杯口内壁测设一条-60cm 标高线，并画"▼"标志，用以检查杯底标高是否符合要求，然后用 1∶2 水泥砂浆抹在杯底进行找平，使牛腿面符合设计高程。

2) 柱子安装测量的基本要求：

①柱子中心线应与相应的柱列中心线一致，其允许偏差为±5mm；

②牛腿顶面及柱顶面的实际标高应与设计标高一致，其允许偏差为：当柱高≤5m 时应不大于±5mm；柱高>5m 时应不大于±8mm；

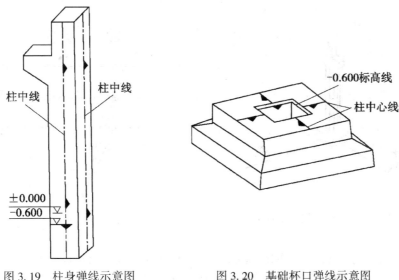

图 3.19 柱身弹线示意图　　　　图 3.20 基础杯口弹线示意图

③柱身垂直允许误差：当柱高≤5m 时应不大于±5mm，当柱高在 5~10m 时应不大于±10mm，当柱高超过 10m 时，限差为柱高的 1%，且不超过 20mm。

(2)柱子安装时的测量工作。

柱子被吊装进入杯口后，先用木楔或钢楔暂时进行固定。用铁锤敲打木楔或者钢楔，使柱在杯口内平移，直到柱中心线与杯口顶面中心线平齐。并用水准仪检测柱身已标定的标高线。

然后用两台经纬仪分别在相互垂直的两条柱列轴线上，相对于柱子的距离为 1.5 倍柱高处同时观测，如图 3.21 所示，进行柱子校正。观测时，将经纬仪照准柱子底部中心线上，固定照准部，逐渐向上仰望远镜，通过校正使柱身中心线与十字丝竖丝相重合。

柱子校正时的注意事项：

①校正用的经纬仪事前应经过严格校正，因为校正柱子垂直度时，往往只用盘左或盘右观测，仪器误差影响很大。操作时还应注意使照准部水准管气泡严格居中。

②柱子在两个方向的垂直度都校正好后，应再复查平面位置，看柱子下部的中心线是否仍对准基础的轴线。

③为了提高工作效率，一般可以将经纬仪安置在轴线的一侧，与轴线成 10°左右的方向线上(为保证精度，与轴线角度不得大于 15°)，一次可以校正几根柱子，如图 3.22 所示。当校正变截面柱子时，经纬仪必须放在轴线上进行校正，否则容易出现差错。

④考虑到过强的日照会使柱子产生弯曲，使柱顶发生位移，当对柱子垂直度要求较高时，柱子垂直度校正应尽量选择在早晨无阳光直射或阴天时校正。

2. 吊车梁安装测量

吊车梁安装时，测量工作的任务是使柱子牛腿上的吊车梁的平面位置、顶面标高及中心线的垂直度都符合要求。

(1)准备工作。

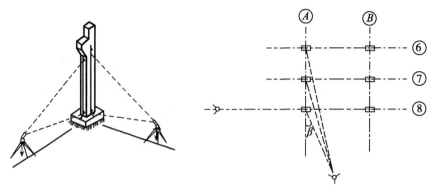

图 3.21 单根柱子校正示意图　　图 3.22 多根柱子校正示意图

首先在吊车梁顶面和两端弹出中心线，再根据柱列轴线把吊车梁中心线投测到柱子牛腿侧面上，作为吊装测量的依据。投测方法如图 3.23 所示，先计算出轨道中心线到厂房纵向柱列轴线的距离 e，再分别根据纵向柱列轴线两端的控制桩，采用平移轴线的方法，在地面上测设出吊车轨道中心线 A_1A_1 和 B_1B_1。将经纬仪分别安置在 A_1A_1 和 B_1B_1 一端的控制点上，严格对中、整平，照准另一端的控制点，仰视望远镜，将吊车轨道中心线投测到柱子的牛腿侧面上，并弹出墨线。

同时根据柱子±0.000 位置线，用钢尺沿柱侧面量出吊车梁顶面设计标高线，画出标志线作为调整吊车梁顶面标高用。

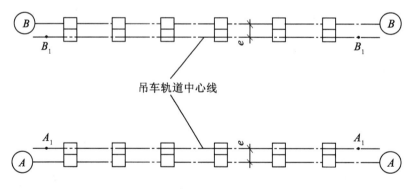

图 3.23 吊车梁中心线投测示意图

(2) 吊车梁吊装测量。

如图 3.24 所示，吊装吊车梁应使其两个端面上的中心线分别与牛腿面上的梁中心线初步对齐，再用经纬仪进行校正。校正方法是根据柱列轴线用经纬仪在地面上放出一条与吊车梁中心线相平行的校正轴线，水平距离为 d。在校正轴线一端点处安置经纬仪，固定照准部，上仰望远镜，照准放置在吊车梁顶面的横放直尺，对吊车梁进行平移调整，使吊车梁中心线上任一点距校正轴线水平距离均为 d。在校正吊车梁平面位置的同时，用吊锤球的方法检查吊车梁的垂直度,不满足时在吊车梁支座处加垫块校正。在吊车梁就位后,先根据柱面上定出的吊车梁设计标高线检查梁面的标高,并进行调整,不满足时用抹灰调整。再把水准仪安置在吊车梁上,进行精确检测实际标高,其误差应在±3mm以内。

3. 屋架的安装测量

如图 3.25 所示,屋架的安装测量与吊车梁安装测量的方法基本相似。屋架的垂直度是靠安装在屋架上的三把卡尺,通过经纬仪进行检查、调整。屋架垂直度允许误差为屋架高度的 1/250。

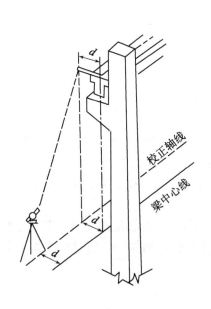

图 3.24　吊车梁安装校正示意图

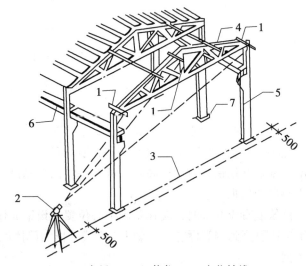

1—卡尺;2—经纬仪;3—定位轴线
4—屋架;5—柱;6—吊木架;7—基础

图 3.25　屋架安装示意图

四、烟囱、水塔施工测量

烟囱和水塔是典型的高耸构筑物,其特点是:基础小,筒身高,抗倾覆性能差,其对称轴为通过基础圆心的铅垂线。因而施工测量的工作主要是严格控制其中心位置,确保主体竖直。按施工规范规定:筒身中心轴线垂直度偏差最大不得超过110mm;当筒身高度 $H>100m$ 时,其偏差不应超过 $0.05H\%$,烟囱圆环的直径偏差不得大于30mm。

1. 烟囱的定位和放线

首先按照设计施工平面图的要求,根据已知控制点或原有建筑物与基础中心的尺寸关系,在施工场地上测设出基础中心位置 O 点。如图 3.26 所示,在 O 点上安置经纬仪,任选一点 A 作为后视点,同时在此方向上定出 a 点,然后,顺时针旋转照准部依次测设 90°直角,测出 OC、OB、OD 方向上的 C、c、B、b、D、d 各点,并转回 OA 方向归零校核。其中 A、B、C、D 各控制桩至烟囱中心的距离应大于其高度的 1~1.5 倍,并应妥善保护。a、b、c、d 四个定位桩,应尽量靠近所建构筑物但又不影响桩位的稳固,用于修坑和恢复其中心位置。

57

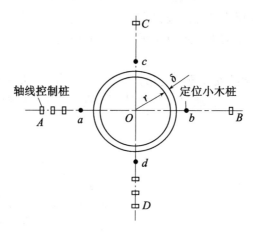

图 3.26 烟囱基础定位放线图

然后,以基础中心点 O 为圆心,以 $r+\delta$ 为半径(δ 为基坑的放坡宽度,r 为构筑物基础的外侧半径)在场地上画圆,撒上石灰线以标明土方开挖范围,如图 3.26 所示。

当基坑开挖快到设计标高时,可在基坑内壁测设水平桩,作为检查基础深度和浇筑混凝土垫层的依据。

浇筑混凝土基础时,应在基础中心位置埋设钢筋作为标志,并在浇筑完毕后把中心点 O 精确地引测到钢筋标志上,刻上"+"线,作为筒体施工时控制筒体中心位置和筒体半径的依据。

2. 烟囱筒身施工测量

(1)引测筒体中心线。

筒体施工时,必须将构筑物中心引测到施工作业面上,以此为依据,随时检查作业面的中心是否在构筑物的中心铅垂线上。通常是每施工一个作业面高度引测一次中心线。具体引测方法是:先在施工作业面上横向设置一根控制方木和一根带有刻度的旋转尺杆,如图 3.27 所示,尺杆零端铰接于方木中心。方木的中心下悬挂质量为 8~12kg 的锤球。平移方木,将锤球尖对准基础面上的中心标志,即可检核施工作业面的偏差,并在正确位置继续进行施工。

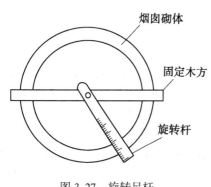

图 3.27 旋转尺杆

筒体每施工 10m 左右,还应用经纬仪向施工作业面引测一次中心,对筒体进行检查。检查时,把经纬仪安置在各轴线控制桩上,瞄准各轴线相应一侧的定位小木桩 a、b、c、d 将轴线投测到施工面边上,并做标记;然后将相对的两个标记拉线,两线交点为烟囱中心线。如果有偏差,应立即进行纠正,然后再继续施工。

对高度较高的混凝土烟囱,为保证精度要求,可采用激光经纬仪进行烟囱铅垂定位。定位时将激光经纬仪安置在烟囱基础的"+"字交点上,在工作面中央处安放激光铅垂仪接收靶,每次提升工作平台前和后都应进行铅垂定位测量,并及时调整偏差。

(2)筒体外壁收坡的控制。

为了保证筒身收坡符合设计要求,除了用尺杆画圆控制外,还应随时用靠尺板来检查。靠尺形状如图3.28所示,两侧的斜边是严格按照设计要求的筒壁收坡系数制作的。在使用过程中,把斜边紧靠在筒体外侧,如筒体的收坡符合要求,则锤球线正好通过下端的缺口。如收坡控制不好,可通过坡度尺上小木尺读数反映其偏差大小,以便使筒体收坡及时得到控制。

在筒体施工的同时,还应检查筒体砌筑到某一高度时的设计半径。如图3.29所示,某高度的设计半径 $r_{H'}$ 可由图示计算求得

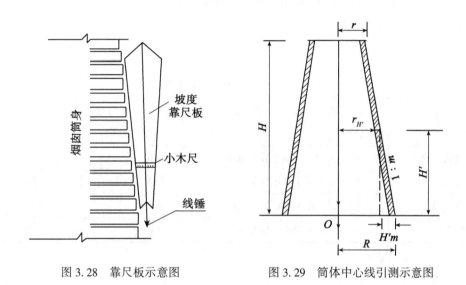

图3.28 靠尺板示意图　　　　图3.29 筒体中心线引测示意图

$$r_{H'} = R - H'm \quad (3.5)$$

式中,R 为筒体底面外侧设计半径;m 为筒体的收坡系数。

收坡系数的计算公式为

$$m = \frac{R-r}{H} \quad (3.6)$$

式中,r 为筒体顶面外侧设计半径;H 为筒体的设计高度。

(3)筒体的标高控制。

筒体的标高控制是用水准仪在筒壁上测出+0.500m(或任意整分米)的标高控制线,然后以此线为准用钢尺量取筒体的高度。

工作任务4　高层建筑物放样测量

高层建筑物施工测量中的主要问题是控制垂直度,就是将建筑物的基础轴线准确地向

高层引测,并保证各层相应轴线位于同一垂直面内,控制竖向偏差,使轴线向上投测的偏差值不超限,另外还有将低处的高程精确的向高处传递的作用。

一、高层建筑的轴线投测

随着结构的升高,要将首层轴线逐层往上投测,作为施工的依据。此时建筑物主轴线的投测最为重要,因为它们是各层放线和结构垂直度控制的依据。随着高层建筑物设计高度的增加,施工中对竖向偏差的控制要求就越高,轴线竖向投测的精度和方法就必须与其适应,以保证工程质量。

有关规范对于不同结构的高层建筑施工的竖向精度有不同的要求,见表3.2(H为建筑总高度)。为了保证总的竖向施工误差不超限,层间垂直度测量偏差不应超过3mm,建筑全高垂直度测量偏差不应超过$3H/10000$,且不应大于:

30m<H≤60m时,±10mm;
60m<H≤90m时,±15mm;

表3.2 高层建筑竖向及标高施工偏差限差

结构类型	竖向施工偏差限差(mm)		标高偏差限差(mm)	
	每层	全高	每层	全高
现浇混凝土	8	$H/1000$(最大30)	±10	±30
装配式框架	5	$H/1000$(最大20)	±5	±30
大模板施工	5	$H/1000$(最大30)	±10	±30
滑模施工	5	$H/1000$(最大50)	±10	±30

注:90m<H时,±20mm。

下面介绍几种常用的方法。

1. 经纬仪或全站仪法

利用经纬仪或全站仪将轴线投测到楼层边缘或柱顶上,具体方法如下:

(1)在建筑物底部投测中心轴线位置。

高层建筑的基础工程完工后,如图3.30所示,将经纬仪安置在轴线控制桩A_1、A_1'、B_1、B_1'上,严格整平仪器,把建筑物主轴线精确地投测到建筑物的底部,并设立标志a_1、a_1'、b_1和b_1',以供下一步施工与向上投测用。

(2)向上投测中心线。

随着建筑物不断升高,要逐层将轴线向上传递,将仪器安置在中心轴线控制桩A_1、A_1'、B_1、B_1'上,严格整平仪器,用望远镜瞄准建筑物底部已标出的轴线a_1、a_1'、b_1和b_1'点,有正倒镜分别向上投测到每层楼板上,并取其中点作为该层中心轴线的投影点,如图中的a_2、a_2'、b_2和b_2'点。将所有端点投测到楼板之后,用钢尺检核其间距,相对误差不得大于1/2000。合格后才能在楼板中间弹线,继续施工。

(3)增设轴线引桩。

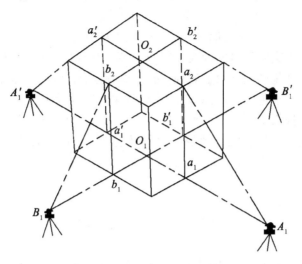

图 3.30 经纬仪投测中心轴线

当楼房逐渐增高,而轴线控制桩距建筑物又较近时,望远镜的仰角较大,操作不便,投测精度也会降低。为此要将原中心轴线控制桩引测到更远的安全地方,或者附近大楼的屋面,具体做法如下:将经纬仪安置在已经投测上去的较高层(如第 10 层),楼面轴线 $a_{10}a'_{10}$ 上,如图 3.31 所示,瞄准地面上原有的轴线控制桩 A_1 和 A'_1 点,用正倒镜分中投点法,将轴线延长到远处 A_2 和 A'_2 点,并用标志固定其位置,A_2、A'_2 点即为新投测的 $A_1A'_1$ 轴控制桩。更高各层的中心轴线,可将仪器安置在新的引桩上,按上述方法继续进行投测。

所有主轴线投测上来后,应进行角度和距离的检核,合格后再以此为依据测设其他轴线。

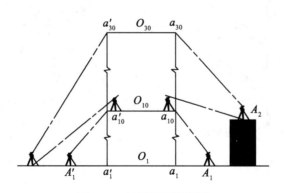

图 3.31 经纬仪引桩投测

2. 吊线坠法

当周围建筑物密集,施工场地窄小,无法在建筑物以外的轴线上安置经纬仪时,可采用此法进行竖向投测。该法与一般的吊锤线法的原理是一样的,只是线坠的重量更大,吊线(细钢丝)的强度更高。此外，为了减少风力的影响，应将吊线坠的位置放在建筑物内部。

如图3.32所示，事先在首层地面上埋设轴线点的固定标志，轴线点之间应构成矩形或十字形等，作为整个高层建筑的轴线控制网。各标志的上方每层楼板都预留孔洞，供吊锤线通过。投测时，在施工层楼面上的预留孔上安置挂有吊线坠的十字架，慢慢移动十字架，当吊锤尖静止地对准地面固定标志时，十字架的中心就是应投测的点，在预留孔四周做上标志即可，标志连线交点，即为从首层投上来的轴线点。同理测设其他轴线点。

使用吊线坠法进行轴线投测，经济、简单又直观，精度也比较可靠，但投测费时费力，正逐渐被下面所述的垂准仪法所替代。

3. 激光铅垂仪法

(1) 激光铅垂仪简介。

激光铅垂仪是一种专用的铅直定位仪器，适用于高层建筑物、烟囱及高塔架的铅直定位测量。

激光铅垂仪的基本构造如图3.33所示，主要由氦氖激光管、精密竖轴、发射望远镜、水准器、基座、激光电源及接收屏等部分组成。

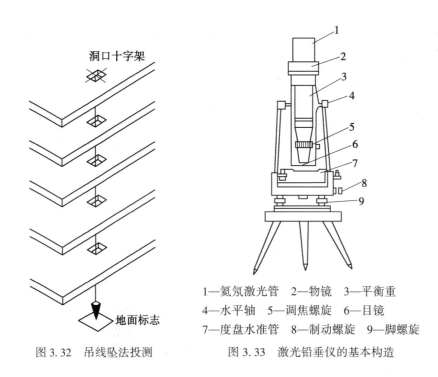

1—氦氖激光管　2—物镜　3—平衡重
4—水平轴　5—调焦螺旋　6—目镜
7—度盘水准管　8—制动螺旋　9—脚螺旋

图3.32　吊线坠法投测　　图3.33　激光铅垂仪的基本构造

激光器通过两组固定螺钉固定在套筒内，激光铅垂仪的竖轴是空心筒轴，两端有螺扣，上、下两端分别与发射望远镜和氦氖激光器套筒相连接，二者位置可对调，构成向上或向下发射激光束的铅垂仪。仪器上设置有两个互成90°的管水准器，仪器配有专用激光电源。

(2) 激光铅垂仪投测轴线。

①在首层轴线控制点上安置激光铅垂仪,利用激光器底端(全发射棱镜端)所发射的激光束进行对中,通过调节基座整平螺旋,使管水准器气泡严格居中。

②在上层施工楼面预留孔处,放置接收靶。

③接通激光电源,启动激光器发射铅直激光束,通过发射望远镜调焦,使激光束汇聚成红色耀目光斑,投射到接收靶上。

④移动接收靶,使靶心与红色光斑重合,固定接收靶,并在预留孔四周做出标志,此时,靶心位置即为轴线控制点在该楼面上的投测点。

各轴线交点投测完后,对各投测点间的距离、角度进行检验,合格后根据投测点进行所在楼层的放线工作。

二、高层建筑的高程传递

高层建筑各施工层的标高,是由底层±0.000标高线传递上来的。高层建筑施工的标高偏差限差见表3.2。

在建筑物施工中,要由下层向上层传递高程,以便楼板、门窗口等的标高符合设计要求,传递高程可以利用钢尺直接丈量,对于二层以上各层,每砌高一层,就从楼梯间用钢尺从下层的"±0.500m"标高线,向上量出层高,测出上一层的"±0.500m"标高线。这样用钢尺逐层向上引测。也可用悬挂钢尺代替水准尺,用水准仪读数,从下向上传递高程。一般建筑物可用墙体皮数杆传递高程。

工作任务5 竣 工 测 量

一、竣工测量的意义和内容

1. 竣工测量的意义

各建筑工程都是按照设计总平面图施工的。随着施工的不断深入,设计时考虑不到的一些因素暴露出来,可能要变更局部设计,从而使工程的竣工位置与设计位置不完全一致。此外,为给工程竣工后投产营运中的管理、维修、改建和扩建等提供可靠的图纸和资料,一般应编绘竣工总平面图。竣工总平面图及附属资料,也是考查和研究工程质量的依据之一。

每个单项工程完成后,必须由施工单位进行竣工测量,提交工程的竣工测量成果,作为编制竣工总平面图的依据。

2. 竣工测量的内容

竣工测量包括室外实测和室内资料编绘两方面的内容,现分别介绍如下。

(1)室外实测。

建筑物和构造物竣工验收时进行的实地测量称为室外实测,也叫竣工测量。竣工测量可以利用施工期间使用的平面控制点和水准点进行施测。其实测内容主要有:

①细部点坐标测量:对于主要的建筑物和构筑物的墙角、地下管线的转折点、道路交叉点、架空管网的转折点以及圆形建筑物的中心点等,都要测算其坐标。并附房屋编号、

结构层数、面积和竣工时间等资料。

②高程测量：对于主要建筑物和构筑物的室内地坪、上水管顶部、下水管底部、道路变坡点等，要用水准测量方法测定其高程。并附注管道及窨井的编号、名称、管径、管材、间距、坡度和流向等。

③其他测量：对于一般地物（比如草坪、花池等）、地貌则按地形图测绘要求进行测绘。

（2）室内编绘。

竣工总平面图的编绘是依据设计总平面图、单位工程平面图、纵横断面图和设计变更资料以及施工放线资料、施工检查测量及竣工测量资料和有关部门、建设单位的具体要求来进行的。

竣工总平面图应包括施工测量控制点、水准点、厂房、辅助设施、生活福利设施、架空与地下管线、道路等建（构）筑物的坐标、高程，以及厂区内净空地带和尚未兴建区域的地物、地貌等内容。有关建（构）筑物的符号应与设计图例相同，有关地形图的图例应使用国家地形图图式符号。

二、竣工总平面图的编绘

1. 绘制坐标方格网

一般使用两脚规和比例尺来绘制，其精度要求与地形图测量的坐标格网相同。

2. 展绘控制点

坐标方格网绘制好后，将施工控制点按坐标值展绘到图上。展点对临近的方格而言，其允许误差为±0.3mm。

3. 展绘设计总平面图

根据坐标方格网，将设计总平面图的图面内容按其设计坐标，用铅笔展绘于图纸上，作为竣工总平面图编绘的底图。

4. 展绘竣工总平面图

（1）根据设计资料展绘：凡按设计坐标定位施工的工程，应以测量定位资料为依据，按设计坐标（或相对尺寸）和标高展绘。建筑物和构筑物的拐角、起止点、转折点应根据坐标数据展点成图。对建筑物和构筑物的附属部分，如无设计坐标，可用相对尺寸绘制。若原设计变更，则应根据设计变更资料编绘。

（2）根据测量资料展绘：在工业与民用建筑施工中，每一个单项工程完成后，都应进行竣工测量，并提交该工程的竣工测量成果。凡有竣工测量资料的工程，若竣工测量成果与设计值之差不超过所规定的容许误差时，可按设计值编绘，否则应按竣工测量资料编绘。

5. 现场实测

对于直接在现场指定位置进行施工的工程或以固定地物定位施工的工程、多次变更设计而无法查对的工程，都应根据施工控制网进行现场实测，并在实测时，现场绘出草图，然后根据实测成果和草图，在室内进行编绘。

对于大型企业和较复杂的工程，如果将厂区地上、地下所有建筑物和构筑物都绘在一张总平面图上,将会造成图上内容太多,线条密集,不易辨认。为使图面清晰醒目,便于使用,可根据工程的密集与复杂程度,按工程性质分类编绘竣工总平面图。如综合竣工总平面图、工业管线竣工总平面图、分类管道竣工总平面图以及厂区铁路、道路竣工总平面图等。

各建筑工程竣工后应根据实际情况绘制竣工总平面图,竣工总平面图是施工单位在工程竣工后交付使用前所提供的技术资料之一。在施工过程中由于设计时没有考虑到的原因及临时变更以及施工误差等因素造成的工程竣工后的位置与设计位置会有所偏差,这种情况应通过测量工作反映在竣工图上。竣工图也是工程使用过程中各种设施维修工作的依据,另外也为以后工程扩建、改建提供基本资料。

【知识小结】

本项目主要介绍了建筑场地控制测量中建筑方格网和建筑基线的布设和测设方法,重点介绍了民用与工业建筑施工测量的过程和方法,然后介绍了高层建筑物放样的方法,对竣工测量进行了简单叙述。

【知识与技能训练】

1. 为什么要建立建筑区的施工控制网?
2. 建筑施工场地平面控制网的布设形式有哪几种?各适用于什么场合?
3. 建筑基线的布设有哪几种?
4. 什么是建筑方格网?如何测设建筑方格网?
5. 民用建筑施工测量包括哪些主要工作?
6. 高层建筑物投测的方法有哪几种?
7. 为什么要进行竣工测量?竣工测量的内容有哪些?
8. 利用已有建筑物基线 AB,测设一民用建筑物的轴线12、34于地面,并将室内地坪位置标于现场,控制点数据和设计数据如下图所示。

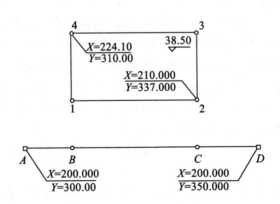

项目4 河道测量

【教学目标】

学习本项目，主要使学生了解测深断面和测深点的布设要求，掌握测深断面和测深点的布设方法，掌握水下地形点平面位置的测定方法，掌握水位及水深观测的方法，并具有水下地形图绘制的基本技能和河道地形纵、横断面图的测绘的能力。

项目导入

河道测量是江、河、湖泊等水域测量的总称。为了充分开发和利用水力资源以获得廉价的电力，为了使农田免除旱涝灾害以增加生产，为了整治河道以提高航运能力，在桥梁、沿江河的铁路、公路等工程的建设中，都必须兴建各种水利工程。在这些工程的勘测设计中，除了需要陆上地形图外，还需要了解水下地形情况，测绘水下地形图。它的内容不像陆上地形图那样复杂，根据用图目的，一般可用等高线或等深线表示水下地形。

在水利工程的规划设计阶段，为了拟定梯级开发方案，选择坝址和水头高度，推算回水曲线等，都应编绘河道纵断面图。在桥梁勘测设计中，为了研究河床的冲刷情况，决定桥墩的类型和基础深度，布置桥梁的孔径等，及在研究河床变化规律和计算库区淤积，确定清淤方案时，都需要施测河道横断面图。

水下地形与陆上地形一样，不同的是水下地形的起伏是看不见的，水下地形包括水下地貌和水下地物两部分。水下地貌是指高低起伏的河(海)底，包括礁石、浅滩和深沟等；水下地物是指沉船和其他障碍物。

水下地形测量与陆上地形测量的控制测量方法相同，水下地形图的测绘也要按照"先高级后低级，从控制到碎部，从整体到局部"的原则。水下地形点的高程是由水位(水面高程)减去水深间接求得的。因此，河道测量除有与岸上相同的测量内容和工作方法外，水位观测和水深测量也是水下地形测量及河道横断面测量不可缺少的部分。

所谓水深测量，就是测量水底各点的平面位置及其在水面以下的深度，它包括测深面的设置、水深测量和测深点的定位。它的特点是：

(1)水深测量对象的不可见性：必须依靠仪器和工具间接测得点的高程，增加了工作的复杂性。

(2)水深测量的运动性：水深测量主要依靠船艇在水上进行工作，由于水在垂直方向的升降和在水平方向流动，增加了工作的困难性。

测深的方法一般分为两大类：一类是直接测深法，如采用测深杆、测深锤等工具直接测量水深；另一类是仪器测深法，如采用回声测深仪测量水深。

水下地形点平面位置的测定称为水上定位，水上定位的方法可以分为两大类：一类是采用经纬仪等常规测量仪器，应用前方交会法、极坐标法等方法进行定位；另一类是采用电子测量仪器进行水上定位。

测深和定位既是两项相互独立的作业，又是紧密联系在一起的。因为在定位的同时必须进行水深测量，也就是说定位与测深应保持同步。利用船只测量其水深，与此同时，测出该点的平面位置。利用水位观测测出的水面高程减去各测深点的水深，便可求得相应测深点的高程。最后，依次将测深点展绘到图上，根据各点的高程勾绘出等高线，就得到水下地形图。

工作任务 1 测深线和测深点的布设

在水下地形测量之前，为了保证水下地形测量的成图质量，应根据测区内水面的宽窄、水流湍急等情况，在实地布设一定数量的测深线和测深点。

一、测深线的布设

测深线也称测深断面，为了能使测点分布均匀、不漏测、不重复，在实践上常采用散点法或测深断面布设测设点。测深线布设时，应根据测图比例尺和对成图的要求，按规定的断面间距，预先在图纸上设计出测深断面的位置，然后把图上的断面在实地测设出来。

测深线布设时，对于沿海航道测量而言，主测线方向宜垂直于等深线的总方向或航道轴线。特殊地区的测深线方向与等深线之夹角不应小于45°，必要时应平行于岸线布设等深线。对于内河航道测量，测深线应垂直于河流流向、航道中心线或岸线方向；弯曲河段设为扇形；对于流速大，横向测深线布设有困难时，可布设成斜向测深线，如图4.1所示。

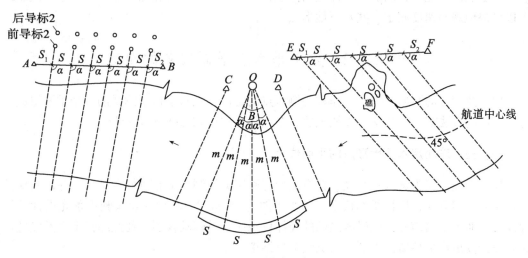

图 4.1 测深线的布设

测深线一般规定在图上每隔 1~2cm 布设一条，测深点的间距一般在图上为 0.6~0.8cm，见表 4.1。也可以按照不同的测图比例尺来规定测深线和测深点的间距，但当水下地形较复杂或设计上有特殊要求时，可适当加密测深线和测深点的间距。若测区内水流平缓、河床平坦，可适当放宽上述规定。

表 4.1　　　　　　　　　　　　　测深线和测深点间距表

测图比例尺	测深线间距/m	测深点间距/m	等高距/m
1∶1000	15~25	12~15	0.5
1∶2000	20~50	15~25	1
1∶5000	80~130	40~80	1
1∶10000	200~250	60~100	1

测深线的方向可用仪器或目估确定，在所确定的线上设立两个标志（距离尽可能远），以便测船瞄准定向。在施测前应进行试测，以便测定船在点间运行时间和岸上与测船之间的协调指挥。

二、水下地形点的布设和密度要求

由于不能直接观察水下地形情况，只能依靠测定较多的水下地形点来探测水下地形的变化规律。因此，通常须保证图上陆地部分 1~3cm、水下 0.5~1.5cm 应施测一点；沿河道纵向可以稍稀，横向应当较密；中间可以稍稀，近岸应当稍密，但必须探测到河床最深点。

水下地形点可用断面法或散点法进行。断面法同上述布设方法。在水流速较大时，一般采用散点法。此时，测船不断往返斜向航行，每隔一定距离测定一点，在每条斜航路线上以尽快地观测速度测定一些水下地形点。

工作任务 2　水下地形点平面位置的测定

确定测深点的平面位置的工作称为测深点的定位，是水下地形测量的一个重要组成部分，常用的方法有：交会法、无线电法、全站仪定位法和 GPS 差分定位。

一、交会法测定水下地形点的平面位置

我们以经纬仪为例进行阐述。在岸上预先确定的控制点上布置好经纬仪，并以其他控制点作后视零方向，后视线的长度应不小于图上 15cm。当测深的船只驶近预先设计的测深线时，船上发出信号，此时各测站的经纬仪观测人员转动仪器，使经纬仪十字丝竖丝切正旗杆，读出水平角值，直到一条测线测量结束。

为提高定位精度，除及时对测船精确照准外，交会距离不宜太远，控制点应尽量靠近测深区域且交会角宜接近 90°。因此，交会定位方法通常适用于测区面积较小的水域，否则因交会距离过长而使误差很大。

二、无线电定测深点的平面位置

在宽阔的河口、港湾和海洋上进行测深定位时，均采用无线电定位仪确定测深点的平面位置。

无线电定位是根据一动点到两定点的距离之差为一定值时，其轨迹为双曲线的原理来定位的，也称双曲线定位。其距离差是由测艇上的无线电定位仪接收岸上两控制点上的发射台发出的电磁波的时间差或相位差来确定，并将其展绘在有时间差或相位差的双曲线倍网图板上，直接定出测艇的位置。

无线电定位法是海测的主要方法。但随着全球定位(GPS)的推广应用，目前基本上由全球定位系统所取代。

三、全站仪定位

近年来，随着电子经纬仪的普遍使用，传统的光学经纬仪前方交会法定位已很少采用。新的方法是直接利用全站仪，按角度和距离的极坐标法进行定位。观测值通过无线通信可以立即传输到测船上的便携机中，立即计算出测点的平面坐标，与对应点的测深数据合并在一起；也可以存储在岸上测站与全站仪在线连接的电子手簿中或全站仪的内存中。到内业时由测字测图系统软件，可自动生成水下地形图。这种定位及水下地形图自动化绘制方法，目前在港口及近岸水下地形测量中用得很多。它不但可以满足测绘大比例尺水下数字地形图的精度要求，而且方便灵活，自动化程度高，精度高。

四、GPS差分定位

GPS定位技术的应用，可以快速地测定测深仪的位置。由于GPS单点定位精度仅仅为几十米，这对于远海小比例尺水下地形测量来说，可以满足精度要求，但对于大比例尺近海水下地形测量的定位工作就难以达到精度。此时，必须采用差分GPS技术进行相对定位。

测量时将GPS接收机与测深仪器结合，前者进行定位测量，后者同时进行水深测量。利用便携机记录观测数据，并配备一系列软件和绘图仪硬件，便可组成水下地形测量自动化系统。如图4.2所示为差分GPS水深测量系统的组成示意图。

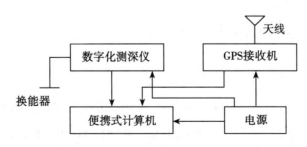

图4.2　差分GPS水深测量系统的组成

定位系统由 RTK 基站、RTK 流动站和便携式电脑组成。基准台的作用是向船台发送一系列差分定位改正数。根据不同的定位方式，对接收机和各种状态进行设定，不断收集接收机中的测量数据和来自基准台的差分数据，进行自动收集和更新数据。启动测量软件，按软件提示分别设定：线号、方向、采样方式、采样间隔等。由导航人员引导测量船至测区后开始作业，计算机实时采集定位、水深等数据，显示到图形界面。同时根据预定测线，动态地修正航向、航速，使测量船沿预设测线行驶，实现导航、定位、数据采集自动化。作业过程中导航人员应严密观察 RTK 流动站的卫星信号锁定、固定解情况，并做好相应的记录。如图 4.3 所示为实时测量时水深窗口显示和实时采集软件界面显示图。

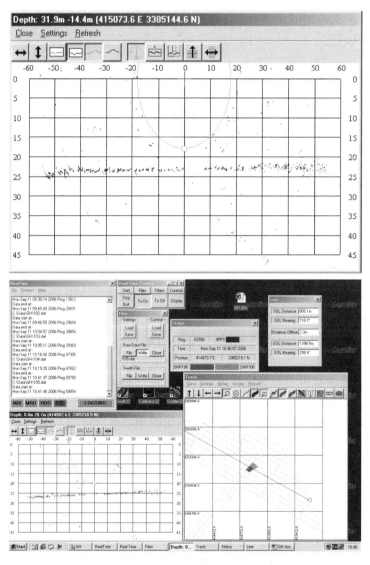

图 4.3 实时测量时水深窗口显示和实时采集软件界面显示

工作任务3　水位观测

由于水面是不断变化的，所以在测量水深时须进行水位观测，目的是把测深和高程系统联系起来。

一、水位站的设立

水位站分长期站、短期站和临时站三种。长期站是指诸如吴淞、青岛等地长期进行水位观测的水位站。短期站一般进行一月或数月的水位观测。临时站一般进行一天或数天的水位观测。如图4.4所示为临时验潮站和长期验潮站。

水位站址的选择应注意以下几点：

(a)临时验潮站　　　　　　(b)长期验潮站

图4.4　临时验潮站和长期验潮站

(1)选择水位变化灵敏的河段。河口的水深一般较浅，有的河口有拦门沙，甚至干土，这些地区都会严重影响水位控制的精度，不宜设站。

(2)选择风浪小，来往船只较少的地方。

(3)能牢固地设置水尺或自计水位计，便于水位观测和水准联测。

在历年最高洪水位以上合适的地方埋设水准点，用以测定每处水尺的零点高程和定期对水尺零点进行校核测量。这些水准点的观测精度在平原地区是按三等水准测量，山区是按四等水准测量的要求进行测量。

水位观测一般分为水尺观测和自记验潮仪记录两种。

(1)水尺观测，即在选定的地点设置水尺，一般每小时人工观测一次，但在高潮、低潮、平潮及其前后半小时内每隔10分钟观测一次，记录潮高，并绘制水位曲线。

木桩水尺是应用最广的水尺，上面有米、分米和厘米的刻划，适用于泥沙等底质的地区。在潮差大的地区，往往要设立多根水尺，并且相邻水尺有0.1~0.2m的重叠部分。水位观测断面如图4.5(a)所示。

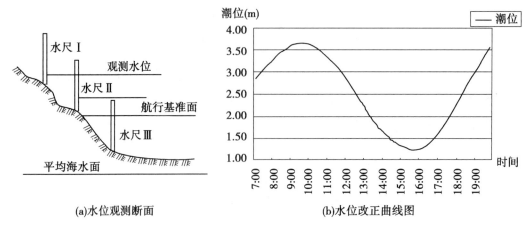

图 4.5 水位观测断面与水位改正曲线

（2）自记验潮仪记录，将自记验潮仪设置在验潮井和验潮房内自动记录。自记验潮仪的形式多种多样，按工作原理可分为水压式、浮标式、电传式；按记录时间长短可分为日记式、周记式、月记式；按记录装置的样式可分为立式或卧式等。常用的浮标式自记验潮仪的浮筒随潮汐涨落而升降时，记录笔即在记录纸上自动绘出水位变化曲线。如图 4.5（b）所示。

每个验潮站都要确定一个验潮站零点，作为本站各水尺或验潮仪的统一潮位假定起算零点。为了固定验潮站的平均海面和深度基准面，以及检查水尺或验潮仪零点的稳定性，在长期验潮站和临时验潮站附近，均建有水准点。

二、水位观测

1. 观测时间

为计算深度基准面提供水文资料的水位观测，必须昼夜连续观测 30 天以上。水深测量时，水位观测应与测量水深同时进行，水位观测的时间间隔随测区水位变化大小而定，当水位日变化量小于 10cm 时，每次测深前后各观测一次，取平均值作为测深时的工作水位。在受潮汐影响的水域，一般每隔 10~30 分钟观测一次水位。测深时的工作水位是根据测深记录纸上记载的时间内插求得。

2. 观测方法

为保证观测精度，观测员应使观测视线尽量平行于水面，每次均应读出相邻波峰与波谷的水位各两次，取平均值作为最后结果。水位一般读至厘米，山地河流或水急浪高的水域可适当放宽。

另外，若测区附近有水文站，可将观测水位的时间与水文站资料一致。

在水位观测中，可根据测区的特点和测量目的选择深度基准面。在沿海港口和内河感潮河段的深度基准面采用理论最低潮面。

三、水位的计算和归化

通常所测的水位是随不同河段及不同的时间变化的，它代表所测位置处水面高程与时间的关系。如果需要了解整条河流水面变化的情况,那么需将分段测定的水位归化成全河流同一时间的瞬时水位,还可将瞬时水位换算成设计所需的某个水位,这些工作称为水位归化。

1. 根据各段水尺的读数归化

当水位变化均匀时,可不考虑河流水面的变化特性,水位的归化也就比较容易。如果已知某河流三个河段水位观测值,欲将第Ⅰ段和第Ⅱ段观测的水位换算为以第Ⅲ段为基准的瞬时水位值,归化方法如下。

若三河段于9月14日10时都读得瞬时水位分别为 H_1'、H_2'、H_3',而9月10日9时在第Ⅲ河段上测得瞬时水位为 H_3'',那么第Ⅲ河段上9月14日10时与10日9时的水位差 $\Delta H = H_3' - H_3''$,即为各段归化到第Ⅲ河段上9月10日9时的瞬时水位改正值。

2. 由上下游水位值进行归化

如图4.6所示,H_1、H_2、H_m 分别为某一日期在上游水位站Ⅰ,下游水位站Ⅱ和中间任一水位测点 m 的观测水位。若假定各点间涨落差改正值的大小与各点间的落差成正比,那么可按下式计算水位点 m 的落差改正值。

$$\Delta H_m = \Delta H_1 - \frac{\Delta H_1 - \Delta H_2}{H_1 - H_2}(H_1 - H_m) \tag{4.1}$$

或

$$\Delta H_m = \Delta H_2 + \frac{\Delta H_1 - \Delta H_2}{H_1 - H_2}(H_m - H_2) \tag{4.2}$$

然后计算得 m 点的同时水位

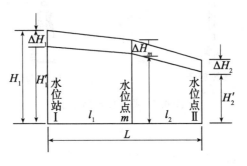

图4.6 水位的归化

$$H_m' = H_m - \Delta H_m \tag{4.3}$$

工作任务4 水深测量

一、水深测量的工具

水深测量的主要仪器有测深杆、测深锤、回声测深仪等。

二、测深杆测深

如图4.7(a)所示,测深杆适用于水深小于5m且流速不大的浅水区。其测深读数误差不大于0.1m。测深杆一般用长度为6~8m、直径3~4cm的竹竿、木杆或铝杆制成。从杆底端起每分米涂以不同颜色相间的油漆并标以深度数字。

若河底为淤泥,为了防止杆端陷入淤泥中而影响测深精度,可在杆底装一直径约为2cm重量约为1kg的铁盘。测深时,应将测杆斜向测点上游插入水中,当测杆到达与测点位置垂直状态时,读出深度。

测深杆一般适用于水深小于5m且水流速度不大的水域。

三、测深锤(水铊)测深

测深锤由铅铊和铊绳组成,如图4.7(b)所示。它的重量视水流速度的大小而定,重3.5~5kg,铊绳长为10~20m,以分米为间隔,系有不同颜色的标志。

测深锤一般适用于8~10m水深且水流速度不大的水域。

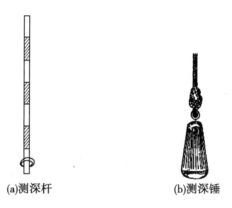

图 4.7 测深杆与测深锤

四、回声测深仪测水深

1. 回声测深仪的测深原理

如图4.8(b)所示,回声测深仪是一种应用回声测距原理测量水深的仪器。换能器从水面向水底发射声波,声波传到水底被反射,再回到换能器被接收。测定声波从发射,经水底反射,到被接收所需的时间 T,就可确定水深 $H=CT/2$(其中 H 为水深,C 为声波在水中传播的速度)。若要求水面至水底的深度时,则应将测得的水深加上换能器的吃水,如图4.8(a)所示,$H'=H+h$。

声波在海水中的传播速度,随海水的温度、盐度和水中压强而变化。在海洋环境中,这些物理量越大,声速也越大。常温时海水中的声速的典型值为1500m/s,淡水中的声速为1450m/s。所以在使用回声测深仪之前,应对仪器进行率定,计算值要加以校正。

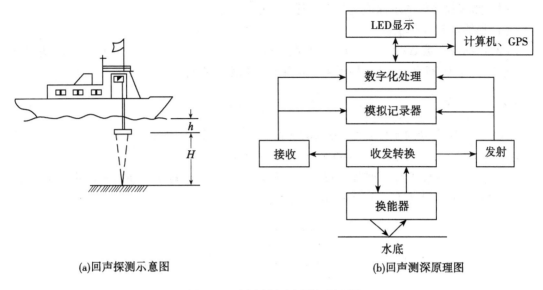

图 4.8　回声测深示意图与原理图

2. 回声测深仪的主要组成部分

回声测深仪类型很多,可分为记录式和数字式两类。通常都由振荡器、发射换能器、接收换能器、放大器、显示和记录部分所组成。

(1)换能器：将来自发射系统的电振荡能量转换为机械振动能量而向水底发射超声波脉冲,然后接收回波所激起的机械振动能量将其转换为电振荡能量。

(2)接收系统：将微弱的回波电信号加以放大,达到足够的工作电压后经数字化处理送到显示器。

(3)发射系统：提高发射功率,并以一定时间间隔将储存的电能适时地发送给换能器,以激起换能器产生振荡,向水底发射超声波脉冲。

(4)模拟记录器和数字化处理设备是测深仪的中枢。它的工作是测定声波自发射至接收的时间,并将时间变为深度显示出来。

(5)一般主仪器配有通用数据接口,可连接 GPS、计算机等外接设备。

3. 回声测深仪的安装

回声测深仪工作性能的好坏,与它的安装质量有密切的关系,所以安装时,必须注意以下几点：

(1)应选择杂声干扰最小的地方安装。一般选离船首 1/3 船长的船底平坦处,不许靠近螺旋桨处也不能过于靠近船首。

(2)安装位置的附近,不应有排水口用其他有碍水流平顺的凸出物。

(3)安装要有良好的水密性。

(4)换能器的发(收)面不能涂油漆,一旦发现有油漆,应立即清除干净。

4. 回声测深仪测深的改正数

回声测深仪测得的水深值应加上下述三项改正数：

(1)换能器吃水改正数。

(2)声速改正数 $\Delta Z_{声}$。由于海水温度、盐度不同，致使海水密度不同，因而使超声波传播速度不等于设计值。从而使得测得水深与实际水深不符。

此改正数为：
$$\Delta Z_{声}=S\left(\frac{C_n}{C_a}-1\right) \tag{4.4}$$

式中：S 为测得的水深；C_n 为测时实际声速；C_a 为仪器设计的标准声速，一般为 1500m/s；$C_n=1450+4.206t-0.0366t^2+1.137(S-35)$。

(3)转速改正数 $\Delta Z_{转}$。测深时仪器电机转速不等于设计转速，使电机所带动的显示，记录装置的转速发生变化，从而影响测深的尺度。

$$\Delta Z_{转}=S\left(\frac{V_a}{V_n}-1\right) \tag{4.5}$$

式中：$\Delta Z_{转}$ 为转速改正数；V_a 为仪器的设计转速；V_n 为电机的实际转速。

工作任务5　水下地形图的绘制

一、内业检查

水下地形测量的外业工作结束后，应及时进行内业检查。重点查对外业观测资料，计算成果，起始数据，绘图资料等。其项目有：

(1)水尺零点接测记录、计算及起始数据。

(2)水位记录、计算及同邻近水位站的比较。

(3)水深断面及测点编号(测站、船上、图上)是否一致，水位(包括比降、内插水位)是否有规律。基面换算及水深高程计算是否正确。

(4)回声记录纸上的深度量取是否正确，换能器入水深度的改正数和最高特征点是否遗漏，在记录纸上判明有无碍航物。

(5)测站后视方向长度应大于图上15cm，校核方向线误差图上应在0.4mm以内。

(6)内业定位应检查作图方法是否合理。

(7)等深线勾绘是否均匀、合理、正确，内插最大误差应不超过图上1mm或1/5等深线。

(8)激光仪定位时应检查距离改正的计算。

(9)如发现以下情况：测深系统信号中断(或模糊不清)超过图上5mm时；GPS信号中断(或有强干扰)超过图上5mm时、验潮中断时、漏测，必须进行补测。

观测成果检查无误后，即可进行内业整理，将水下地形点展绘到图板上，勾绘出等深线，即进行水下地形图的绘制。其主要工作如下：

(1)将同一天观测的角度和水深测量的记录汇总，然后逐点核对。此时应特别注意不要把角度观测与水深测量记录配错。对于遗漏的测点或记录不全的测点应及时组织补测。

(2)根据水位成果进行水位改正,并计算各测点的高程。
(3)在图纸上展绘各控制点和各测点的位置,并注记相应的高程。
(4)根据各测点的高程,勾绘水下等深线,提供完整的水下地形图。

水下地形图是反映水下地物、地貌的地形图。它能反映出水底地面的起伏、海沟、礁石、沉船和其他水下障碍物的位置,供研究河床演变、整治河道,水工建筑设计与施工以及航运之用。

二、展绘测深点

根据不同的定位方法,可采用下列方法之一展绘测深点。

1. 半圆量角器法

在较小测区范围内,前方交会线长度不超过 30cm 的情况下,可采用半圆量角器展绘水深点。

如图 4.9 所示,以 AB 两点所测角值,利用两个分度器设置对应角度的方向线相交而得定位点 P。以这种方法展点时,由于半圆分度器刻度较粗略,所以设置角度的精度较低。此外分度器的半径一般仅为 10~20cm,在远距离的交会中必须接尺加长,从而使展点误差较大。因此,这种方法虽然简单,但在使用中有一定的局限性。

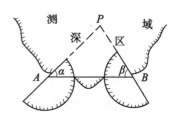

图 4.9 半圆量角器展点

2. 辐射线格网法定位

由于半圆分度器半径小,当定位点落在半圆以外的范围而采用接尺展点时,将产生较大误差。为克服以上缺点,人们研究了一种利用扩大了的半圆分度器(即格网条)进行定位展点的方法。它是由岸上两控制点绘出的两簇辐射线构成的定位格网,用于前方交会定位。射线的起始方向可取坐标北或某一固定方向。其原理如下:

如图 4.10 所示,设通过控制点 A 的水平线至右边框的距离为 a,此时其方位角为 90°。

通过控制点 A 的垂直线至下图框的距离为 b,此时方位角为 0°。根据不同角值 $\alpha_i = 20'、40'、1°$ 等,每间隔 20′计算其图边的截距 m_i、n_i 为:

$$m_i = a\tan\alpha_i \quad (4.6)$$
$$n_i = b\tan\alpha_i \quad (4.7)$$

各截点用其相应的角度每 5°注记,如图 4.11 所示。由各截点至 A 点的连线即为 A 点的各角度辐射线。同理用上述方法可画出 B 点的各角度辐射线。两组辐射线即构成格网,在格网中按照测深点的方位以内插方法即可确定其位置。在选择 α_i 的间距时,应根据辐射线在图上的间距而定,一般为 3~5mm 为宜。

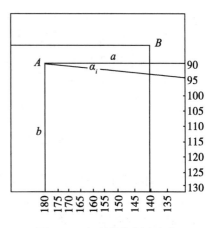

图 4.10 辐射线格网法定位

在展绘控制点时,和在陆地上展点一样目的相同,同样的,在展完点后,在点的右侧注记上点的高程值,供绘制等高线时使用。

三、勾绘等深线

勾绘等深线的目的,在于了解海河底地貌的形状,分析探测的完善性。同时可以发现特殊深度的分析测深线布设是否合理,从而确定是否需要补测和加密探测等。因此,勾绘等深线时,要仔细、全面和尽可能地反映出海河底地貌的变化情况。

1. 等深线的间距

可参照表4.2所列的间隔勾绘等深线。

表4.2　　　　　　　　　　　等深线的勾绘间隔

深度/m	等深线间隔/m	深度/m	等深线间隔/m
0~5	0.2	100~200	20.0
5~40	5.0	200~500	50.0
40~100	10.0	500以上	100.0

当海河底坡度不大,根据表4.2所列的间隔勾绘出的等深线不能很好地显示水下地貌时,可适当加绘一些补充等深线,以利于发现问题;当坡度较大时,等深线可适当稀些。

2. 勾绘等深线的方法

勾绘等深线的方法与勾绘等高线的方法基本相同,但为了保证航行安全,勾绘时应遵守以下原则:

(1)应将等于或小于等深线数值的深度点划入浅的一边,如图4.11所示。

(2)等深线要勾绘平滑、自然。当按上述原则绘出的等深线成锯齿状时,可在该区测深读数精度两倍的范围内,稍把等深线向深水的一边移动,从而使所绘的地貌稍微平顺,如图4.12中的实线所示,但不得把成片的深水区划入浅水地带。

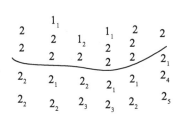

图4.11　等深线勾绘

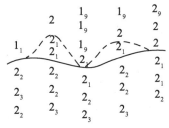

图4.12　等深线

(3)个别浅滩的深度点要用点线单独勾出,以引起注意。

(4)深水区范围不得扩展到无水深点而可能有浅水深度的空白区域。

3. 航道图的拼接与整饰

一般河流均是弯弯曲曲的,因此航道图的分幅与大小亦应顺着河流转弯曲折而定,每幅图的大小与纵横宽度均视需要而定,并非是一致的,在50~70cm之间,如图4.13所示。

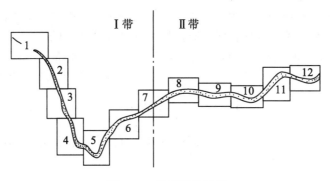

图4.13 航道图的拼接

为了便于拼接,展绘控制点,在图幅内应按规定的方法和要求,精确绘出坐标格网,进行图幅编号。当河流较长时,往往会遇到跨带(高斯投影带)的问题,应进行坐标换带计算。

在绘制和整饰航道图时,除应根据测图目的和比例,按国家统一规定图式绘制外,还应注明下列内容:图名、比例、坐标系、基准面、航标位置、水深点、等深线、航道中心线、图廓注记、施测单位和日期等。拼接整饰无误后,即可上墨复制。

工作任务6 河道纵、横断面图的测量

在河道的纵横断面测量中,主要工作是横断面图的测绘。河道横断面图及其观测成果即是绘制河道纵断面图的直接依据。断面图主要供规划设计阶段的水利、水能计算,河渠的整治与清淤方量和库区淤积方量计算,设计和制作水工实验模型以及研究河床变化规律等使用。

一、河道横断面测量

河道横断面图是垂直于主流方向的河床的剖面图。

1. 断面基点的测定

代表河道横断面位置并用作测定断面点平距和高程的测站点,称为断面基点。在进行河道横断面测量之前,首先必须沿河布设一些断面基点,并测定它们的平面位置和高程。

(1)平面位置的测定。断面基点平面位置的测定有两种情况:

①专为水利、水能计算所进行的纵、横断面测量,通常利用已有地形图上的明显地物点作为断面基点,对照实地打桩标定,并按顺序编号,不再另行测定它们的平面位置。对于有些无明显地物可作断面基点的横断面,它们的基点须在实地另行选定,再在相邻两明显地物点之间用视距导线测量测定这些基点的平面位置,并按坐标展点法在地形图上展绘出这些基点。根据这些断面基点可以在地形图上绘出与河道主流方向垂直的横断面方

向线。

②在无地形图可利用的河流上,须沿河的一岸每隔50~100m布设一个断面基点。这些基点的排列顺序应尽量与河道主流方向平行,并从起点开始按里程进行编号。各基点间的距离可按具体要求分别采用视距、量距、解析法测距和红外测距的方法测定;在转折点上应用经纬仪观测水平角,以便在必要时按导线计算各断面点的坐标。

(2)高程的测定。断面基点和水边点的高程,应用五等水准测量从邻近的水准点进行引测确定。如果沿河没有水准基点,则应先沿河进行四等水准测量,每隔1~2km设置一个水准基点。

2. 横断面方向的确定

在断面基点上安置经纬仪,照准与河流主流垂直的方向,倒转望远镜在本岸标定一点作为横断面后视点。

由于相邻断面基点的连线不一定是与河道主流方向恰好平行,所以横断面不一定与相邻基点连线垂直,应在实地测定其夹角,并在横断面测量记录手簿上绘上略图注明角值,以便在平面图上标出横断面方向。

为使测深船在航行时有定向的依据,应在断面基点和后视点插上花杆。

3. 陆地部分横断面测量

在断面基点上安置经纬仪,照准断面方向,用视距法依次测定水边点、地形变换点和地物点至测站点的平距及高差,并算出高程。在平缓的匀坡断面上,应保证图上1~3cm有一个断面点。每个断面都要测至最高洪水位以上;对于不可能到达的断面点,可利用相邻断面基点按前方交会法进行测定。

4. 水下部分横断面测量

横断面的水下部分,需要进行水深测量,根据水深和水面高程计算断面点的高程。水下断面点的密度视河面宽度和设计要求而定,通常保证图上0.5~1.5cm有一点,并且还要漏测测深点。这些点的平面位置可用下述方法测定。

(1)视距法。当测船沿断面方向驶到一定位置需测水深时,即将船稳住,竖立标尺,向基点测站发出询号,双方各自同时进行有关测量和记录(包括视距、截尺、天顶距、水深),并相互报号对照检查,以免观测成果与点号不符。断面各点水深观测点后,须将所测水深按点号转抄到测站记录手簿中。

(2)角度交会法。由于河面较宽或其他原因不便进行视距测量时,可以采用角度交会法测定水深点至基点的距离。

如图4.14所示由断面基点量出一条基线b,测定基线与断面方向的夹角α。将经纬仪安置在基线的另一端点B上,照准断面基点并使水平度盘置数为零。当测船沿断面方向驶到测深点位置P时,即发出观测信号,经纬仪便照准测深位置,读取水平角β。然后按照下式计算测深点至断面基点的距离D:

$$D = \frac{b * \sin\beta}{\sin(\alpha+\beta)} \tag{4.8}$$

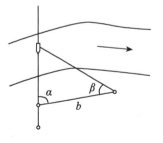

图4.14 角度交会法

(3)断面索法。在断面方向靠两岸边打下定位桩，在两桩间水平地拉一条断面索，以一个定位桩作为断面索的零点，从零点起每隔一定间距系一布条，在布条上注明至零点的距离。测深船沿断面索测深，根据索上的距离加上定位桩至断面基点的距离即得水深点至基点的距离。河道横断面测量记录时，要分清断面点的左右位置，以面向下游为准，分为左侧断面点和右侧断面点进行编号。此法精度较低，适用于流速小且宽度不是很大的地区。

(4)全站仪法测量。将全站仪安置岸边控制点上，后视另一控制点进行定向，然后利用坐标测量或数据采集直接测定船上棱镜点的坐标和高程。最后根据坐标和高程值进行断面图的绘制。

(5)GPS(RTK)法。GPS(RTK)是目前断面测量的主要方法，利用动态GPS可方便地进行测船定位，并指示测船的方向，定位和测深数据可进行自动记录，并可输入到计算机进行后处理，测量工作的效率得到了极大的提高。

二、河道横断面图的绘制

外业结束以后，对观测成果进行整理，检查和计算各点的起点距，由观测时的工作水位和水深计算各测点的高程。河道横断面图的绘制方法与公路横断面图的绘制方法基本相同。横向表示平距，比例尺为1:1000或1:2000；纵向表示高程，比例尺为1:100或1:200。绘制时应当注意：左岸必须绘在左边，右岸必须绘在右边。

横断面应包括以下内容：

(1)编号或名称及其在河道纵断面图上的里程。
(2)绘出水平、竖直比例尺和高程系统。
(3)工作水位线。
(4)地表线以及地表土壤和植被。
(5)断面通过的建筑物和重要地物。
(6)两个断面基点的坐标。

三、河道纵断面测量

河流纵断面是指沿河流河床最低点剖开的断面。用横坐标还未河长，纵坐标表示高程，将这些深泓点连接起来，就得到河底的纵断面形状。在河流纵断面图上应表示出河底线、水位线以及沿河主要居民地、工矿企业、公路、桥梁等的位置和高程。

河流纵断面图一般是利用已有的水下地形图、河道横断面图及相关水文资料进行编绘的，其基本步骤如下：

(1)量取河道里程。在已有的水下地形图上，沿河道深泓线从上游某一固定点开始起算，往下游累计，量距读数至图上0.1mm。在有电子地图时，可直接在电子地图上量取距离。

(2)换算同时水位。为了在纵断面图上绘出同时水位线，应首先计算出各点的同时水位。同时水位的计算一般根据前述方法进行换算。

四、河道纵断面图的绘制

1. 编制河道纵断面表

纵断面成果表是绘制纵断面图的主要依据,其主要内容包括:点编号、点间距、累计距离、深泓点高程、同时水位及时间、洪水位及时间、堤岸高程等。历史最高洪水位一般在横断面测量时在实地调查和测定。

2. 绘制河道纵断面图

纵断面图一律从上游向下游绘制,垂直(高程)比例尺一般为 1:200~1:2000,水平(距离)比例尺一般为 1:25000~1:200000。目前,纵断面图的绘制一般都利用计算机进行。

【知识小结】

河道测量与陆地测量一样,前期基础性工作也是测图,不同的是,在水域测量的是水下地形图或水深图。水下地形测量主要包括定位和测深两大部分,目前的水上定位手段有光学仪器定位、无线电定位、水声定位、卫星定位和组合定位;水深测量的方法主要有测深杆测深、测深锤测深以及回声测深仪测深。

【知识与技能训练】

1. 为什么要进行水下地形测量?
2. 测深点与测深线布设时有哪些要求?
3. 何谓水位改正?水位改正通常有哪几种方法?它们的适用性如何?
4. 测深点定位的方法有哪几种?各自如何实施?
5. 等深线勾绘的基本原则是什么?
6. 河道横断面图包含哪些内容?

项目 5　电力工程测量

【教学目标】

电力工程测量是电力工程施工的一项重要工作。通过本项目学习，使学生掌握架空输电线路工程勘测设计、施工、运行管理等阶段的测量工作，了解我国输电线路的等级及线路的特点，了解架空输电线路工程中工程测量在各阶段的工作过程，使学生具有定线测量及平断面图测绘的基本能力，能够进行导线弧垂测量、杆塔基坑与拉线的放样。

项目导入

电力工程主要是指架空输电线路工程，测量工作在输电线路工程建设中起着重要的作用，其主要表现在以下几个方面：①在工程规划阶段要依据地形图确定线路的基本走向，得到线路长度、曲折系数等基本数据，用以编制投资框算，进行工程造价控制，论证规划设计的可行性。②在工程设计阶段要依据地形图和其他信息进行选择和确定线路方案，实地对路径中心进行测定，测量所经地带的地物和地貌；并绘制成具有专业特点的送电线路平断面图，为线路电气、杆塔设计、工程施工及运行维护提供科学依据。③在施工阶段，要依据上述平面图，对杆塔位置进行复核和定位，要依据杆塔中心桩位准确地测设杆塔基础位置，对架空线弧垂要精确测量。④施工完毕后，对基础、杆塔、架空线弧垂的质量要进行检测，确保施工质量符合设计要求，以确保送点线路的运营安全。

送电线路的测量工作主要围绕上述四方面工作进行，包括选线定线测量、平断面测量、交叉跨越测量和定位测量等工作。

工作任务 1　选线定线测量

一、路径方案选择

输电线路所经过的地段叫线路的路径。线路路径的大方向就是路径方案。线路设计的第一步，就是要进行路径方案的选择，一般由设计人员负责，测绘人员、施工人员、运行人员参加。测绘人员要在选线工作中了解工程情况，并根据需要提供有关的测绘资料。

选择路径方案，就是在线路的起点和终点(线路的进出线变电所)之间，选择一条地形好、靠近交通线、地质稳定、路径较短的线路路径。路径方案的选择分为室内选线和实地勘察两个步骤：

1. 室内选线

室内选线一般在 1/50000 或 1/10000 比例尺地形图上进行。先在图上标定线路的起点和终点、中间必经点，将各点连线，得到线路布置的基本方向。再将沿线的工厂、矿山、军事设施、城市规划和农林建设的位置在图上标出，按照前述选择路径方案的各项原则，根据沿线地形地物、地质、交通运输等情况，选择出几个路径较短、转角少、施工、运行维护都较方便的路径方案，经过综合比较，确定几个较优方案，在图上表示出路径的起止点、转角位置及与其他建筑设施接近或交叉跨越的情况，即可去实地进行勘察。

测绘人员的任务是：

(1) 配合设计人员搜集沿线 1/50000 或 1/10000 地形图。当有航摄像片可利用时，宜结合航摄像片选择路径。航摄像片的比例尺，平地、丘陵地区应大于 1/3000，山区或高山区应大于 1/40000。

(2) 了解设计人员室内已选定路径方案的起迄点，邻近路径的城镇、拥挤地段及重要交叉跨越。

(3) 搜集有关的平面与高程控制资料。

2. 实地勘察

实地勘察是根据室内选线确定的几个路径方案，到现场逐条察看，进行方案比较，一般是沿线调查察看与重点察看相结合，以重点察看为主。对影响路径方案成立的有关协议区、拥挤地段、大跨越、重要交叉跨越以及地形、地质、水文、气象条件复杂的地段，应重点察看。必要时要用仪器测绘发电厂或变电所进出线走廊、拥挤地段、大跨越点、交叉跨越点的平面图或路径断面图。实地勘察后通过经济技术综合比较，应选一两个经济合理、施工方便、运行安全的路径方案，供工程审核时确定。选定的路径应标绘在地形图上。

在实地勘察选线的过程中，测绘人员的主要工作如下：

(1) 配合设计人员进行沿线踏勘，对影响路径方案的规划区、协议区、拥挤地段、大档距、重要交叉跨越及地形、地质、水文、气象条件复杂的地段应重点踏勘，必要时应用仪器落实路径。对一、二级通信线，应实测交叉角，并注明通向及两侧杆号。

(2) 当发现对路径有影响的地物(房屋、道路、工矿区、军事设施等)，地貌与图面不符时，应进行调绘、修改和补测。

(3) 配合设计人员搜集或测绘变电所、发电厂进出线平面图。比例尺可为 1/500～1/2000。当勘测任务书要求提供平面和高程成果时，应进行联测。

(4) 当线路对两侧平行接近的通信线构成危险影响，且设计人员又难以正确判断相对位置时，应配合设计人员进行调绘或施侧，并绘出相应图件，图中应注明通信线的等级、杆型、材质、绝缘子数和通向。比例尺可采用 1/10000 或 1/50000。

路径方案审批后，就可进行选线测量和定线测量。

二、选线测量

选线测量，就是根据初步设计路径方案，应用仪器实地定线路起点、转角点和终点的位置，打下转角桩，并测定转角值。当线路通过协议区时，应按协议要求用仪器选定路径或进行坐标放样；当线路跨越一、二级通信线及地下通信电缆且交叉角小于或接近限值时，应用仪器测定路径，并施测其交叉角。

转角桩水平角测量精度应符合表5.1中的规定。

表5.1 转角桩水平角测量精度

仪器型号	观测方法	测回数	2C互差(′)	读数(′)	成果取值
DJ6、DJ2	方向法	1	1	0.1	分

注：当采用DJ2型仪器观测时，测角读至秒。

三、定线测量

定线测量就是用仪器在实地路径方向上定出一系列直线桩。

定线测量时，在相邻转角桩之间的直线上，一般每隔400～600m打一直线桩，依次编号为 Z_1、Z_2、…，为了便于进行平断面测量，在直线桩之间或直线桩与转角桩间的直线上，每隔200m打一测站桩，编号依次为 C_1、C_2、…。各桩应选在便于安置仪器、能控制周围地形、便于测断面点、且相邻桩间相互通视的地方。

1. 直接定线

当相邻两转角点或直线桩相互通视可采用直接定线的方法，具体可参考直线放样的方法。

2. 间接定线

在定线测量中，遇有障碍物时，可采用间接定线的方法。

(1)矩形法。如图5.1所示，线路中 AB 直线前视方向视线被建筑物挡住，可采用矩形法来延长 AB 直线，具体做法如下：

①在 B 架设仪器，后视 A 测设90°，在视线方向定出一点 C，测量 B、C 之间的距离 S_{BC}。

②在 C 点安置仪器，后视 B 点，测设90°，在视线方向越过障碍物定出一点 D，测量 C、D 之间的水平距离 S_{CD}。

③在 D 点安置仪器，后视 C 点，测设90°，在视线方向越过障碍物定出点 E，量取 $S_{DE}=S_{BC}$。

(2)任意三角形法。随着全站仪的广泛使用，测角、测边都非常方便，因此，在定线时遇障碍，可灵活的采用任意三角形法。如图5.2所示：

①在实地选择好 P 点，然后观测 $\angle Z_2Z_3P$、$\angle Z_3PZ_4$ 以及距离 d_1。

②计算 d_2 及 $\angle PZ_4Z_3$。

③用极坐标法测设 Z_4 点和 Z_5 点。

注意：为保证定线的精度，在选点时，尽量采用等边三角形或接近等边三角形。

矩形法、三角形法宜采用光电测距仪(全站仪)测距。当地形较平坦时，布设成矩形、等腰三角形时，可采用钢尺量距。

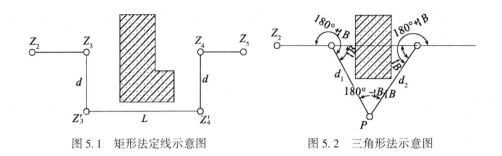

图 5.1 矩形法定线示意图　　　　图 5.2 三角形法示意图

3. 坐标定线

当线路穿越城镇规划区或拥挤地段时,转角的位置往往提供坐标数据,并且在线路附近一般都有控制点,可以根据这些控制点的坐标数据反算出线路的方位角和桩间的距离,利用全站仪或 RTK 定出线路的点。

4. GPS 定线

由于 GPS 测量不需要点与点之间相互能视,GPS 测量在线路测量中的应用已经相当普遍,特别是实时动态差分技术(RTK)的应用,显著地提高了定线的效率。GPS 定线方法可参照有关的技术规程。

工作任务 2　桩间距离及高程测量

定线测量时,在线路方向上打了起点桩、转角桩、直线桩、测站桩和终点桩后,需立即测出桩间距离和高差。

一、桩间距离测量

桩间距离应采用光电测距仪(或全站仪)测距,条件允许也可采用 RTK 测量。若采用全站仪测量时,宜进行对向观测。条件困难时可同向观测,测距应符合下列要求:

(1)每测站应绘桩位关系草图。

(2)对向观测时应各一测回。每测回两次读效,观测员每次应读出仪器显示的全部数据,记录员应作相应回报。

(3)同向观测时应施测两测回,每测回两次读数,作业要求与对向观测相同,但第二测回应变动校棱镜高或仪器高。

二、高差测量

高差测量应与测距同时进行,其要求应采用三角高程测量两测回。两测回的高差较差不应大于 0.4Sm(S 为测距边长,以 km 计,小于 0.1km 时按 0.1km 计)。仪器高和棱镜高均量至 cm,高差计算至 cm,成果采用两测回高差的中数,取至 dm。

当距离超过 400m 时,高差应按式(5.1)进行地球曲率和大气折光差改正。

$$r = \frac{1-K}{2R} \cdot S^2 \tag{5.1}$$

式中：R 为地球平均曲率半径(m)，当纬度为 35°时，$R=6371$km；S 为边长(m)；K 为大气折光差系数，取 0.13。

当高差较差超限时，应补测一测回，选用其中两测回合格的成果，否则应重新施测两测回。

工作任务 3　平断面测量

平断面测量是指送电线路路径平面图、中线断面图、边线断面图和风偏断面图的测绘工作。平断面测量是线路测量的重要资料，是设计人员估计档距，估算导线弧垂对地、对被跨越物的安全距离，排定杆塔位置的主要依据。平断面测量，直线路径应以后视方向为 0°，前视方向为 180°。当在转角桩设站测量前视方向断面点时，应将水平度盘置于 180°，对准前视桩方向。前后视断面点施测范围，是以转角角平分线为分界线。

一、平面测量

线路路径平面图是沿线路中线的带状平面图。

当设计需要时，应搜集或施测线路的起迄点和变电所相对位置的平面图。对线路中心线两侧各 50m 范围内有影响的建(构)筑物、道路、管线、河流、水库、水塘、水沟、渠道、坟地、悬岩、陡壁等，应用仪器实测并绘制平面图。线路通过森林、果园、苗圃、农作物及经济作物区时，应实测其边界，注明作物名称、树种及高度。线路平行接近通信线、地下电缆时，应按设计要求实测或调绘其相对位置。路径两旁 15~20m 以内的地物用仪器测绘；此范围以外的地物可目估测绘；测绘宽度一般为路径两侧各 50m。路径平面图的比例尺一般为 1/5000，绘于线路平断面图的下方。施测平断面图时应现场绘制草图。

送电线路与河流、铁路、公路、电力线、弱电线路、管线及其他建筑物交叉时，为了选择跨越杆塔，要在交叉处进行交叉跨越测量。交叉跨越测量可采用视距、光电测距及直接丈量等方法测定距离和高差。对一、二级通信线，10kV 及以上的电力线，有危险影响的建构筑物，宜就近桩位观测一测回。

跨越弱电如通信线时，应测量出中线交叉点的上线高。中线或边线跨越电杆时，应施测杆顶高程。当左右杆不等高时，还应选测有影响一侧的边线或风偏点高程，并注明杆型及通向。对设计要求的一、二级通信线，应施测交叉角(图面应注记锐角值)。

线路从已有超高压、高压电力线上方交叉跨越，应测量中线与地线两个交叉点的线高。当已有电力线左右杆塔不等高时，还应施测有影响一侧边线交叉点的线高及风偏点的线高。注明其电压等级、两侧杆塔号及通向。交叉跨越中低电压电力线时，应测量中线交叉点线高。当已有电力线左右杆不等高时，还应施测有影响一侧边线交叉点的线高及风偏点的线高，注明其电压等级。当中线或边线跨越杆塔顶部时，应施测杆塔顶部高程。

线路从已有 500kV 电力线下方交叉钻越，应测量中线两个交叉点导线线高和最低一侧边线及风偏导线线高。当已有电力线塔位距离较近时，应测量塔高。

线路平行接近已建 110kV 及以上电力线，应测绘左右杆高和高程。对平行接近渐 20m 范围内的已建 35kV 以上电力线，应测绘其位置、高程和杆高，当跨越多条互相交叉的电力线或通信线,又不能正确判断哪条受控制影响时,应测绘各交叉跨越的交叉点、线高或杆高等,并以分图绘示。

线路交叉铁路和主要公路时,应测绘交叉点轨顶及路面高程,注明通向和被交叉处的里程。当交叉跨越电气化铁路时,还应测绘机车电力线交叉点线高。

线路交叉跨越一般河流、水库和水淹区,根据设计和水文需要,应配合水文人员测量绘洪水位及积水位高程。并注明由水文人员提供的发生时间(年、月、日)以及施测日期。当在河中立塔时,应根据需要进行河床断面测量。

线路交叉跨越或接近房屋中心线 30m 以内时,应测绘屋顶高程及接近线路中心线的距离。对风偏有影响的房屋应予以绘示。在断面上应区分平顶与尖顶型式,平面上注明屋面材料和地名。

线路交叉跨越索道、特殊(易燃易爆)管道、渡槽等建构筑物时,应测绘中心线交叉点顶部高程。当左右边线交叉点不等高时,应测绘较高一侧交叉点的高程,并注明其名称、材料、通向等。

线路交叉跨越电缆、油气管道等地下管线,应根据设计人员提出的位置,测绘其平面位置、交叉点的交叉角及地面高程,并注明管线名称、交叉点两侧桩号及通向。

线路交叉跨越拟建或正在建设的设施时,应根据设计人员现场指定的位置和要求进行测绘。

二、断面测量

1. 中线断面测量

线路中线断面图是沿线路中心导线方向的纵向地表剖面。

中线断面测量是将仪器置于中线桩上,瞄准相邻中线桩得到中线断面方向后,由观测员指挥立尺员在断面方向上的地面变坡点立尺,用测距仪或视距测量的方法,测出断面点间的距离和竖角,求出测站点到断面点的水平距离和高差、高程。由于断面图主要是供设计人员进行杆塔排位用的,所以不必完整地施测中线断面,只测可能立杆塔和影响导线对地安全距离的地方。地形无显著变化或明显不能立杆塔的地方,以及不影响导线对地安全距离的地方,尽量不测。

断面测量可采用视距、光电测距、直接丈量等方法测定距离和高差。

当采用视距半测回测定断面点的高差时,垂直度盘的指标差不应大于 0.5′,超限时应进行改正。断面点宜就近桩位观测。视距长度不宜超过 300m。否则应进行正倒镜观测一测回,其距离较差的相对误差不应大于 1/200,垂直角较差不应大于 1′,成果取中数。

当桩间距离较大或地形与地物条件复杂时,应加设临时测站。采用光电测距仪加设临时测站,应同向两测回或对向各一测回。距离较差相对误差不大于 1/1000,高差较差限差不应大于 $0.4Sm$(S 为测距边长,以 km 计,小于 0.1km 时按 0.1km 计)。仪器高和棱镜高均量至 cm,高差计算至 cm,成果采用两测回高差的中数,取至 dm。

当线路经过平坦地区时,地面起伏变化虽小,但河流、渠道、水塘、铁路、公路、电力线、通信线等交叉跨越较多,断面图上应能反映地形变化和交叉跨越的情况,并测注凸起交叉跨越物的高程或高度。当线路经过丘陵地区时,如果各山丘有高度变化不大,可以只测山头附近的断面,而山间洼地不测;如果各山头的高程变化较大,应当测出各个山头附近的断面。当线路经过山地时,地面高差较大,杆塔多在山头附近或山坡设立,应测出山头、山坡的断面。断面点的间距,平地不宜大于 50m。独立山头不得少于 3 个断面点。在导线对地距离可能有危险影响的地段,断面点应适当加密。对山谷、深沟等不影响导线对地距离安全之处可中断。

送电线路与河流、铁路、公路、电力线、弱电线路、管线及其他建筑物交叉时,为了选择跨越杆塔,要在交叉处进行交叉跨越测量。

跨越弱电:测量中线交叉点处线的高程及两线交叉角;

跨越或穿过电力线:测量交叉点的最高线与最低线的高程和两线的交叉角;

跨越铁路或公路:测量交叉处的轨顶、路面高程和两线的交叉角;

接近或跨越房屋:测量交叉点屋顶高度与到接近房屋的距离或屋顶高度。

2. 边线断面测量

边线断面是沿线路高侧的边导线方向的纵向地表剖面,是指线路的边导线在地面上的铅直投影方向的断面。当边线断面地面上的点高出附近中线断面上地面点 0.5m 以上时,边导线下方地面可能影响边导线对地的安全距离,应测绘该地段的边线断面,施测位置应按设计人员现场确定的导线间距而定。路径通过缓坡、梯田、沟渠、堤坝时,应选测有影响的边线断面点。

其方法是:在测了中线断面点以后,用尺子沿垂直于中线的方向,向地面高的一侧丈量一段等于线间距离的水平距离,即得到边线断面的位置。在边线断面点上立尺,测定其视距和垂直角,计算测站点到边线断面点的高差和边线断面点的高程。

3. 风偏断面测量

风偏断面是与线路中心线垂直的横向地表剖面。

若线路沿陡峻山坡布设,当遇边线外高宽比为 1∶3 以上边坡时,由于风的作用,边导线左右摆动接近山坡时,导线弧垂对地距离将减小,因此,应测绘风偏横断面图或风偏点。导线风偏后对山坡、地物的容许安全距离如表 5.2、表 5.3 所示。当线路沿坡度大于 1/5 的山坡架设时,应施测风偏断面。施测风偏断面的位置和范围,应根据地形、导线弧垂和塔位等情况选定。

施测风偏断面一般在中线桩上安置仪器观测。如图 5.3 所示。Z_1、Z_2 为直线桩,a 为中线断面点,在 a 点需测风偏断面,b 为风偏断面点,b、a 在同一横断面上。施测时,若在 Z_1 点安置经纬仪观测 $\angle bZ_1a$,并测出 Z_1 与 a、Z_1 与 b 之间的水平距离和高差,则风偏断面上 a、b 点之间的水平距离和高差为:

表 5.2　　　　　　　　导线风偏后对斜坡地段的容许安全距离/m

线路经过地段	线路电压(kV)			
	35~110	220	330	500
步行可到达的山坡	5.0	5.5	6.5	8.5
步行不可到达的山坡、峭壁和岩石	3.0	4.0	5.0	6.5

表 5.3　　　　　　　　导线风偏后对建筑物的容许安全距离/m

线路电压(kV)	35~110	220	330	500
容许安全距离	4.0	5.0	6.0	8.5

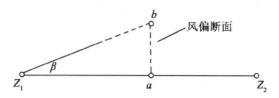

图 5.3　在中线桩上施测风偏断面

$$\left.\begin{array}{l}d_{ab}=\overline{Z_1b}\cdot\sin\beta\\h_{ab}=h_{Z_1b}-h_{Z_1}\end{array}\right\} \quad (5.2)$$

在中线桩上施测风偏断面有困难时，可在中线断面点上安置仪器，后视中线桩，将照准部转 90°得到风偏方向，测量断面点对测站点的水平距离和高差。线路路径两旁防护地带内，如有凸出的怪石或特殊地貌，则可能影响中线断面点、边线断面点、风偏断面点对地的安全距离，这些点称为危险点。它的位置和高程必须测定，其测法与风偏断面测量相同。

全站仪断面测量记录格式如表 5.4 所示。

表 5.4　　　　　　　　　　全站仪断面测量记录表

仪器_____　观测_____　记录_____　时间：____年____月____日____时　检查_____

测站 仪器高	测点		棱镜高 (m)	竖盘读数 (° ′ ″)	垂直角 (° ′ ″)	水平距离 (m)	里程 (m)	高差 (m)	高程 (m)	备注
	点号	名称								
Z_2 1.5m	Z_1	直线桩	1.5	83 22 12	+6 37 56	240.01	240.01	+27.91	127.91	
				276 38 05						
	1	断面点	1.5	104 06 02	−14 06 02	90.10	90.10	−22.61	77.39	Z_2 点高程为 100.0m
		右边线	1.5	103 24 10	−13 24 10	93.02	93.02	−22.16	77.83	
	2	断面点	1.4	99 18 05	−9 18 05	140.12	140.12	−23.95	77.05	
	Z_3	直线桩	1.5	85 30 02	+4 30 04	294.51	294.51	+23.18	123.18	
				274 30 10						

送电线路与河流、铁路、公路、电力线、弱电线路、管线及其他建筑物交叉时，为了选择跨越杆塔，要在交叉处进行交叉跨越测量。

跨越弱电：测量中线交叉点处线的高程及两线交叉角；

跨越或穿过电力线：测量交叉点的最高线与最低线的高程和两线的交叉角；
跨越铁路或公路：测量交叉处的轨顶、路面高程和两线的交叉角；
接近或跨越房屋：测量交叉点屋顶高度与到接近房屋的距离或屋顶高度。
交叉跨越测量的方法及计算：

$$\left.\begin{array}{l}H'_M = H_M + D\tan\alpha + i - h_{NM} \\ h = H'_M - H_M\end{array}\right\} \quad (5.3)$$

三、平断面图的绘制

平断面图是在断面测量时用坐标方格纸边测边绘的。其绘图比例尺是：平面图采用1/500，断面图一般采用横向（距离）1/5000，纵向（高程）1/500。断面图杆塔排位的依据，要求点位准确，线画清晰。当路径很长时，断面图可分段绘制，最好以转角处分段。当路径高差很大时，可绘一段断面图后，在一个路线桩处另画一条纵坐标线，并根据需要重新注出高程值，继续给出断面图。平断面图从变电所起讫或终止时，应注记构架中心地面高程，并根据设计需要，施测已有导线悬挂点横担高程并注明高程系统。

绘制平断面图，应根据现场所测数据和草图，依照 GB/T5791 及附录 N 表 N1、表 N2，准确真实地表示地物、地形特征点的位置和高程。图面应清晰、美观。

±500kV 直流线路接地极极址地形图的测量按 GB50026 有关规定执行。坐标系统可采用任意直角坐标系，以路径前进方向为 X 轴，坐标方位角为 0°，与之相垂直的方向为 Y 轴，坐标不宜出现负值。

接地极极址环形断面测量，除应测出地形特征点外，还应在环形线上每隔 20m 测出断面点间距与高程。将环形按直线形绘制平断面图。极址两分塔与环形中心间的平断面图应分别绘制。

图 5.4 是输电线路平断面图示例。在平断面图的下方注出相邻桩间距离的米数，有以百米为分划单位的线路"里程"分划，从线路起点至各桩里程数中，小于百米的部分以"+74"、"+11"的形式表示在断面图的下部。在平面图中，应表示交叉跨越的地物及两线路交叉角度、线路转角角度、经济作物的种类和作物高度、线路与公路或铁路交叉处的公路或铁路里程、线路接近或交叉房屋的高度及建筑材料等。在断面图上，转角用 J 表示，直线桩用 Z 表示，均依次编号。排杆后的杆塔位桩以 1#、2# 的形式表示。图中 Z6 桩是另绘高程坐标线后重新绘断面图的分界点。在断面图上，各桩及交叉跨越点均注出高程，线路与电力线或通信线交叉时，还应注出其电压等级或通信线等级，并用符号表示其导线根数。排杆后，应在平断面图下方标出档距。危险断面点以小圆圈表示，旁边注字表明在中线的左侧或右侧，并注一分式符号，分子表示危险点的高程，分母表示其到中线的距离。边线断面就绘在中线断面图上，边线断面点应与相应的中线断面点在同一纵线位置上，左边线用虚线表示，右边线用点画线表示。风偏横断面图的水平与垂直比例尺应相同，可采用 1/500 或 1/1000，一般以中心断面为起画基点。当中心断面点处于深凹处不需测绘时，可以边线断面为起画基点。当路径与山脊斜交时，应选测两个以上的风偏点，各点以分式表示，表示方法为分式上方为点位高程，下方为垂直中线的偏距，偏距前面冠以 L 或 R（L 表示左风偏点，R 表示右风偏点）。

$$\frac{测点高程(m)}{L(R)测点垂直于线路中心线的水平距离(m)} \quad (5.4)$$

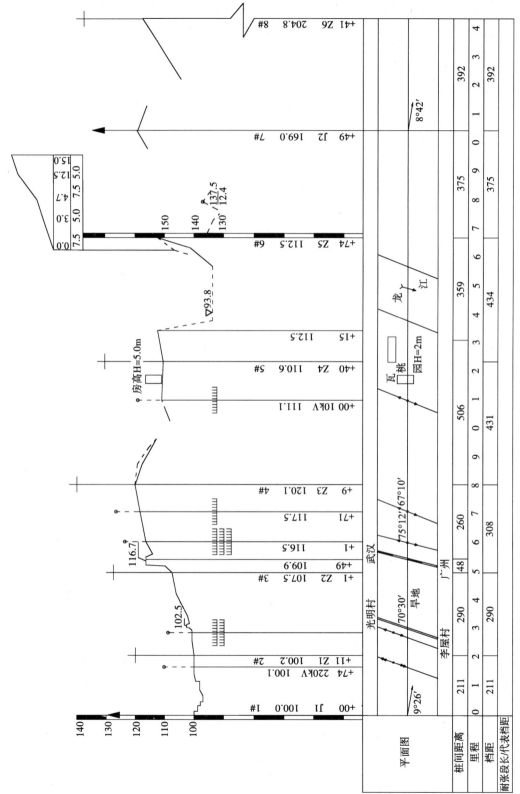

图5.4 输电线路平面断面图示例(单位：m)

由于计算机及全站仪、RTK 的广泛应用，现在线路的平断面普遍采用计算机辅助制图。线路测量计算机辅助制图内容包括：数据采集、平断面图绘制，其各项应用软件应满足测量作业步骤、技术标准及设计对测量的要求。所采用的软件必须是经过院级及以上技术管理机构鉴定的有效版本。

工作任务 4　杆塔定位测量

一、杆塔定位

杆塔定位是送电线路设计的一个重要环节，由设计、测量、地质和水文等专业技术人员相互配合，经图上定位和现场定位来完成。平断面图测绘完成后，设计人员根据图和耐张段长度以及平面位置，估列代表档距，在图上合理地进行杆塔定位，并选择适应的杆型和杆高。在排杆时，选定的杆塔位置应满足导线对地和对交叉跨越物的安全距离，选用的塔型要能最大限度地利用杆塔强度配置适当的档距，还要根据杆塔基坑形状、尺寸和拉线形式，确保所选杆塔位置处有足够的施工场地。由于转角杆塔位置一般就选在转角处，所以排杆一般只是在线路的直线段上排定杆塔位置。

在杆塔定位前首先应向设计单位取得下列资料：塔位明细表；具有导线对地安全线的平断面图；设计定位手册。然后对照平断面图进行实地巡视检查，发现重要地形地物漏测或与实地不符时，应进行补测修改。

二、定位测量

当杆塔的实地位置测设后，需对杆塔的地面标高、杆塔之间的距离（档距）及杆塔位的施工基面进行测量。定位测量宜逐基进行。根据从图上所得塔位至邻近中线桩的水平距离和高差，在邻近中线桩上安置仪器，照准另一中线桩后，采用直接定线地段的塔位桩，可用前视法或正倒镜分中法测定。还可以采用间接定线地段的塔位桩。测设出的杆塔中心桩，要求杆塔线路横方向偏离值不大于 50mm，如果符合要求，则打下大木桩，桩顶钉小铁钉标明点位。当因现场条件不能打塔位桩时，应实测和提供塔位里程和高程，并宜在塔位附近直线方向可保存处打副桩。塔位坑间的距离和高差，应在就近直线桩测定。

杆塔位定好后，应根据观测值计算档距和高差，并将确定的数据绘在断面图上。

工作任务 5　杆塔基坑放样

送电线路的施工，包括基础开挖、竖杆的挂线三项工作，相应的测量工作是基坑放样、拉线放样和弧垂放样。杆塔基坑放样，是把设计的杆塔基坑位置测设到线路上指定塔号的杆塔桩处，并用木桩标定，以此作为基坑开挖的依据。基坑放样方法随杆塔型式而异。下面介绍门型塔和四脚杆塔的基坑坑位测定方法。

一、分坑数据的计算

根据杆塔基础施工图中的基础根开 x（即相邻基础中心距离）、基础底座宽 D 和设计坑深 H 等数据即可计算分坑数据，如图 5.5 所示。杆塔基础开挖时，一般要在坑下留出 $e=0.2\sim 0.3\text{m}$ 的操作空地。为了防止坑壁坍塌，保证施工安全，要根据坑位土质情况选定坑壁安全坡度 m（如砂砾土 $m=0.75$，黏土 $m=0.3$，岩石 $m=0$），所以，基坑放样数据计算公式为：

坑底宽　　　　$b = D + 2e$

坑口宽　　　　$a = b + 2m \cdot H$

二、门型杆塔

门型杆塔由两根平列在垂直于线路中线的方向上的杆子构成，如图 5.6 所示。若杆塔基础根开为 x，坑口宽度为 a，坑位放样数据为：

$$\left.\begin{aligned} F &= \frac{1}{2}(x-a) \\ F' &= \frac{1}{2}(x+a) \end{aligned}\right\} \tag{5.5}$$

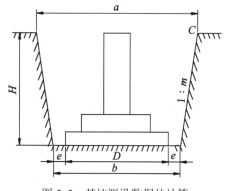

图 5.5　基坑测设数据的计算

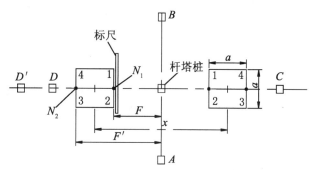

图 5.6　门型杆塔坑位测定

坑位测定前，将经纬仪安置在杆塔桩上，照准前（或后）杆塔桩或直线桩，沿顺线路方向定 A、B 辅助桩。再将照准部转 90°，沿线路中线桩的垂线方向定 4 个辅助桩 C、C'、D、D'。辅助桩距杆塔的距离一般为 20~30m 或更远，应选择在不易碰动的地方。基础坑位测定时，沿线路垂直方向，用钢尺从杆塔量出距离 F 而得到 N_1 点，将标尺横放在地上，使尺边缘与望远镜十字丝重合，从 N_1 点向尺两侧各量距离 $a/2$，定出 1、2 两点桩；再量出距离 F' 测出 N_2 点，将标尺移至 N_2 点，依法定出 3、4 桩，依上法定另一侧的坑位桩。

三、直线四脚杆塔

直线四脚杆塔的基础一般呈正方形分布，如图 5.7 所示，若杆塔基础根开为 x，坑口宽度为 a，坑底宽度为 b，则坑位放样数据为：

$$\left.\begin{aligned} E &= \frac{\sqrt{2}}{2}(x-a) \\ E_1 &= \frac{\sqrt{2}}{2}(x-b) \\ E_2 &= \frac{\sqrt{2}}{2}(x+b) \\ E_3 &= \frac{\sqrt{2}}{2}(x+a) \end{aligned}\right\} \qquad (5.6)$$

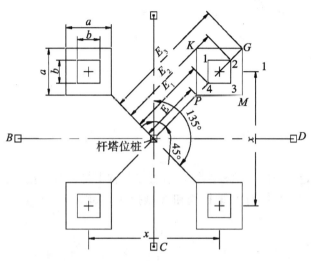

图 5.7 直线四脚杆塔坑位的测定

其中，E_1、E_2 在检查坑底时用。

测定基坑位时，将经纬仪安置在杆塔桩上，照准线路中线方向及线路垂直方向，测设出 A、B、C、D 四个辅助桩，以备施工时标定仪器方向。然后，使望远镜照准辅助桩 A 时，水平度盘读数为 00，再将照准部转 45°，由杆塔桩起沿视线方法量出距离 E、E_3，定下外角桩 P、G。再将卷尺零点对准 P 桩，2a 刻划对准 G 桩，一人持尺上 a 刻划处，将尺向外侧拉紧拉平，卷尺就在 a 刻划处构成直角，将卷尺分别折向两侧钉立 K、M 坑位桩。然后，将照准部依次转动 135°、225°、315°，依上述方法测定其余各坑的坑位桩。

四、耐张型转角四脚杆塔

对于耐张型转角塔，在分坑时，首先定出转角的角平分线作为基础分坑的轴线，以此轴线为基准进行分坑，方法与直线四角塔类似。

基坑位测定以后，为了计算出各坑由地面实际应挖深度以作为挖坑时检查坑深的依据，要测出杆塔与各坑位桩间的高差。测量时，将仪器安置在杆塔桩上，量出仪器高 i，将水准标尺依次立在各坑位桩上，读出水平视线在尺上的读数 R_1（如图 5.8 所示）。如果该杆塔施工基面为 K，设计坑深为 H，则该坑位自地面起应挖坑深为：

$$H_1 = H + K + i - R_1 \qquad (5.7)$$

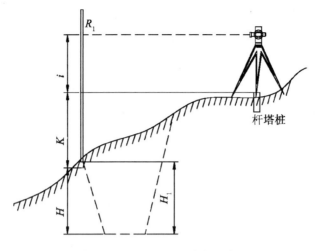

图 5.8 基础坑开挖深度的测定

工作任务 6 拉 线 放 样

拉线是用来稳定杆塔的。这种接线杆塔可以节省钢材,节约投资,目前在我国送电线路上广泛使用。常用的拉线有 V 型拉线和 X 型拉线,如图 5.9 所示。

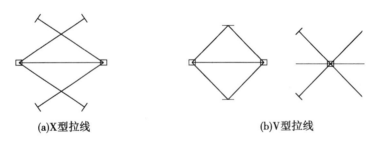

(a)X型拉线　　　　　　　(b)V型拉线

图 5.9 杆塔拉线型式

拉线放样就是要在杆塔组立之前,根据杆塔施工图中的拉线与横担的水平投影之间的水平角 α、拉线上端到地面的竖直高度 H、拉线与杆身的夹角 β 和拉盘的埋深 h,计算拉线放样数据及拉线长度 L,在杆塔桩附近正确测定拉盘中心桩的位置。由于拉线上端与杆抱箍的金具连接,下端与拉线棒相接,所以拉线全长中包括拉线棒和连接金具的长度。接线放样时,经纬仪一般安置在杆抱箍的水平投影点上,该点至杆位桩的距离可从杆塔施工图中量得。

一、单杆拉线的放样

1. 平地的拉线放样

如图 5.10 所示,P 为杆位桩,A 为拉线出土桩,M 为拉盘中心桩,N 为拉盘中心,

BN 为拉线。

在平坦地面上，$\angle BPA=90°$。若已知拉线上端垂距 H、拉线与杆身夹角 β、拉盘埋深 h，则可求得拉线出土桩至杆位桩的距离 D，拉盘中心桩至拉线出土点的距离 d 和拉线长度 L，其计算公式为：

$$\left.\begin{array}{l} D = H \cdot \tan\beta \\ L = (H+h) \cdot \sec\beta \\ d = h \cdot \tan\beta \end{array}\right\} \quad (5.8)$$

放样时，将经纬仪安置在杆位桩 P 上，先使水平度盘读数为 $0°00'$ 时瞄准横担方向（即直线桩上垂直于线路中线的方向或转角桩上转角的角平分线方向），再将照准部旋转水平角 α，视线方向即为拉线方向。沿线方向，从 P 点起量水平距离 D，测定拉线出土桩 A，再向前量距离 d，测定拉盘中心桩 M。

2. 倾斜地面的拉线放样

如图 5.11 所示，D、d 为地面斜距，$\angle BPA=\gamma$，其他符号含义如图所示，则计算公式为：

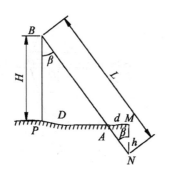

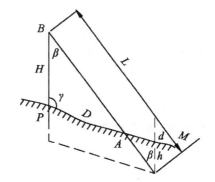

图 5.10 平地拉线的测设　　图 5.11 倾斜地面拉线的测设

$$\left.\begin{array}{l} D = \dfrac{H \cdot \sin\beta}{\sin(\beta+\gamma)} \\ L = \dfrac{(H+h) \cdot \sin\gamma}{\sin(\beta+\gamma)} \\ d = \dfrac{h \cdot \sin\beta}{\sin(\beta+\gamma)} \end{array}\right\} \quad (5.9)$$

放样时，在杆位桩 P 上安置经纬仪，量出仪器高，使望远镜指向线路的垂直方向，水平度盘读数置为 $0°00'$，将照准部旋转水平角 α，视线方向即为拉线方向。沿视线方向竖立标尺，转动望远镜使横丝照准尺上仪器高处，测出倾斜地面的天顶距 γ 角，测出地面斜距 D'。将已知的 H、β 和测得的 γ 代入公式即可计算 D，若 $D \neq D'$，则移动标尺重新观测，直至 $D=D'$。此时，在立尺点钉桩，即为拉线出土桩 A。再从 A 桩起沿 PA 方向量斜距 d 后钉桩，即得拉盘中心桩 M。

二、双杠拉线的放样

1. V型拉线

如图5.12(a)、(b)所示是直线杆V型接线的正面图和平面布置图。图中 a 为拉线悬挂点与杆塔轴线交点至杆中心线的水平距离,H 为拉线悬挂点至杆塔轴与地面交点的垂直距离,h 为拉线坑深度,D 为杆塔中心至拉线坑中心的水平距离。拉线坑位置分布于横担前及两侧,同侧两根拉线合盘布置,并在线路的中心线上,成前后、左右对称于横担轴线和线路中心线。由此,对同一基拉线杆,因为 H 不变,若当杆位中心 O 点地面与拉线坑中心地面水平时,图5.12(b)中的两侧 D 值应相等;当杆位中心 O 点地面与拉线坑中心地面存在高差时,两侧 D 值不相等,则拉线坑中心位置随地形的起伏使线路中心线而移动,拉线的长度也随之增长或缩短。

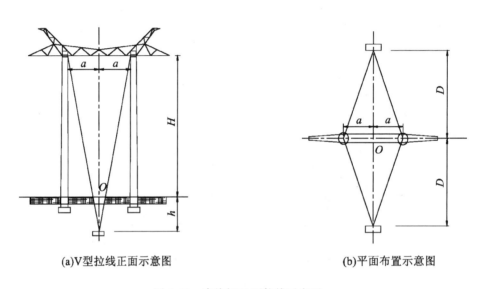

(a)V型拉线正面示意图   (b)平面布置示意图

图5.12 直线杆V型拉线示意图

与单杆拉线一样,无论地形如何变化,β 角必须保持不变,所以当地形起伏时,杆位中心 O 点至 N 点的水平距离 D_0 和拉线长度 L 也随之变化。

如图5.13所示,β 是V型拉线杆轴线平面与拉线平面之间的夹角,P 点是两根拉线形成V型的交点,M 点为 P 点的地面位置,N 点是拉线平面中心线与地面的交点,即拉线出土的位置。由图中可以得出:

$$\left.\begin{aligned} D_0 &= H\tan\beta \\ \Delta D &= h\tan\beta \\ D &= D_0+\Delta D = (H+h)\tan\beta \\ L &= \sqrt{(H+h)^2+D^2+a^2} \end{aligned}\right\} \quad (5.10)$$

式中:D_0 为杆塔位中心至 N 点的水平距离;ΔD 为拉线坑中心桩至 N 点的水平距离;L 为

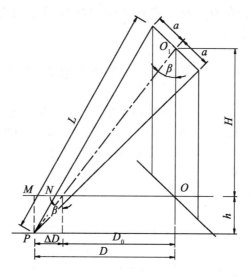

图 5.13 接线长度计算示意图

拉线全长；H 为 O_1 与 M 点的高差。

放样方法与单杆拉线类似，请同学们自己讨论。

2. X 型拉线

如图 5.14 所示，X 型拉线的计算与 V 型拉线的计算一样，只是 X 型拉线的平面布置与 V 型拉线有所不同，X 型拉线布置在横担的两侧，且每一侧各有两个呈对称分布的拉线坑，每根拉线与横担的夹角均为某一定角(设为 α)。

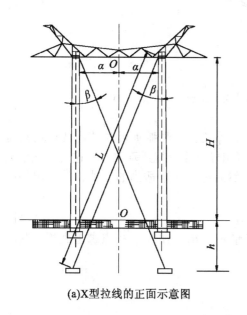

(a) X 型拉线的正面示意图　　　(b) X 型拉线的平面布置示意图

图 5.14 X 型拉线示意图

放样时,首先在线路中心桩 O 点安置仪器,在线路的垂直方向量取 $OO_1=OO_2=a$ 得到 O_1、O_2 两点,然后分别在 O_1、O_2 上安置仪器,测设 α 角,写出四条接线的方向,以后的测设方法也跟单杆接线一样。

工作任务7　导线弧垂的放样与观测

当送电线路全线杆塔组立完毕,经检查合格后,在杆塔上要架设导线和避雷线(合称架空线)。为了保证导线对地、对被跨越物的垂直距离符合设计要求,在架线前,施工单位会在每个耐张段中间选择一个或几个弧垂观测档,用公式求出观测气温时的观测档的弧垂,在施工紧线时进行放样。

一、平行四边形法

本法适用于弧垂观测档内两悬挂点高差不太大的弧垂放样。

如图 5.15 所示,在观测档内两侧杆塔上,由架空线悬挂点 A、B 各向下各量一段长度 a、b,使其等于观测档的弧垂,定出观测点 A_1、B_1。在 A_1、B_1 各绑一块觇板。觇板长度约为 2m,宽 10~15cm,板面颜色红白相间。紧线时,眼睛从一侧觇板边缘瞄向另一侧觇板的上边缘,当导线稳定后恰好与视线相切时,架空导线弧垂等于观测档距弧垂 f。

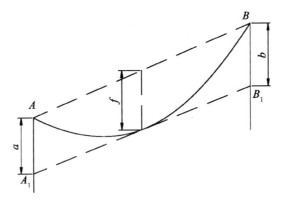

图 5.15　平行四边形法观测弧垂

因为在平行四边形法中,取 $a=b=f$,故又称为等长法。当弧垂观测档内两杆塔高度不等,而弧垂最低点不低于两杆塔基部连线时,可用异长法进行弧垂放样。这时,先根据架空线悬挂点的高差情况,计算出观测档弧垂 f,然后选定一个适当的 a 值,计算出相应的 b 值:

$$b=(2\sqrt{f}-\sqrt{a})^2 \tag{5.11}$$

观测弧垂时,自 A 向下量 a 得 A_1,自 B 向下量 b 得 B_1,在 A_1、B_1 点绑上觇板,紧线时用目测进行弧垂放样。

二、中点天顶距法

此法适用于平原及丘陵地区的弧垂放样,精度较高。

如图 5.16 所示，A_2、B_2 为导线的悬挂点，D 为 A_2、B_2 连线中点，过 D 点的铅垂线交导线于 C_2，DC_2 就是导线的弧垂 f。导线上 A_2、B_2、C_2 点在假定水平面上（为简化计算，可以用经过仪器中心的水平面）的位置为 A_1、B_1、C_1，在地面上的投影位置是 A、B、C。A_2、B_2、C_2、D 点由假定水平面起算的高程为 H_A、H_B、H_C、H_D。在梯形 $A_2A_1B_1B_2$ 中中点

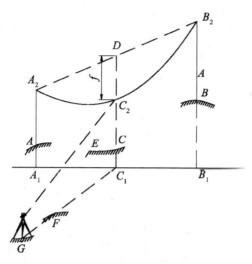

图 5.16 中点天顶距法放样弧垂示意图

$$\left.\begin{array}{l}H_A=\overline{A_2A_1},\ H_B=\overline{B_2B_1},\ H_C=\overline{C_2C_1}\\ H_D=\dfrac{1}{2}(H_A+H_B)\\ f=H_D-H_C=\dfrac{1}{2}(H_A+H_B)-H_C\end{array}\right\} \tag{5.12}$$

天顶距法放样弧垂的方法如下：

(1)将导线两端的悬挂点投影于地面上，如图中的 A、B。
(2)找出 A、B 点的中点 C，在 C 点安置全站仪，测设 AB 的垂线段 $CE=b$ 于 E 点。
(3)在 E 点安置全站仪，测定距离 EA、EB 及导线悬挂点的垂直角 α_A、α_B，由此可计算出悬挂点相对于全站仪的高差，亦即相对于经过仪器中心水平面的高程 H_A、H_B，并且计算出中点 C_2 的天顶距（高度角）Z_C（左盘位置）：

$$\left.\begin{array}{l}H_A=\overline{EA}\cdot\tan(\alpha_A)\\ H_B=\overline{EB}\cdot\tan(\alpha_B)\\ \alpha_C=\arctan\dfrac{(H_A+H_B)-2f}{2\overline{EC}}\\ Z_C=90°-\alpha_C\end{array}\right\} \tag{5.13}$$

(4)在 E 点上保持仪器高度不变，在左盘位置照准 C 点后固定照准部，纵转望远镜，

当天顶距读数为 Z_c 时固定望远镜。当导线稳定后恰好与望远镜的十字丝中丝相切时，架空导线弧垂等于 f。

三、角度法

在线路架设中，还可用角度法进行弧垂的放样，如图 5.17 所示。方法是：
(1)将导线悬挂点 A_2、B_2 投影于地面得 A、B 并测定 AB 的水平距离 l。
(2)架仪器于 A 点，量仪器高 i_A 及导线悬挂点 A_2 至仪器横轴的竖直距离 a，照准 B_2 测得竖直角 β。若导线观测档弧垂为 f，则有：

$$\left. \begin{array}{l} b = (2\sqrt{f} - \sqrt{a})^2 \\ d = l \cdot \tan\beta \\ c = d - b \end{array} \right\} \tag{5.14}$$

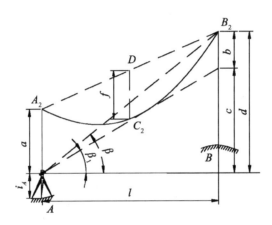

图 5.17 角度法进行弧垂放样

当导线弧垂正好为 f 且经纬仪的视线与导线相切时，竖直角 β_1 应为：

$$\beta_1 = a\tan\frac{c}{l} \tag{5.15}$$

(3)紧线时，经纬仪安置于 A 点，量仪器高 i_A，转动照准部，使望远镜对准紧线方向，且视线的竖直角为 β_1。待导线恰好与视线相切时，导线弧垂就是观测档的弧垂 f。

【知识小结】

本项目首先对输电设备进行了简单介绍，重点阐述了输电线路的定线测量、平断面测量、送电线路的施工测量(包括杆塔定位及基坑放样、导线弧垂测量)等知识内容，并对桩间距离及高程测量方法进行了简要叙述。

【知识与技能训练】

1. 在我国高压输电线路的电压等级是如何划分的？
2. 输电线路选线测量和定线测量的主要任务是什么？

3. 定线测量时,如果相邻转点互不通视,怎样在线路中线上确定直线桩的位置?

4. 在什么情况下要施测边线断面?如何施测?

5. 如何进行平地的拉线放样?如何进行倾斜地面的拉线放样?

6. 在架设导线的工程中,紧线时为什么要进行弧垂放样?怎样用角度法进行弧垂放样?

7. 怎样绘制输电线路平断面图?根据下图和下表观测成果绘制架空送电线路平断面图(比例尺:平距1/5000,高程1/500)。

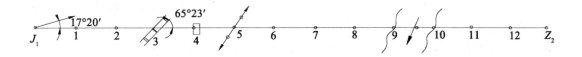

测站	测点		平距/m	高差/m	高程/m	备 注
	点号	点名				
J_1	Z_1	方向桩	295	+8.7	85.2	$HJ_1=76.8m$
	1	断面点	45	-1.8		
	2	断面点	96	-2.4		
	3	轨顶	123	-1.4	75.4	
	4	断面点	169	-0.5		房顶高 2.5m
	5	断面点	242	+1.2		电力线高 5.6m(110KV)
	6	断面点	269	+0.7		
Z_1	Z_2	方向桩	305	+8.3	93.8	
	7	断面点	56	+3.0		
		右边线		-1.0		
	8	断面点	65	-8.5		
	9	断面点	105	-12.3	73.2	
	10	断面点	160	-12.3		
	11	断面点	201	-6.0		
	12	断面点	252	+1.9		
		左边线		2.4		

项目6 线路工程测量

【教学目标】

线路工程测量是贯穿于线路工程施工全过程的一项重要工作，学习本项目，要求学生掌握线路定线测量、中线测量、纵横断面测量以及线路施工测量的基本工作和方法，重点掌握平面曲线和竖曲线测设的基本方法。具有中线测量、断面测量及方量计算、路基边坡测设以及管道施工测量的基本技能，具有曲线测设数据的计算和外业测设的基本技能，为将来从事线路工程测量工作打下牢固的基础。

项目导入

铁路、公路、架空送电线路以及输油管道等均属于线路工程，它们的中线统称为线路。

线路在勘测设计阶段的测量工作，称为线路测量。这种工作是为线路设计收集一切必要的地形资料。线路设计除了地形资料以外，还必须考虑线路所经地区的工程地质、水文地质以及经济等方面的问题，所以线路设计一般是分阶段进行的，其勘测设计也是分阶段进行的，线路的勘测设计通常按其工作的顺序可划分为可行性研究、初测、定测三个阶段。

建设项目的可行性研究工作，应根据各行业各部门颁发的各种建设项目可行性报告编制办法执行。在工作中应根据该地区的资源开发利用、农业发展、工业布局、国防、运输等情况，结合各种线路工程规划通过深入勘察和研究，对建设项目在技术、经济上是否合理和可行，进行全面分析、论证，作多种方案以供选择，提出方案的评价和各方案的投资估算，为编制和审批设计书提供可靠依据。

设计阶段必须利用1∶5万或1∶10万比例尺地形图，利用地形图可以快速、全面、宏观地了解该地区的地形条件，地形图也提供一部分地质、水文、植被、居民点分布及各种线路工程的分布及信息。因此，通常以地形图为主要资料，在室内选择方案。

有时完全在地形图上难以判断，故需要做一些实地考察，以收集更详细的资料，为比较不同方案之优劣，分析方案技术上的先进性和经济上的合理性提供更有利的信息，以作为方案研究的依据。

在经过可行性调查研究定出方案后，就要进行初测。初测是对方案研究中认为有价值的几条线路或一条线路，结合现场的实际情况，在实地进行选点，插旗，标出线路方向。初测阶段的主要工作是测绘路线带状大比例尺地形图，为设计单位进行比较精密的纸上定线、编制初步设计和工程概算提供图纸资料。

带状地形图比例尺通常为 1∶2000 和 1∶1000，有时也可采用 1∶5000。其宽度在山区一般为 100m，在平坦地区 250m。在有争议的地段，带状地形图应加宽以包括几个方案，或为每个方案单独测绘一段带状地形图。

设计人员在初测的图纸上考虑各种综合因素后在图纸上设计出规则的图纸资料，将这些资料测设到实地的工作称为定测。这部分的工作包括两方面的内容：一是在实地标定转点桩和中线里程桩；二是沿测绘路线的纵横断面图，为设计路线坡度、计算土石方数量等提供所需资料。

当新建项目的技术方案明确或方案问题可采用适当措施解决时，也可以采用一次定测，编制初步设计文件，然后根据批准的初步设计，通过补充测量编制施工文件。

本章以公路为例较详细地说明线路工程测量的内容和任务。

工作任务 1　线路的初测

初测又称踏勘测量，简称初测，是对视察时已选定的路线进行测量。它在视察的基础上，根据已经批准的计划任务书和视察报告，对拟订的几条路线方案进行初测，初测阶段的测量工作有导线测量、水准测量和地形测量。

一、导线测量

初测导线不仅是测绘带状地形图的图根控制，而且是进行路线定测的依据。所以，初测导线前应根据在 1∶5 万或 1∶10 万比例尺地形图上标出的经过批准规划的线路位置，结合实际情况，选择路线转折点的位置，打桩插旗，标定点位，在图上标明大旗位置，并记录沿线特征。大旗插完后需要绘制线路的平、纵断面图，以研究确定地形图测绘的范围。当发现个别大旗位置不当或某段线路还可改善时，应及时改插或补插。大旗间的距离以能表示线路走向及清晰地观察目标为原则。

初测导线必须根据插旗标定的路线走向布设，导线点应尽可能靠近线路，选在便于测角、测距、控制面积较大而且能长期保存的地方。在大桥及复杂中桥和隧道口附近，严重地质不良地段以及越岭垭口地点，均应设点。点间的距离以不小于 50m 且不大于 400m 为宜，当导线边比较长时，应在导线边上加设转点，以方便测图。

导线点位一般用大木桩标志，并钉上小钉。为防止破坏，可将本桩打入与地面齐平，并在距点 30～50 处设置指示桩，在指示桩上注明点名。

导线利用全站仪观测，水平角观测一个测回，一般观测左、右角以便检核。公路勘测中要求上、下半测回角值相差：高速及一级公路为 ±20″，二级及以下公路为 ±60″。方位角闭合差 $m_\alpha \leq \pm 80\sqrt{n}(″)$（$n$ 为导线点数）。导线边用全站仪往返观测。

初测导线一般延伸很长，为了检核并控制测量误差的积累，导线的起、终点，以及中间每隔一定距离(30km 左右)的导线点，应尽可能与国家或其他部门不低于四等的平面控制点进行联测。当与已知控制点联测有困难时，可采用天文测量的方法或用陀螺经纬仪测定导线边的方位，以控制角度测量的误差积累。

初测导线也可以布设成 D 级或 E 级带状 GPS 控制网。在道路的起点、终点，以及中间部分尽可能搜集国家等级控制点，考虑加密导线时，作为起始点应有联测方向，一般要求 GPS 网每 3km 左右布设一对点，每对点之间的间距约为 0.5km，并保证点对之间通视。

利用已知控制点进行联测时，要注意所用的控制点与被检核导线的起算点是否处于同一投影带内。若在不同带时应进行换带计算，然后进行检核计算。换带计算方法见控制测量中相关内容。

二、水准测量

初测阶段的水准测量分为基平测量和中平测量。前者是沿着线路方向建立高程控制；后者是测定初测导线点和里程桩的高程。

1. 基平测量

在线路方向的一般地段，每隔 1.0~2.0km 设立一个水准点，在山区水准点密度应加大，一般每隔 0.5~1.0km 设立一个。遇有 300m 以上的大桥和隧道、大型车站或重点工程地段应加设水准点。水准点应选在离线路 100m 的范围内，设在未被风化的基岩或稳固的建筑物上，亦可在坚实地基上埋设。其标志一般采用木桩、混凝土木桩或石条等。也可将水准点选在坚硬稳固的岩石上，或利用建筑物基础的顶面作为其标志。

基平测量应采用不低于 S3 的水准仪用双面水准尺，中丝法进行往返测量，或两个水准组各测一个单程。读数至 mm，闭合差限差为 $\pm 40\sqrt{L}$(mm)(L 为相邻水准点之间的路线长度，以 km 计），限差符合要求后，取红黑面高差的平均数作为本站测量成果。

基平测量视线长度≤150m，满足相应等级水准测量规范要求。在跨越 200m 以上的大河或深沟时，应按跨河水准测量方法进行。

2. 中平测量

中平测量应起闭于基平测量所设置的水准点上。一般可使用 S3 级水准仪，采用单程。闭合差限差为 $\pm 50\sqrt{L}$(mm)(L 为相邻水准点之间的路线长度，以 km 计），在加桩较密时，可采用间视法。在困难地区，加桩点的高程路线可起、闭于基平测量中测定过高程的导线点上，其路线长度一般不宜大于 2km。

3. 地形测量

公路勘测中的地形测量，主要以导线点为依据，测绘线路数字带状地形图。数字带状地形图比例尺采用 1：2000 和 1：1000，测绘宽度为导线两侧各 100~200m。对于地物地貌简单的平坦地区，比例尺可采用 1：5000，但测绘宽度每侧不应小于 250m。对于地形复杂或是需要设计大型构筑物地段，应测绘专项地形图，比例尺采用 1：500~1：1000，测绘范围视设计需要而定。

地形测量中尽量利用导线点做测站，必要时设置支点，困难地区可设置第二支点。一般采用全站仪数字测图的方法。地形点的分布及密度应能反映出地形的变化，以满足正确内插等高线的需要。若地面横坡大于 1：3 时地形点的图上间距一般不大于图上 15 mm；地面横向坡度小于 1：3 时，地形点的图上间距一般不大于图上 20 mm。

4. 初测后应提交的资料

(1)初测后应提交的测量资料：

①线路(包括比较线路)的数字带状地形图及重点工程地段的数字地形图；

②横断面图,比例尺为1:200;
③各种测量表格,如各种测量记录本,水准点高程误差配赋表,导线坐标计算表。
(2)初步勘测的说明书:
①线路勘测的说明书;
②选用方案和比较方案的平面图,比例尺为1:10 000 或 1:2 000;
③选用方案和比较方案的纵断面图,比例尺横向1:10 000,竖向1:1 000;
④有关资料调查。

工作任务2 定 线 测 量

公路设计部门在带状地形图上进行路线的初步设计,确定一条在经济上合理、技术上先进的路线方案,即纸上定线。经上级批准后,将图纸上初步设计的公路测设到实地,并要根据现场的具体情况,对不能按原设计之处作局部的调整。另外,在定测阶段还要为下一步施工设计准备必要的资料。

定测的具体工作如下:
(1)定线测量,将批准了的初步设计的中线移设于实地上的测量工作,也称放线。
(2)中线测量,在中线上设置标桩并量距,包括在路线转向处放样曲线。
(3)纵断面高程测量,测量中线上诸标桩的高程,利用这些高程和已量距离,测绘纵断面图。
(4)横断面测量,横断面测量的主要目的在于绘制横断面图供路基设计使用。

一、定线测量

将设计中线移设于实地上的工作称为定线测量,即放线。这里讲的设计中线仅仅是在带状地形图上图解设计的中线,并不是解析设计的数据。因此放样所需的数据要从带状地形图上量取。

常用的定线测量方法有穿线放线法、拨角放线法、导线法三种。当相邻两交点互不通视时,需要在其连线或延长线上测设出转点,供交点、测角、量距或延长直线时瞄准之用。现将几种方法介绍如下。

1. 穿线放线法

此法也叫支距放线法。此法是根据纸上定线和初测导线的位置关系,图解出放样的数据,然后将纸上的路线中心放样到实地。相邻两直线延长相交得路线的交点(或称转向点),其点位用 JD 表示。具体测设步骤如下:

(1)量支距。

图6.1为初步设计后略去等高线和地物的带状平面图。C_{47},C_{48},…,C_{52}为初测导线点,JD_{14},JD_{15},JD_{16}为设计路线中心的交点。首先,在地形图上过初测导线点作垂直与导线边的直线,交线路中心线于47,48,…,52等点。得该点的垂距,这一段垂线长度称为支距。图中的 d_{47},d_{48},…,d_{52} 等。然后以相应的比例尺在图上量出各点的支距长度,便得出支距法放样的数据。

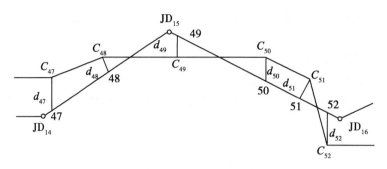

图 6.1 穿线放线法

(2) 放支距。

采用支距法放样时,将经纬仪安置在相应的导线上,例如导线点 C_{48} 上,以导线点 C_{47} 定向,拨直角,在视线方向上量取该点上的支距长度 d_{48},定出线路中心线上的 48 点,同法逐一放出 49,50,…各点。为了检查放样工作,每一条直线边上至少放样三个点。

(3) 穿线。

由于原测导线,图解支距和放样的误差影响,同一条直线段上的各点放样出来以后,一般不可能在同一条直线上。由于路线本身的要求这时应根据实地情况,适当移动个别点位,使它们在同一条直线上。

(4) 测设交点。

当相邻两条直线在实地放出后,就要求出路线中心的交点。交点是路线中心是重要控制点,是放样曲线主点和推算各点里程的依据。如图 6.2 所示。测设交点时,可先在 49 号点上安置经纬仪或全站仪,以 48 号点定向,用正倒分中的方法,在 48—49 直线上设立两个木桩 a 和 b,使 a,b 分别位于 51—50 延长线的两测,称为骑马桩,钉上小钉,并在其间拉一细线。然后安置仪器于 50 号点,延长 51—50 直线,在仪器视线和骑马桩间的细线相交处钉交点桩,并定上小钉,表示点位,即得交点 JD_{15}。同时在桩的顶面用红漆写明交点号数。为了寻找点位及标记里程方便,在曲线外测,距交点桩 30m 处,钉一标志桩,面向交点桩的一面应写明交点及定测的里程。

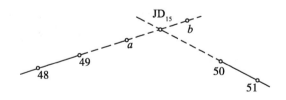

图 6.2 测设交点

穿线、交点工作完成后,考虑到中线测定和其他工程勘测的需要,还要用正倒镜分中法在定测的线路中心线上,于地势较高处设置线路中心线标桩,习惯上称为转点。转点桩距离约为400m，在平坦地区可延长至500m。若采用电磁波测距，转点间的距离视其他专业需要而定。在大桥和隧道的两端以及重点构筑物工程地段则必须设置。设置转点时，正倒镜分中法定点较差在5~20mm之间。

穿线法的优点是各条直线独立测设，误差不积累，但此法量距的工作量较大。

2. 拨角放线法

此法是根据初测导线点的坐标以及纸上定线各交点的图解坐标，通过坐标反算，求出各交点之间的距离和相邻直线段的夹角，然后，放出各交点的位置。拨角法精度较高，能适合各种地形和直线较长的路线，但是，此法是逐点向前延伸测设的，故误差积累。路线愈长，误差积累愈大。为了减小误差积累，测设一段距离后，应将放样的交点与初测导线点连测，求出交点的实际坐标进行比较，求得闭合差，检查其闭合差是否符合要求。拨角法的具体工作如下：

(1) 放样资料的内业计算。

如图6.3所示，C_{45}，C_{46}，…，C_{52}等点为初测导线点，JD_{13}，JD_{14}，…，JD_{16}为定测中线的交点。根据地形图上量取的交点的坐标以及初测导线点的坐标进行坐标反算，求出各交点之间直线长度L_i和各点上的拨角β_i。

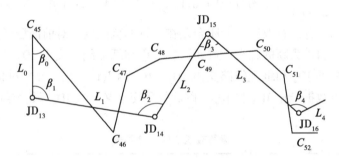

图6.3 拨角放线法

(2) 放线定交点。

放线资料计算完毕并经复核无误后，便可进行外业放线。首先标定分段放线的起点JD_{13}。这时可将经纬仪置于C_{45}点上，以C_{46}定向，拨β_0角，量取水平距离L_0，即可放样JD_{13}。然后迁仪器于JD_{13}，以点C_{45}定方向，拨β_1角，量取L_1定交点JD_{14}。同法放样其余各交点。

(3) 与初测导线联测。

在实地放出若干个交点后，为了减小拨角放线的误差积累，应与初测导线联测。一般每隔5km应与初测导线进行联测。

【案例1】如图6.4所示，JD_3'与JD_4'分别为纸上线路的交点JD_3与JD_4放在实地上的位置。在JD_4'上与初测导线点C_5联测，联测的精度要求与初测导线相同。然后根据表6.1计算的放样数据按照表6.2计算JD_4'的坐标与JD_4'~JD_3'的方位角，与表6.1中JD_4的坐标和JD_4~JD_3的方位角进行比较，可得方位角闭合差：

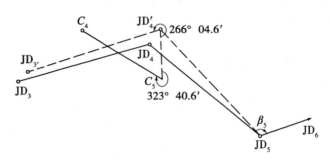

图 6.4 与初测导线联测

$$f_\beta = 251°52'18'' - 251°53'10'' = -52''$$

因为方向闭合差允许值为 $\pm 30''\sqrt{n} = \pm 30''\sqrt{6} = \pm 73''$，故在限差以内。

求得的坐标闭合差为：$\begin{cases} f_x = +0.3\text{m} \\ f_y = +0.6\text{m} \end{cases}$ 由此得 $f_L = \pm\sqrt{0.3^2 + 0.6^2} = \pm 0.67\text{m}$，坐标相对闭合差为 $\dfrac{f_L}{L} = \dfrac{0.67}{1999.65} = \dfrac{1}{2985}$，坐标闭合差的允许值为 $\pm 1/2000$，也在允许限差之内。若闭合差超限则应查明原因，并进行改正。若闭合差在允许的范围内，对前面已经放样的点位常常不加改正，而是以 JD_4' 为新的起点，重新计算 JD_4' 和纸上线路交点 JD_5 的长度以及在 JD_4' 处的拨角，并且根据 JD_4' 和纸上线路交点 JD_5、JD_6 两点计算出在 JD_5 处的拨角 β_5。然后就可以由上述计算数据定出 JD_5 和 JD_6。以后的各交点又可从 JD_6 开始继续测设。

表 6.1　　　　　　　　　　　拨角放线法内业计算表

桩号	纵坐标 x (m)	横坐标 y(m)	放线距离 L(m)	坐标方位角 ° ′ ″	拨角 β ° ′ ″
C_2				235 18 18	
C_1	6263.00	4311.00	145.47	198 26 06	143 07 48
JD_1	6125.00	4265.00	558.37	74 05 49	55 39 43
JD_2	6278.00	4802.00	562.46	81 18 29	187 12 40
JD_3	6363.00	5358.00	733.34	71 53 10	170 34 41
JD_4	6591.00	6055.00	750.85	127 35 13	235 42 03
JD_5	6133.00	6650.00			

表 6.2　　　　　　　　　　　　　　　初、定测联测表

桩号	右角 ° ′ ″	坐标方位角 ° ′ ″	距离 (m)	坐标增量		坐标	
				Δx	Δy	X(m)	Y(m)
C_4		121 37 30					
C_5	323 40 36					6457.00	6110.00
		337 56 54	144.89	+134.3	−54.4		
JD_4'	266 04 36					6591.30	6055.60
JD_3'		251 52 18					

3. 路线转点的测设

路线测量中,当相相邻两交点互不通视时,需要在其连线或延长线上定出一点或数点以供交点、测角、量距或延长直线时瞄准之用,这样的点称为转点,其测设方法如下。

(1) 两交点间设转点。

在图 6.5 中,JD_1、JD_2 为相邻而互不通视得两交点,现欲在两点间测设一转点 ZD。首先在 JD_1、JD_2 之间初定一点 ZD' 点。可将经纬仪(或全站仪)安置在 ZD' 上,瞄准 JD_1 倒镜将直线 JD_1-ZD' 延长至 $JD_{2'}$,量出与 JD_2 的偏差 f,用视距法测定 ZD' 点与 JD_1、JD_2 的距离 a、b,则 ZD' 应移动的距离 e 可按式(6.1)计算。将 ZD' 按 e 值移至 ZD。在 ZD 上安置仪器,按上述方法逐渐趋近,直至符合要求为止。

$$e=\frac{a}{a+b}f \tag{6.1}$$

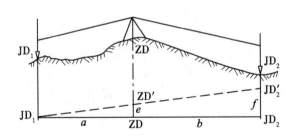

图 6.5　两交点间设转点

(2) 两交点延长线上设转点。

在图 6.6 中,JD_3、JD_4 为相邻而互不通视的两交点,可在其延长线上初定转点 ZD',在 ZD' 上安置经纬仪(或全站仪),照准 JD_3,固定水平制动螺旋,望远镜向下俯视 JD_4 得到 $JD_{4'}$。量出 JD_4 与 JD_4' 的偏差值 f,用视距法测定 a、b,则 ZD' 应移动的距离 e 可根据式(5.2)计算。将 ZD' 按 e 值移动到 ZD,同法,逐渐趋近,直到符合精度要求为止。

$$e=\frac{a}{a-b}f \tag{6.2}$$

4. 偏角的测定

线路由一个方向转到另一个方向,转变后的方向与原方向的夹角称为偏角(称转向角

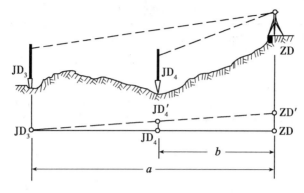

图6.6 延长线上设转点

或转角），用 α 表示。如图6.7所示。偏角是计算曲线要素的依据。

要测定偏角 α，通常是先测量出转折角 β。转折角一般是线路前进方向的右角。《公路勘测规范》规定：高速公路、一级公路应用使用不低于DJ6级经纬仪，采用方向观测法测量 $\beta_右$ 一测回。两半测回间应变动度盘位置，角值相差的限差在 $\pm20''$ 以内取平均值，取位至 $1''$；二级及二级以下公路角值相差的限差在 $\pm60''$ 以内取平均值，取位至 $30''$。

当线路向右转时，偏角称为右偏角，此时 $\beta<180°$。当线路向左转时，偏角称为左偏角，此时 $\beta>180°$。所以偏角为

$$\left.\begin{array}{l}\alpha_右 = 180°-\beta_右(\beta_右<180°)\\ \alpha_左 = \beta_右-180°(\beta_右>180°)\end{array}\right\} \quad (6.3)$$

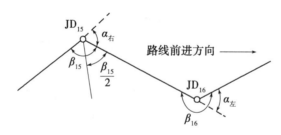

图6.7 线路偏角

二、中线测量

中线测量的任务是沿定测的线路中心线丈量距离，设置百米桩及加桩，并根据测定的交角、设计的曲线半径和缓和曲线长度计算曲线元素，放样曲线的主点和曲线的细部点。

1. 里程桩及桩号

路线的里程是指线路的中线点沿中线方向距线路起点的水平距离。里程桩是埋设在线路中线上标有水平距离的桩，里程桩又称中桩。如图6.8所示，里程桩有整桩和加桩之分。每隔某一整数设置的桩，称为整桩。整桩之间距离一般为20m、30m、50m。在线路变化处、线路穿越重要地物处（如铁路、公路、各种管线等）、地面坡度变化处、在道路

转向处设置曲线时均要增设加桩。

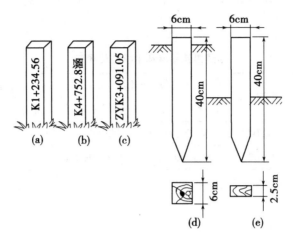

图 6.8 里程桩

里程桩均按起点至该桩的里程进行编号，并用红油漆写在木桩侧面。例如某桩距线路起点的水平距离为 21500m，则其桩号记为：21+500。加号前为公里数，加号后为米数。在公路、铁路勘测设计中，通常在公里数前加注"K"，例如 K21+500。

路线中桩的间距，不应大于表 6.3 的规定。

表 6.3　　　　　　　　　　　　　中桩间距

直线(m)		曲线(m)			
平原微丘区	山岭重丘区	不设超高的曲线	$R>60$	$30<R<60$	$R<30$
≤50	≤25	25	20	10	5

加桩分为地形加桩、地物加桩、曲线加桩与关系加桩，如图 6.8(b) 和图 6.8(c) 所示。

地形加桩指沿中线地面起伏变化处，地面横坡有显著变化处以及土石分界处等地设置的里程桩。

地物加桩是指沿中线为拟建桥梁、涵洞、管道、防护工程等人工构建物外，与公路、铁路、田地、城镇等交叉处及需拆迁等处理的地物处所设置的里程桩。

曲线加桩是指曲线交点(如曲线起、中、终)处设置的桩。

关系加桩是指路线上的转点(ZD)桩和交点(JD)桩。

钉桩时，对于交点桩、转点桩、距路线起点每隔 500m 处的整桩、重要地物加桩(如桥、隧位置桩)以及曲线点桩，均应打下断面为 6cm×6cm 的方桩(图 6.8(d))，桩顶露出地面约 2cm，并在桩顶中心钉一小钉，为了避免丢失，在其旁边定一指示桩(见图 6.8(e))。交点桩的指示桩应钉在圆心和交点连线外离交点约 20cm 处，字面朝向交点，曲线主点的指示桩字面朝向圆心。其余里程桩一般使用板桩,一半露出地面,以便书写桩号,字面一律背向路线前进方向。

中桩测设的精度要求见表6.4。

表6.4　　　　　　　　　中线量距精度和中桩桩位限差

公路等级	距离限差	桩位纵向误差(m)		桩位横向误差(m)	
		平原微丘区	山岭重丘区	平原微丘区	山岭重丘区
高速、一级公路	1/2000	S/2000+0.05	S/2000+0.1	5	10
二级以下公路	1/1000	S/1000+0.10	S/1000+0.1	10	15

注:表中 S 为转点或交点至桩位的距离,以 m 计。

曲线测量闭合差,应符合表6.5的规定。

表6.5　　　　　　　　　曲线测量闭合差

公路等级	纵向闭合差		横向闭合差(cm)		曲线偏角闭合差(″)
	平原微丘区	山岭重丘区	平原微丘区	山岭重丘区	
高速、一级公路	1/2000	1/1000	10	10	60
二级以下公路	1/1000	1/500	10	15	120

在书写曲线加桩和关系桩时,应先写其缩写名称,后写桩号,如图6.8所示,曲线主点缩号名称有汉语拼音缩写和英文缩写两种(见表6.6),目前我国公路主要采用汉语拼音的缩写名称。

表6.6　　　　　　　　　中线控制桩缩写名称

标志名称	中文简称	汉语拼音缩写	英语缩写
交点	交点	JD	IP
转点	转点	ZD	TP
圆曲线起点	直圆点	ZY	BC
圆曲线中点	曲中点	QZ	MC
圆曲线终点	圆直点	YZ	EC
公切点	公切点	GQ	CP
第一缓和曲线起点	直缓点	ZH	TS
第一缓和曲线终点	缓圆点	HY	SC
第二缓和曲线起点	圆缓点	YH	CS
第二缓和曲线终点	缓直点	HZ	ST

2. 断链处理

中线丈量距离，在正常的情况下，整条路线上的里程桩号应当是连续的。但是当出现局部改线，或者在事后发现距离测量中有错误，都会造成里程桩的不连续，这在路线中称为"断链"。断链有长链和短链之分，当原路线记录桩号的里程长于地面实际里程时为短链，反之则叫长链。

出现断链后，要在测量成果和有关设计文件中表明断链情况，并要在现场设置断链桩。断链桩要设置在直线段中的 10m 整数倍上，桩上要注明前后里程的关系及长（短）多少距离。如图 6.9 所示，在 K7+550 桩至 K7+650 之间出现断链，所设置的断链上写有 K7+581.80=K7+600（短 18.20m）其中，等号前面桩号为来向里程，等号后面的桩号为去向里程。即表明断链与 K7+550 桩间的距离为 31.8m，而与 K7+650 桩的距离是 50m。

三、线路纵断面测量

线路纵断面测量又称线路水准测量，其目的是测定线路上各中线桩地面点高程。根据中线桩高程的测量成果绘制的中线纵断面图是设计线路坡度和土方量计算的主要依据。

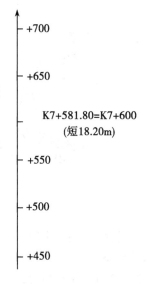

图 6.9 断链处理

1. 纵断面水准测量

进行纵断面测量前，先要对初测阶段设置的水准点逐一进行检测，其不符值在 $\pm 30\sqrt{L}$ mm（L 为相邻水准点间的路线长度，以 km 计）以内时，采用初测成果。超过 $\pm 30\sqrt{L}$ mm 时，如果是附合水准路线，则应在高级水准点间进行往返测量，确认是初测中有错或点位被破坏，需要根据新的资料重新平差，推算其高程。另外，还应根据工程的需要，在部分地段加密或增补水准点，新设水准点的测量要求与基平测量相同。

在纵断面测量中，当线路穿过架空线路或跨越涵管时，除了要测出中线与它们相交处（一般都已设置了加桩）的地面高程外，还应测出架空线路至地面的最小净空和涵管内径等，这些参数还需要注记在纵断面图上。线路跨越河流时，应进行水深和水位测量，以便在纵断面图上反映河床的断面形状及水位。

纵断面测量一般都采用间视水准测量的方法，如图 6.10 所示，观测时，先在每一个测站上读取后视点及前视点上的读数，这些前、后视点作为传递高程的点，可称为转点，读数至 mm。再读取前、后视点中间中桩尺子上的读数，这些中桩点称为间视点，间视点的读数可取至 cm。纵断面水准测量一般采用等外水准测量的精度要求，各测段的高差闭合差允许值为 $\pm 50\sqrt{L}$ mm 或 $10\sqrt{n}$ mm。若闭合差超限，则应检查原因，重新观测。

中线桩高程的计算方法如下：

视线高程＝后视点高程＋后视读数

转点高程＝视线高程－前视读数

间视点高程＝视线高程－间视读数

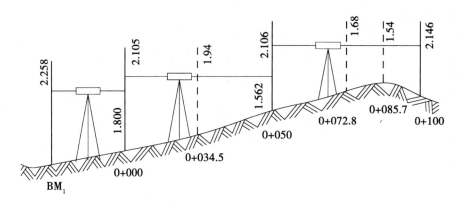

图 6.10 纵断面水准测量

【案例 2】在图 6.10 中,已知水准点 BM_1 的高程为 H_{BM_1} = 3f5.565m,后视读数为 2.258m,第一站的视线高程为 H_{i_1} = 35.565 + 2.258 = 37.823m,桩号 0+000 的高程为 37.823−1.800 = 36.023m;第二站的视线高程为 H_{i_2} = 36.023 + 2.105 = 38.128m,桩号 0+ 050 的高程为 38.128−1.562 = 36.566m,间视点 0+034.5 的高程为 38.128−1.94 = 36.188m。

由此可以推出各桩点的高程。纵断面水准测量记录表如表 6.7 所示。

表 6.7 纵断面水准测量记录表

测站	点号	后视读数(m)	间视读数(m)	前视读数(m)	视线高程(m)	测点高程(m)	备注
1	BM_1	2.258			37.823	35.565	
	0+000			1.800		36.023	
2	0+000	2.105			38.128		
	0+034.8		1.94			36.188	
	0+050			1.562		36.566	
3	0+050	2.106			38.672		
	0+072.8		1.68			36.992	
	0+085.7		1.54			37.132	
	0+100			2.146		36.526	

2. 线路纵断面图的绘制

纵断面图是表示线路中线方向地面高低起伏的图,不同的线路工程,其纵断面图的绘制内容有所不同,纵断面图通常绘制在毫米方格纸上,以线路的里程为横坐标、高程为纵坐标。为了表示出地面的高低起伏情况,高程比例尺一般为水平比例尺的 10 倍或 20 倍。表 6.8 为线路纵断面图的比例尺选择表。

表 6.8　　　　　　　　　　　线路纵断面图的比例尺

带状地形图	铁路		公路	
	水平	垂直	水平	垂直
1∶1000	1∶1000	1∶100		
1∶2000	1∶2000	1∶200	1∶2000	1∶200
1∶5000	1∶10000	1∶1000	1∶5000	1∶500

如图 6.11 所示，高程以 20m 为起点，在图的上部细线表示道路中线的实际地面线，是根据中桩高程绘制的；粗线是设计坡度线，是按设计要求绘制的。此外，还要注明水准点编号、位置及高程。具体绘制方法如下。

(1) 打制表格。按照选定的里程比例尺和高程比例尺在毫米方格纸上打制表格。

(2) 填写表格。根据纵断面测量成果填写里程桩号和地面高程，直线与曲线等相关说明。

(3) 绘地面线。首先选定起始高程，选择要恰当，使绘出的地面线位于图上适当位置。然后根据中桩里程和高程，在图上按比例尺依次定出中桩的地面高程，再用直线将相邻点连接起来，就得到地面线。

(4) 标注线路设计坡度线。根据设计要求。在坡度栏内注记坡度方向，用"/"、"\"、"-"分别表示上坡、下坡和平坡。坡度线之上注记坡度值，以百分率表示；坡度线之下注记该坡度段的水平距离。坡度设计时要考虑施工时土方量最小、填挖方量均衡。其计算公式为

$$i_{设} = \frac{H_{终设} - H_{始设}}{D_{终始}} \times 100\% \tag{6.4}$$

(5) 计算设计高程。当线路的纵坡确定后，即可根据设计坡度和两点间的水平距离，计算设计高程。

$$H_{设} = H_{始设} + i_{设} D_{始设} \tag{6.5}$$

式(6.4)、(6.5)中：$i_{设}$ 为设计坡度；$H_{终设}$ 为终点设计高程；$H_{始设}$ 为始点设计高程；$H_{设}$ 为设计点的高程；$D_{终始}$ 为始终点间的设计平距；$D_{始设}$ 为设计点至始点的平距；上坡时 i 为正，下坡时 i 为负。

(6) 绘制线路设计线。根据起点高程和设计坡度，在图上绘出线路设计线。

(7) 计算各桩的填挖深度。同一桩号的设计高程与地面高程之差，即为该中桩的填(负号)或挖土深度(正号)。通常在图上填写专栏并分栏注明填挖尺寸。

(8) 在图上注记有关资料。除上述内容外，还要在图上注记有关资料。如水准点、交叉处、桥涵、曲线等。

图 6.11 所示为一道路的断面图示例。

四、线路横断面测量

垂直于线路中线方向的断面称为横断面。

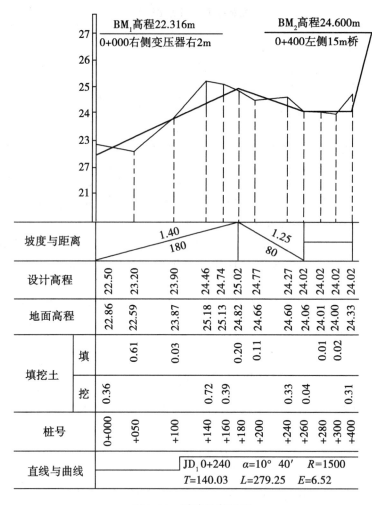

图 6.11 道路纵断面图

定测阶段的横断面测量,是要在每个中桩点测出垂直于中线的地面线、地物点至中桩的距离和高差,并绘制成横断面图。横断面图反映垂直于线路中线方向上的起伏情况,它是进行路基设计、土石方计算及施工中确定路基填挖边界的依据。

横断面施测的宽度,根据路基宽度及地形情况确定,一般为中线两侧 15~50m,地面点距离和高差精度为 0.1m。检测限差应符合表 6.9 的规定。

表 6.9 横断面检测限差 （单位：m）

路线	距离	高程
高速公路、一级公路	$\pm(L/100+0.1)$	$\pm(h/100+L/200+0.1)$
二级以下公路	$\pm(L/50+0.1)$	$\pm(h/50+L/100+0.1)$

注：L 为测点至中桩的水平距离,单位为 m；h 为测点至中桩的高差,单位为 m。

横断面测量应逐桩施测,其方向应与路线中线方向垂直,曲线段与测点的切线垂直。整个横断面测量分为测定横断面方向、施测横断面和绘制横断面图。

1. 测定横断面方向

(1)直线段横断面方向的测设。

在直线段上,横断面方向可利用经纬仪测设直角后得到,但通常在采用十字方向架来测定。如图 6.12 所示,将方向架置于所测断面的中桩上,用方向架的一个方向照准线路上的另一中桩,则方向架的另一方向即为所测横断面方向。

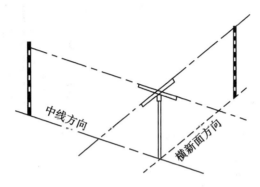

图 6.12 方向架确定横断面方向

(2)圆曲线横断面方向的测设。

在曲线段上,横断面的方向与该点处曲线的切线方向相垂直,标定的方法如下:如图 6.13 所示,将方向架置于 ZY 点,使照准杆 aa' 指向交点 JD,这时照准杆方向指向圆心。旋松定向杆 cc',使其照准圆曲线上的第一个细部点 P_i,旋紧定向杆 cc' 的制动钮。将方向架置于 P_i 点,使照准杆 bb' 指向 ZY 点,这时定向杆 cc' 所指的方向就是圆心方向。

2. 横断面测量

横断面测量通常可以采用标杆皮尺法、水准仪法、经纬仪视距法来测定。

(1)标杆皮尺法。

花杆置平法是用花杆配合皮尺测量,皮尺水平后目估读出皮尺在花杆上的读数,一般用于精度要求不高的大量观测。如图 6.14 所示,A、B、C、D 为在横断面方向上选定的坡度变化点,先在离中桩较近的 A 点竖立标杆,将皮尺靠中桩的地面拉平,量出中桩至 A 点的距离,此时皮尺在标杆上截取的红白格数(每格 0.2m)即为两点间的高差。同法测出 A 至 B,B 至 C……各段的距离和高差,直至需要的宽度为止。

(2)水准仪皮尺法。

此法适用于施测横断面较宽的平坦地区。如图 6.15 所示,安置水准仪后,以中线桩地面高程点为后视,以中线桩两侧横断面方向的地形特征点为前视,标尺读数读至厘米。用皮尺分别量出各特征点到中线桩的水平距离,量至分米。

(3)经纬仪视距法。

经纬仪视距法测量横断面不受地形条件限制,适用性较强。经纬仪视距法是将经纬仪安置在里程桩上,量取仪器高,后视另一里程桩,将水平度盘旋转 90°,固定照准部,得到横断面方向，经纬仪按视距法读数，计算水平距离和高差。

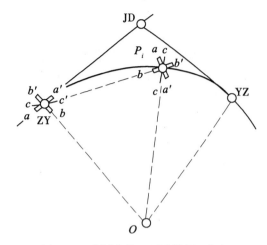

图6.13 在圆曲线上测设横断面方向

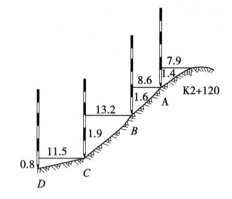

图6.14 标杆皮尺法测横断面

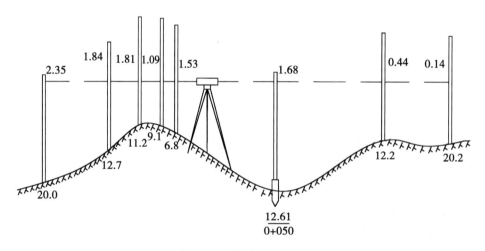

图6.15 纵断面水准测量

若使用全站仪进行横断面测量，可直接得到水平距离和高差，测量工作更为简单。

表6.10为横断面测量记录表，表中按路线前进方向分左、右侧，以分数形式记录各测段两点间的高差和距离，分子表示高差，分母表示距离，正号表示升高，负号表示降低，自中桩由近及远逐段记录。

表6.10　　　　　　　　　　　　横断面测量记录表

左 侧				中心桩	右 侧			
$\dfrac{0.8}{11.5}$	$\dfrac{-1.9}{13.2}$	$\dfrac{-1.6}{8.6}$	$\dfrac{-1.4}{7.9}$	K2+120 55.350	$\dfrac{-1.1}{4.8}$	$\dfrac{-0.9}{6.3}$	$\dfrac{-1.2}{12.7}$	$\dfrac{0.4}{4.4}$

3. 横断面图的绘制及路基设计

(1)横断面图绘制。

横断面图是根据横断面测量成果绘制而成，绘图时，以中线地面高程为准，以水平距离为横坐标，以高程为纵坐标，将地面坡度变化点绘在毫米方格纸上，依次连接各点即成横断面的地面线，如图6.16所示。

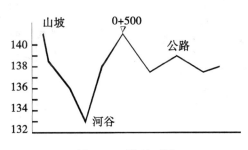

图6.16　横断面图

(2)设计路基。

在横断面图上，按纵断面图上的中桩设计高程以及道路设计路基宽、边沟尺寸、边坡坡度等数据，在横断面上绘制路基设计断面图。具体做法一般是先将设计的道路横断面按相同的比例尺做成模片(透明胶片)，然后将其覆盖在对应的横断面图上，按模片绘制成路基断面线，这项工作俗称"戴帽子"。路基断面的形式主要有全填式、全挖式、半填半挖式三种类型，如图6.16所示。

路堤边坡：土质的一般采用1:1.5，填石的边坡则可放陡，如1:0.5、1:0.75等。挖方边坡：一般采用1:0.5、1:0.75、1:1等。边沟一般采用梯形断面，内侧边坡一般采用：1:1~1:1.5，外侧边坡与路堑边坡相同，边沟的深度与底宽一般不应小于0.4m，一级公路边沟断面应大一些，其深度与底宽可采用0.8~1.0m。

为了行车安全，曲线段外侧要高于内侧，称为超高。此外，汽车行驶在曲线段所占的宽度要比直线段大一些，因此曲线段不仅要超高，而且要加宽。如图6.17中YZK3+938.5中桩处路基宽度加宽，并且左侧超高。

4. 土方量计算

为了编制道路工程的预算经费、合理安排劳动力、有效组织工程实施，必须对道路工程的土石方进行计算。

(1)横断面面积的计算。

路基填方、挖方的横断面面积是指路基横断面图中原地面线与路基设计线所包围的面积，高原地面线部分的面积为填方面积，低于原地面线部分的面积为挖方面积。一般填方、挖方面积分别计算，如图6.16所示。图中中桩K3+780处：$T2.35$，$A_T20.8$，分别表示填高2.35m，该填方断面积为20.8m²，中桩K4+120处：$W2.84$，$A_w20.0$，分别表示挖深2.84m，该挖方断面积为20.0m²。

(2)土石方数量的计算。

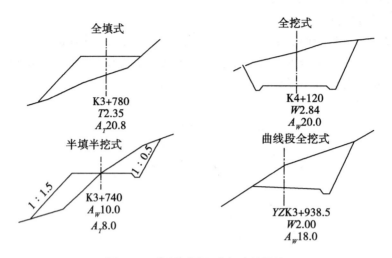

图 6.17　横断面图上进行路基设计

土石方数量的计算一般采用"平均断面法",即以相邻两断面面积的平均值乘以两桩号之差计算出体积,然后累加相邻断面间的体积,得出总的土石方量。设相邻的两断面面积分别为 A_1 和 A_2,相邻两断面的间距(桩号差)为 D,则填方或挖方的体积 V 为:

$$V=\frac{A_1+A_2}{2}D \quad (6.6)$$

表 6.11 为某一道路桩号 K5+000~K5+100 的土石方量计算成果。

表 6.11　　　　　　　　　　土石方数量计算表

桩号	断面面积(m²)		断面面积(m²)		间距(m)	土石方量(m²)		备注
	填方	挖方	填方	挖方		填方	挖方	
K5+000	41.36	—	31.17	—	20.0	623.40	—	
K5+020	20.98	—	16.17	4.30	20.0	323.40	86.00	
K5+040	11.36	8.60	7.98	22.74	15.0	119.70	341.10	
K5+055	4.60	36.88	2.30	42.70	5.0	11.50	213.50	
K5+060	—	48.53	—	42.94	20.0	—	858.80	
K5+080	—	37.36	2.80	33.56	20.0	56.00	671.20	
K5+100	5.60	29.75						
Σ						1134.00	2170.60	

工作任务3 圆曲线的测设

铁路和公路线路由于受地形、地质或其他原因的影响,经常要改变方向。为了使车辆平稳、安全地运行,满足行车的要求,必须用曲线连接。这种在平面内连接不同线路方向的曲线,称为平面曲线。线路上采用的平面曲线按连接形式不同可分为单圆曲线、综合曲线、复曲线、反向曲线、回头曲线和螺旋线。

单圆曲线——具有单一半径的曲线(图6.18(a));

综合曲线——由缓和曲线和圆曲线组成的平面曲线称为综合曲线。(图6.18(b));

复曲线——由两个或两个以上同向的单曲线连接而成的曲线(图6.18(c));

反向曲线——由两个方向不同的曲线连接而成的曲线(图6.18(d));

回头曲线——由于山区线路工程展线的需要,其转向角接近或超过180°的曲线(图6.18(e));

螺旋线——线路转向角达360°的曲线(见图6.18(f))。

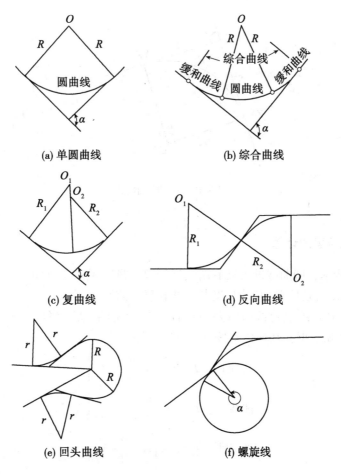

图6.18

由图中可见，不论是哪一种曲线，都是由圆曲线和缓和曲线构成的。因此，平面曲线按其性质可分为两类，即圆曲线和缓和曲线。圆曲线上任意一点的曲率半径处处相等；缓和曲线上任意一点的曲率半径处处在变化。当缓和曲线作为直线与圆曲线之间的介曲线时，其半径变化范围自无穷大至圆曲线半径；若用以连接半径为 R_1 与 R_2 的圆曲线时，缓和曲线的半径自 R_1 向 R_2 过渡。在线路上选用的连接曲线的种类应取决于线路的等级、曲线半径及地形因素等。一般的地方支线及厂、矿专用线可只用圆曲线连接；铁路干线上的圆曲线两端都要用缓和曲线与直线相连。

当线路由一个方向转到另一个方向时，必须用曲线来连接。曲线的形式较多，其中，圆曲线（即单曲线）是最常用的形式。圆曲线的测设步骤是：先测设圆曲线上起控制作用的点，称为圆曲线的主点，然后根据主点加密曲线其他点（细部点），称为圆曲线的详细测设。

如图 6.19 所示。ZY 点为圆曲线的起点，称为直圆点。QZ 为圆曲线的中点，称为曲中点。YZ 点为圆曲线的终点，称为圆直点。ZY、QZ 和 YZ 三点称为圆曲线的主点。

在实地测设之前，必须进行曲线要素及里程的计算。

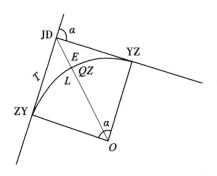

图 6.19　圆曲线示意图

一、圆曲线要素的计算

如图 6.19 所示，圆曲线的要素有曲线半径 R，偏角（路线转向角）α，切线长 T，曲线长 L，外矢距 E 以及切曲差（切线长度与曲线长度之差）q。

圆曲线半径 R 是纸上定线时由路线设计人员确定的。转向角 α 是定测时观测所得。因此 R 和 α 为已知数据，其他要素按下式计算，即

$$\left.\begin{aligned}
\text{切线长：} & T = R \cdot \tan\frac{\alpha}{2} \\
\text{曲线长：} & L = R\alpha\frac{\pi}{180°} \\
\text{外矢距：} & E = R \cdot \left(\sec\frac{\alpha}{2} - 1\right) \\
\text{切曲差：} & q = 2T - L
\end{aligned}\right\} \tag{6.7}$$

二、圆曲线主点里程的计算

曲线上各点的里程都是从一已知里程的点开始沿曲线主点推算的。一般已知交点 JD 的里程，它是从前一直线段推算而得，然后在由交点的里程推算其他各主点的里程。由于路线中线不经过交点，所以圆曲线的中点、终点的里程必须从圆曲线起点的里程沿着曲线长度推算。根据交点的里程和曲线测设元素，就能够计算出各主点的里程，如图 6.19 所示圆曲线主点的里程计算如下。

$$\left. \begin{array}{l} \text{起点 ZY 的里程} = \text{交点 JD 的里程} - T \\ \text{中点 QZ 的里程} = \text{起点 ZY 的里程} + \dfrac{L}{2} \\ \text{终点 YZ 的里程} = \text{起点 ZY 的里程} + L \end{array} \right\} \quad (6.8)$$

为了避免计算错误，用下式进行检核

$$\text{YZ 的里程} = \text{JD 的里程} + T - q \quad (6.9)$$

【案例 3】 某交点处转角为 $30°25'30''$，圆曲线设计半径 $R = 300\text{m}$，交点 JD 的里程为 K4+245.36，计算圆曲线主点测设数据及主点里程。

解 （1）主点测设数据的计算

$$\left. \begin{array}{l} \text{切线长：} T = R \cdot \tan\dfrac{\alpha}{2} = 300 \times \tan\dfrac{30°25'30''}{2} = 81.58(\text{m}) \\ \text{曲线长：} L = R\alpha\dfrac{\pi}{180°} = 300 \times \dfrac{\pi \times 30°25'30''}{180°} = 159.30(\text{m}) \\ \text{外矢距：} E = R \cdot \left(\sec\dfrac{\alpha}{2} - 1\right) = 300 \times \left(\sec\dfrac{30°25'30''}{2} - 1\right) = 10.89(\text{m}) \\ \text{切曲差：} q = 2T - L = 2 \times 81.58 - 159.30 = 3.86(\text{m}) \end{array} \right.$$

（2）主点里程的计算

交点 JD 的里程	K4+245.36
$-T$	81.58
起点 ZY 的里程	K4+163.78
$+L/2$	79.65
中点 QZ 的里程	K4+243.43
$+L/2$	79.65
终点 YZ 的里程	K4+323.08

按式（6.3）检验

交点 JD 的里程	K4+245.36
$+T$	81.58
$-q$	3.86
终点 YZ 的里程	K4+323.08

检验说明主点里程计算无误。

三、曲线主点的测设

圆曲线的主点测设要素计算出来后，就可以进行圆曲线主点的测设。如图 6.19 所示，测设方法如下：

（1）测设圆曲线的起点 ZY 点。在 JD 点安置经纬仪，照准后视相邻交点方向，沿此方向测设切线长 T，在实地标定出 ZY 点。

（2）测设圆曲线终点 YZ 点。在 JD 点安置经纬仪，照准前视相邻交点方向，沿此方向测设切线长 T，在实地标定出 YZ 点。

（3）测设圆曲线中点 QZ 点。在 JD 点用经纬仪后视 ZY 点方向（或前视 YZ 点方向），测设水平角 $\left(\dfrac{180°-\alpha}{2}\right)$，定出路线转折角的角分线方向，即曲线中点方向，沿此方向量取外矢距 E，在实地标定出 QZ 点。

四、圆曲线细部点的测设

当地形变化较小，而且圆曲线的长度小于 40m 时，测设圆曲线的三个主点就能够满足设计与施工的需要。如果圆曲线较长，或地形变化较大时，则在完成测定三个圆曲线的主点以后，还需要按照表 6.12 中所列的桩距 l，在曲线上测设整桩与加桩。这就是圆曲线的详细测设。

表 6.12　　　　　　　　　　　　　中桩间距

直线		曲线			
平原微丘区	山林重丘区	不设超高的曲线	$R>60$	$30<R<60$	$R<30$
≤50	≤25	25	20	10	5

注：表中 R 为圆曲线的半径。

圆曲线细部点测设方法很多，本节主要介绍线路勘测中常用的有偏角法和切线支距法。

1. 偏角法

所谓偏角法，就是根据计算出的测站点到圆曲线上的细部点 P_i 的弦长 l_i 与切线 T 的偏角（弦切角 δ_i）确定 P_i 点的位置。这种方法测设的数据是偏角值和弦长，所以偏角法的实质是极坐标法。

用偏角法测设圆曲线上的细部点，因测设距离的方法不同，分为短弦偏角法和长弦偏角法两种。

（1）短弦偏角法。

短弦偏角法是在 ZY 点设站，逐点进行测设，适合于用经纬仪加钢尺。

测设数据的计算：如图 6.20 所示，圆曲线上弦与切线的夹角叫弦切角，也称偏角，偏角等于该弦所对的圆心角的一半，用 δ 表示。l 为弧长，c 为弦长，φ 为圆心角，根据几何关系有：

$$\left.\begin{array}{l}\varphi = \dfrac{l}{R} \times \dfrac{180°}{\pi} \\ \delta = \dfrac{1}{2}\varphi = \dfrac{l}{2R}\dfrac{180°}{\pi} \\ c = 2R\sin\delta \end{array}\right\} \tag{6.10}$$

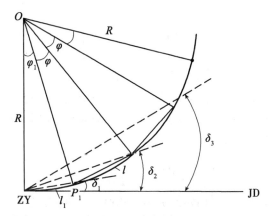

图 6.20　偏角法放样

若把曲线分成 n 等分，并用 l 表示每整段弧的弧长，φ 表示整弧长所对的圆心角。则曲线上第 1 个细部点的偏角为

$$\delta_1 = \dfrac{\varphi}{2} = \dfrac{l}{2R} \cdot \dfrac{180°}{\pi} \tag{6.11}$$

其他细部点的偏角值为

$$\left.\begin{array}{l}\delta_2 = 2 \cdot \dfrac{\varphi}{2} = 2\delta_1 \\ \delta_3 = 3 \cdot \dfrac{\varphi}{2} = 3\delta_1 \\ \cdots\cdots \\ \delta_n = n \cdot \dfrac{\varphi}{2} = n\delta_1 \end{array}\right\} \tag{6.12}$$

式(6.12)是把曲线分成 n 等分按照整桩距进行计算的。

在施工中，为了便于观测和计算土石方量，一般要求细部点间的弧长取 5m、10m 或 20m 的整数倍。但曲线的起点和终点的里程往往不是细部点弧长的整数倍。因此在曲线两端就出现了不足细部点弧长所对应的弦，这样的弦习惯上叫分弦（或破链）。

测设时，即从 ZY 点出发，将曲线上靠近起点 ZY 的第一个桩号凑整成大于 ZY 桩号且桩距 l 为的最小倍数的整桩号，然后按照桩距 l 连续向圆曲线的终点 YZ 测设桩位，这样设置桩的桩号均为整数，称为整桩号法。按照整桩号法测设细部点时，该细部点就是圆曲线上的里程桩。可以根据曲线的半径 R 按照表 6.12 来选择桩距（弧长）为 l 的整桩。R 越小,则 l 越小。

由于分弦存在,测设偏角值为:

$$\left.\begin{array}{l}\delta_1=\dfrac{1}{2}\varphi_1=\dfrac{l_1}{2R}\times\dfrac{180°}{\pi}\\ \delta=\dfrac{\varphi}{2}=\dfrac{l}{2R}\times\dfrac{180°}{\pi}\\ \delta_2=\delta_1+\delta\\ \delta_3=\delta_1+2\delta\\ \cdots\cdots\\ \delta_n=\delta_1+(n-1)\delta\end{array}\right\} \quad (6.13)$$

由于圆曲线半径一般较大,细部上等分的弧长较短,用弦长代替弧长的误差很小,一般可以忽略不计,故放样时用弦长代替弧长。如果圆曲线半径较短,细部点间等分的弧较长,则应考虑弧与弦长之差,即

$$\Delta l = l - c \approx \dfrac{l^3}{24R^2} \quad (6.14)$$

【案例4】仍按案例3某交点处转角为30°25′30″,圆曲线设计半径 $R=300\text{m}$,交点 JD 的里程为 K4+245.36,桩距 $l_0=20\text{m}$。求用偏角法测设该圆曲线的测设元素。

解 (1)采用短弦偏角法计算。

根据(6.13)式计算数据见表6.13。

$$\delta_1 = \dfrac{\varphi_1}{2} = \dfrac{l_1}{2R} \cdot \dfrac{180°}{\pi} = \dfrac{16.22}{2\times 300} \times \dfrac{180°}{\pi} = 1°32′56″$$

$$\delta = \dfrac{\varphi}{2} = \dfrac{l}{2R} \cdot \dfrac{180°}{\pi} = \dfrac{20}{2\times 300} \times \dfrac{180°}{\pi} = 1°54′35″$$

表6.13　　　　　　　　**短弦偏角法细部点测设数据计算表($R=300\text{m}$)**

曲线桩号	相邻桩点间弧长(m)	偏角值 (° ′ ″)	相邻桩点间弦长(m)
ZY K4+163.78		0　00　00	
	16.22		16.22
P_1 K4+180.00		1　32　56	
	20		20.00
P_2 K4+200.00		3　27　31	
	20		20.00
P_3 K4+220.00		5　22　06	
	20		20.00
P_4 K4+240.00		17　16　41	
	3.43		3.43
QZ K4+243.43		7　36　20	

（2）测设方法。案例4具体测设步骤如下：

①安置经纬仪（全站仪）于曲线起点（ZY）上，瞄准交点（JD），使水平度盘设置 $0°00'00''$。

②右转照准部，测设偏角 δ_1，即使度盘读数为 $1°32'56''$，得第一点所在的方向线，沿此方向测设弦长 $C_1 = 16.22m$，定出 P_1。

③继续转动照准部，测设偏角 δ_2，即使度盘读数为 $3°27'31''$，得第二点所在的方向线，以 P_1 点为圆心，以 20.00m 为半径画弧，与第二点所在的方向线的交点即为 P_2 点的位置。

④同法继续测设，直至测设出 YZ 点，并与测设主点所得到的 YZ 点位检核，如不重合，应在允许偏差之内。

短弦偏角法测设圆曲线简易可行，但此法是逐点测设，误差积累。因此，测设中应细心配置角度，精确测设距离。

用偏角法测设圆曲线时，如果曲线较长，为了缩短视线长度，提高测设精度，可从 ZY 点和 YZ 点分别向 QZ 点测设，在 QZ 点处 QZ_1 点与主点测设出的 QZ 点不重合，如图 6.21 所示。QZ_1 至 QZ 的距离称为曲线闭合差。该误差在曲线切线上的投影长度，称为纵向闭合差 f_x；在曲线半径方向的投影长度称为横向闭合差 f_y。铁路、公路在平原和山地的纵向容许闭合差分别为 $1/2000 \sim 1/1000$、$1/1000 \sim 1/500$。横向容许闭合差均不得大于 $\pm 10cm$。当闭合差在容许范围之内时，可按曲线上各点至曲线的 ZY（或 YZ）点之距离比例分配闭合差。

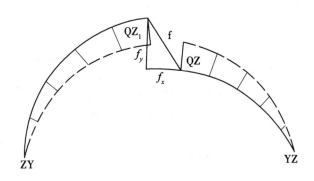

图 6.21 曲线闭合差分配

（2）长弦偏角法。

1）测设数据的计算：长弦偏角法是通过测设 ZY 点或 YZ 点至细部点的距离（长弦）来测设出细部点，适合与用经纬仪加测距仪（或用全站仪）。测设数据计算公式如下：

$$\left.\begin{array}{l}\delta_1 = \dfrac{\varphi_1}{2} = \dfrac{l_1}{2R} \times \dfrac{180°}{\pi} \\ \delta = \dfrac{\varphi}{2} = \dfrac{l}{2R} \times \dfrac{180°}{\pi} \\ \delta_2 = \delta_1 + \delta \\ \delta_3 = \delta_1 + 2\delta \\ \cdots\cdots \\ \delta_n = \delta_1 + (n-1)\delta \\ c_i = 2R\sin\delta_i \end{array}\right\} \quad (6.15)$$

根据(6.15)式计算【案例4】的数据见表6.14。

表6.14　　　　　长弦偏角法细部点测设数据计算表（$R=300m$）

曲线桩号	相邻桩点间弧长 l_i (m)	偏角值 δ_i (° ′ ″)	弦长 c_i(m)
ZY K4+163.78		0　00　00	
	16.22		16.22
P_1 K4+180.00		1　32　56	
	20		36.20
P_2 K4+200.00		3　27　31	
	20		56.13
P_3 K4+220.00		5　22　06	
	20		76.01
P_4 K4+240.00		7　16　41	
	3.43		79.41
QZ K4+243.43		7　36　20	

2）测设方法。具体测设步骤如下（以【案例4】为例）：

①安置经纬仪（或全站仪）于曲线起点（ZY）上，瞄准交点（JD），使水平度盘设置 0°00′00″。

②水平转动照准部，使度盘读数为1°32′56″，沿此方向测设弦长 $C_1 = 16.22$m，定出 P_1。

③再转动照准部，使度盘读数为3°27′31″，沿此方向测设弦长 $C_2 = 36.20$m，定出 P_2 点；以此类推，测设 P_3，P_4。

④测设至曲线中点（QZ）作为检核：水平转动照准部，使度盘读数为7°36′20″。在方向上测设弦长 $C_{QZ} = 79.41$m，定出 QZ_1 点。此点如果与QZ点不重合，其闭合差应符合要求。

2. 切线支距法

切线支距法的实质是直角坐标法。它是以直圆点ZY或圆直点YZ为原点，以切线方

向为 x 轴,以通过原点的曲线半径为 y 轴,建立独立坐标系。利用曲线上各细部点的直角坐标值(x_i,y_i)测设曲线。如图 6.22 所示。

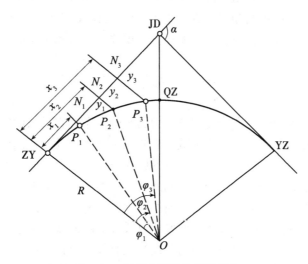

图 6.22 切线支距法放样细部点

(1)测设数据的计算。

如图 6.22 所示,细部点的点位仍采用整桩号法。则该点坐标可以按下式计算:

$$\left.\begin{aligned}\varphi_1 &= \frac{l_1}{R} \times \frac{180°}{\pi} \\ \varphi &= \frac{l}{R} \times \frac{180°}{\pi} \\ \varphi_i &= \varphi_1 + (i-1)\varphi \\ x_i &= R\sin\varphi_i \\ y_i &= R(1-\cos\varphi_i)\end{aligned}\right\} \quad (6.16)$$

(2)测设方法:

①如图 6.22 所示,安置仪器在 ZY 点,自 ZY 点起沿切线方向(x 轴正方向)依次水平丈量 P_i 点的横坐标 x_i,得到在 x 坐标轴上的垂足 N_i。

②在各个垂足点上用经纬仪标定出与切线垂直的方向,然后在该垂直方向上依次量取对应的纵坐标 y_i,就可以确定对应的细部点 P_i。

③在该曲线段的放样完成后,应量取各个相邻桩点之间的距离,并与计算出的弦长 C 进行比较,如果两者之间的差异在允许的范围之内,则曲线测设合格,在各点打上木桩。如果超出限差,应及时找出原因并加以改正。

④同样方法可以进行 YZ 点到 QZ 点之间曲线段细部点的测设工作,完成后也应该进行校核。

切线支距法适用于平坦开阔地区,各个测点之间的误差不易累积,但是对通视要求较高,在量距范围内应没有障碍物,如果地面起伏比较大,或各个主点之间的距离过长,会对测距带来较大的影响。若选用全站仪或测距仪进行量距则不受影响。

上述两种方法中,偏角法具有严密的检核,测设精度较高,测设数据简单、灵活,是最主要的常规方法,但短弦偏角测设过程中误差积累。切线支距法的优点是测设的各中桩点独立,误差不累积,可用简单的量距工具作业,测设速度较快。若用目估确定直线方向,测设误差较大。实际工作中,采用哪种方法视仪器设备和现场的情况而定。

工作任务4 综合曲线的测设

车辆在曲线路段行驶时,由于受到离心力的影响,车辆容易向曲线的外侧倾倒,直接影响车辆的安全行驶以及舒适性。为了减小离心力突变对行驶车辆的作用,在曲线段路面的外侧必须有一定的超高,即把圆曲线部分的路面修建成向内侧倾斜的单向坡。车辆在曲线上行驶,各个车轮的行驶轨迹半径是不同的,后轮内侧车轮的轨迹半径最小,前轮外侧车轮的轨迹半径最大,鉴于上述原因要求曲线段内侧要有一定量的加宽。以适应后轮内侧车轮的轨迹的要求。因此,曲线段的路面要比直线段的路面宽,这个宽度叫做圆曲线的加宽。一般在曲线内侧设加宽,它的大小与曲线半径有关,半径越小加宽值越大。

在直线与圆曲线连接处以及两个半径不同的圆曲线之间不能突然超高和加宽,这样就需要在直线段与圆曲线之间、两个半径不同的圆曲线之间插入一条起过渡作用的曲线,这样的曲线称为缓和曲线(或称为介曲线)。因此,缓和曲线是在直线段与圆曲线、圆曲线与圆曲线之间设置的曲率半径连续渐变的曲线。由缓和曲线和圆曲线组成的平面曲线称为综合曲线。

我国现行的《公路工程技术标准》(JTGB01—2014)规定:缓和曲线采用回旋线,这种曲线的特点是从直线段连接处起,缓和曲线上任一点的曲率半径 R' 与该点至曲线起点的曲线长度成反比,即

$$R' = \frac{c}{l_i} \tag{6.17}$$

或
$$c = R' \cdot l_i$$

式中,c 为常数,称缓和曲线变化率;l_i 为 i 点至缓和曲线起点的曲线长度。

在与圆曲线连接处,l_i 等于缓和曲线全长 l_0,该点的缓和曲线半径 R' 等于圆曲线半径 R,则

$$c = R l_0$$

c 一经确定,缓和曲线的形状也就确定。c 越小,半径变化越快,c 越大,半径变化越慢,曲线与就越平顺。当 c 为定值时,缓和曲线长度视所连接的圆曲线半径而定。

一、缓和曲线点的直角坐标

如图6.23所示,直线与缓和曲线的连接点(ZH)称为直缓点,即综合曲线的起点。缓和曲线与圆曲线连接点(HY)称缓圆点。建立以 ZH 点为原点、切线方向为 x 轴、过 ZH 点垂直于切线方向为 y 轴的直角坐标系。

缓和曲线上的各点的直角坐标为:

$$\left.\begin{array}{l}x_i = l_i - \dfrac{l_i^5}{40R^2 l_0^2} = l_i - \dfrac{l_i^5}{40c^2} \\ y_i = \dfrac{l_i^3}{6Rl_0} = \dfrac{l_i^3}{6c}\end{array}\right\} \quad (6.18)$$

缓和曲线终点 HY 点的坐标为（取 $l_i = l_0$，并顾及 $c = Rl_0$）：

$$\left.\begin{array}{l}x_0 = l_0 - \dfrac{l_0^3}{40R^2} \\ y_0 = \dfrac{l_0^2}{6c}\end{array}\right\} \quad (6.19)$$

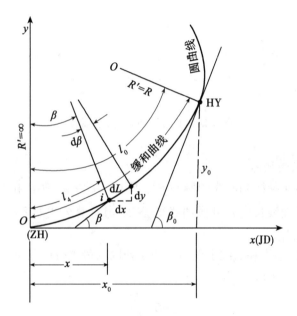

图 6.23　缓和曲线点的直角坐标

二、有缓和曲线的圆曲线要素计算

综合曲线的基本线型是在圆曲线与直线之间加入缓和曲线，成为具有缓和曲线的圆曲线，如图 6.24 所示，在直线和圆曲线之间设置缓和曲线，必须向内移动原来的圆曲线，才能使缓和曲线与直线连接。内移圆曲线有两种方法：一是保持圆曲线半径不变，移动圆心；二是圆心不动，缩短半径。在公路测设中，一般采用第一种方法。

图中虚线部分为一转角 α、半径为 R 的圆曲线 AB，今欲在两侧插入长度为 l_0 的缓和曲线。圆曲线的半径不变而将圆心从 O_1 移至 O_2 点，圆心内移量为 P，P 称为曲线内移量。移动后的曲线离切线的距离亦为 P，曲线起点沿切线向外侧移动了 m，称为切线增长值。将移动后圆曲线的一部分取消，并用弧长为 l_0 的缓和曲线代替，故缓和曲线大约有一半在原圆曲线范围内，另一半在原直线范围内，缓和曲线的倾角 β_0 即为弧长为 l_0 的缓和曲线所对的圆心角,称为缓和曲线角(缓和曲线起点切线与终点切线的交角)。

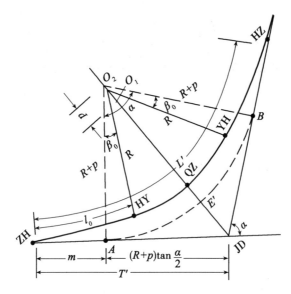

图 6.24 具有缓和曲线的圆曲线

1. 缓和曲线常数的计算

缓和曲线的常数包括缓和曲线的倾角 β_0、圆曲线的内移值 P 和切线增长值 m,根据设计部门确定的缓和曲线长度 l_0 和圆曲线半径 R,其计算公式如下:

(1)缓和曲线角 β_0。

如图 6.23 所示,在缓和曲线上任意一点 i 处取一段微分弧长 dl,它所对应的圆心角为 $d\beta$,根据弧长与半径的关系得

$$d\beta = \frac{dl}{R'}$$

将(6.11)式代入上式后得

$$d\beta = \frac{l}{c} \cdot dl$$

对上式求定积分得 i 点处的切线偏角为 $\beta = \frac{l^2}{2c}$

因 $$c = Rl_0$$

故 $$\beta = \frac{l^2}{2Rl_0} \cdot \frac{180°}{\pi}$$

当 $l = l_0$ 时,可得

$$\beta_0 = \frac{l_0}{2R} \cdot \frac{180°}{\pi} \quad (6.20)$$

(2)切线增长值 m。

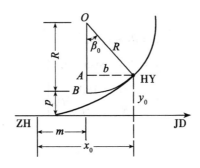

图 6.25 曲线移动量和切线增长值

如图 6.25 所示，$m = x_0 - b = x_0 - R\sin\beta_0$

因 $$x_0 = l_0 - \frac{l_0^3}{40R^2}, \quad \beta_0 = \frac{l_0}{2R}$$

故 $$m = l_0 - \frac{l_0^3}{40R^2} - R\sin\left(\frac{l_0}{2R}\right)$$

用级数展开 $\sin\left(\dfrac{l_0}{2R}\right)$ 并略去高次项得

$$m = \frac{l_0}{2} - \frac{l_0^3}{240R^2} \tag{6.21}$$

(3) 曲线内移量 P。

从图 6.25 中可知，$p = R\cos\beta_0 + y_0 - R = R(\cos\beta_0 - 1) + y_0$

因 $y_0 = \dfrac{l_0^2}{6R}$，用级数展开 $\cos\beta_0$ 并略去高次项，整理后得

$$p = \frac{l_0^2}{24R} \tag{6.22}$$

2. 有缓和曲线的圆曲线要素计算

在计算出缓和曲线的倾角 β_0、圆曲线的移动量 P 和切线增长值 m 后，就可计算具有缓和曲线的圆曲线要素：

$$\left.\begin{aligned}
\text{切线长 } T' &= (R+p)\tan\frac{\alpha}{2} + m \\
\text{曲线长 } L' &= R(\alpha - 2\beta_0) \cdot \frac{\pi}{180°} + 2l_0 \\
\text{外矢距 } E' &= (R+p)\sec\frac{\alpha}{2} - R \\
\text{切曲差 } q' &= 2T' - L'
\end{aligned}\right\} \tag{6.23}$$

三、综合曲线上圆曲线细部点的直角坐标

在计算出缓和曲线常数之后，从图 6.26 可以看出，圆曲线部分点细部点的直角坐标

计算公式为

$$\left.\begin{array}{l} x_i = R\sin\alpha_i + m \\ y_i = R(1-\cos\alpha_i) + p \\ \alpha_i = \dfrac{l_i - l_0}{R} \cdot \dfrac{180°}{\pi} + \beta_0 \end{array}\right\} \quad (6.24)$$

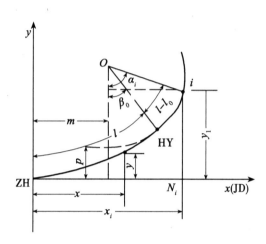

图 6.26 圆曲线部分细部点的坐标

式中，β_0、P、m 为缓和曲线常数；l 为圆曲线上细部点至直缓点的曲线长度；l_0 为缓和曲线全长；R 为圆曲线半径；α_i 为第 i 个细部点的倾角。

四、曲线主点里程的计算和主点的测设

1. 曲线主点里程的计算

综合曲线的主点有 5 个：

(1) 直线与缓和曲线的连接点(ZH)，称为直缓点；
(2) 缓和曲线与圆曲线的连接点(HY)，称缓圆点；
(3) 曲线的中点(QZ)，称为曲中点；
(4) 圆曲线与缓和曲线的连接点(YH)；称圆缓点；
(5) 缓和曲线与直线的连接点(HZ)称缓直点。

曲线上各点的里程从一已知里程的点开始沿曲线逐点推算。一般已知 JD 的里程，它是从前一直线段推算而得，然后再从 JD 的里程推算各主点的里程。

$ZH = JD - T'$ （直缓点里程等于交点里程减去切线长度）

$HY = ZH + l_0$ （缓圆点里程等于直缓点里程加上缓和曲线长度）

$QZ = ZH + \dfrac{L'}{2}$ （曲中点里程等于直缓点里程加上曲线长之半）

YH = HY + L　（圆缓点里程等于缓圆点里程加上圆曲线长度）

HZ = ZH + L'　（缓直点里程等于直缓点里程加上曲线全长）

计算检核条件为：HZ = JD + T' - q（缓直点里程等于交点里程加上切线长度再减去切曲差）

2. 曲线主点的测设

(1) ZH、QZ、HZ 点的测设。

ZH、QZ、HZ 点可采用圆曲线主点的测设方法。经纬仪安置在交点（JD），瞄准第一条直线上的某已知点（D_1），经纬仪水平度盘置零。由 JD 出发沿视线方向丈量 T'，定出 ZH 点。经纬仪向曲线内转动 $\frac{\alpha}{2}$，得到分角线方向，在该方向上沿视线方向从 JD 出发丈量 E'，定出 QZ 点。继续转动 $\frac{\alpha}{2}$，在该线上丈量 T'，定出 HZ 点。如果第二条直线已经确定，则该点就应位于该直线上。

(2) HY、YH 点的测设。

ZH 和 HZ 点测设后，分别以 ZH 和 HZ 点为原点建立直角坐标系，利用式（6.19）计算出 HY、YH 点的坐标，采用切线支距确定出 HY、YH 点的位置。在 ZH、HZ 点确定后，可以采用切线支距法进行放样。如以 ZH ~ JD 为切线，ZH 为切点建立坐标系，按计算的直角坐标放样出 HY 点，同样可以测设出 YH 点的具体位置。

在以上主点确定后，应及时复核距离，然后分别设立对应的里程桩。

【案例 5】 某综合曲线，已知 JD = K3+457.68，$\alpha_{右}$ = 32°40′，R = 400m，缓和曲线长 l_0 = 70m。求缓和曲线各常数、曲线主点里程桩桩号。

解　(1) 计算缓和曲线常数：

缓和曲线角 $\beta_0 = \frac{l_0}{2R} \cdot \frac{180°}{\pi} = \frac{70}{2 \times 400} \times \frac{180°}{\pi} = 5°00'48''$

曲线内移量 $p = \frac{l_0^2}{24R} = \frac{70^2}{24 \times 400} = 0.51 (\text{m})$

切线增长值 $m = \frac{l_0}{2} - \frac{l_0^3}{240R^2} = \frac{70}{2} - \frac{70^3}{240 \times 400^2} = 34.99 (\text{m})$

(2) 计算圆曲线要素：

切线长 $T' = (R+p)\tan\frac{\alpha}{2} + m = (400+0.51)\tan\frac{32°40'}{2} + 34.99 = 152.36 (\text{m})$

曲线长 $L' = R(\alpha - 2\beta_0) \cdot \frac{\pi}{180°} + 2l_0 = 400(32°40' - 2 \times 5°00'48'') \times \frac{\pi}{180°} + 2 \times 70 = 298.06 (\text{m})$

外矢距 $E' = (R+p)\sec\frac{\alpha}{2} - R = (400+0.51)\sec\frac{32°40'}{2} - 400 = 17.35 (\text{m})$

切曲差 $q' = 2T' - L' = 2 \times 152.36 - 298.06 = 6.66 (\text{m})$

(3)计算曲线主点里程桩桩号：

	JD	DK3+457.68
	$-T'$	152.36
	ZH	DK3+305.32
	$+l_0$	70
	YH	DK3+375.32
	$+\dfrac{L'}{2}-l_0$	79.03
	QZ	DK3+454.35
	$+\dfrac{L'}{2}-l_0$	79.03
	YH	DK3+533.38
	$+l_0$	70
	HZ	DK3+603.38
校核	ZH	DK3+305.32
	$+2T'$	304.72
		DK3+610.04
	$-q'$	6.66
	HZ	DK3+603.38

工作任务5　综合曲线详细测设

当地形变化比较小，而且综合曲线的长度小于40m时，测设综合曲线的几个主点就能够满足设计与施工的需要，无须进行详细测设。如果综合曲线较长，或地形变化比较大时，则在完成测定曲线的主点以后，还需要按照表6.1中所列的桩距 l，在曲线上测设整桩与加桩。这就是曲线的详细测设。

按照选定的桩距在曲线上测设桩位，通常有两种方法：①整桩号法：从 ZH（或 ZY）点出发，将曲线上靠近起点 ZH（或 ZY）的第一个桩的桩号凑整成大于 ZH 点（或 ZY）桩号的且是桩距 l 的最小倍数的整桩位，然后按照桩距 l 连续向圆曲线的终点 ZH 点（或 YZ）测设桩，这样设置的桩的桩号均为整数；②整桩距法：从综合曲线的起点 ZH 点（或 ZY）和终点 HZ 点（或 YZ）出发，分别向圆曲线的中点 QZ 以桩距 l 连续设桩，由于这些桩均为零桩号，因此应及时设置百米桩和公里桩。

综合曲线详细测设常用的方法有切线支距法和偏角法。

一、切线支距法

切线支距法是以曲线起点 ZH（或终点 HZ）为独立坐标系的原点，切线为 x 轴，通过原点的半径方向为 y 轴，根据独立坐标系中的坐标 x_i、y_i 来测设曲线上的细部点 P_i。在本章任务2已介绍过桩位采用整桩号法的圆曲线，这里介绍桩位采用整桩距法进行综合曲线的详细测设。

1. 测设数据的计算

首先根据(6.18)式和(6.24)式分别计算缓和曲线段上各点与圆曲线上各点的直角坐标:

$$x_i = l_i - \frac{l_i^5}{40R^2 l_0^2} = l_i - \frac{l_i^5}{40c^2}$$
$$y_i = \frac{l_i^3}{6Rl_0} = \frac{l_i^3}{6c}$$

$$x_i = R\sin\alpha_i + m$$
$$y_i = R(1-\cos\alpha_i) + p$$
$$\alpha_i = \frac{l_i - l_0}{R} \cdot \frac{180°}{\pi} + \beta_0$$

2. 测设步骤

(1)如图6.26所示,安置仪器在交点的位置,定出JD到ZH和JD和HZ两条直线段的方向。

(2)自ZH点出发沿着到JD的方向,水平丈量 i 点的横坐标 x_i,得到在横坐标轴上的垂足 N_i;或自点JD出发沿着到ZH点的方向,水平丈量$(T'-x_i)$得到在横坐标轴上的垂足 N_i。

(3)在各个垂足点上用经纬仪标定出与切线垂足的方向,然后在该确定的方向上依次量取对应的纵坐标 y_i,就可以确定对应的碎部点 i。

(4)同样方法可以从YZ点到QZ点之间曲线的细部点的测设工作,完成后也应该进行校核。

该方法适用于平坦开阔地区,各个测点之间的误差不易累积,但是对通视要求较高,在量距范围内应没有障碍物,如果地面起伏比较大,或各个测设主点之间的距离过长,会对测设带来较大的影响。若选用全站仪或测距仪进行量距可避免。

【案例6】以案例5综合曲线的数据为例,已知JD = K3+457.68,$\alpha_右 = 32°40'$,$R = 400\text{m}$,缓和曲线长 $l_0 = 70\text{m}$,求算综合曲线切线支距法测设数据(要求缓和曲线上每10m测设一个点,圆曲线上每20m测设一个点)。

解 利用上述综合曲线坐标计算公式,计算测设数据见表6.15。

表6.15 切线支距法测设综合曲线

点号	桩号	x(m)	y(m)	曲线说明	说明
ZH	DK3+305.32	0.00	0.00	JD = K3+457.68	
1	DK3+315.32	10.00	0.01	$\alpha_右 = 32°40'$	$l = 10\text{m}$
2	DK3+325.32	20.00	0.05	$R = 400\text{m}$	
3	DK3+335.32	30.00	0.16	$l_0 = 70\text{m}$	
4	DK3+345.32	40.00	0.38		
5	DK3+355.32	49.99	0.74		
6	DK3+365.32	59.98	1.29		

续表

点号	桩号	x(m)	y(m)	曲线说明	说明
HY	DK3+375.32	69.95	2.04	$\beta_0 = 5°00'48''$	
7	DK3+395.32	89.82	4.29	$p = 0.51$m	$l = 20$m
8	DK3+415.32	109.55	7.52	$m = 34.99$m	
9	DK3+435.32	129.10	11.74	$x_0 = 69.95$m	
QZ	DK3+454.35	147.48	16.65	$y_0 = 2.04$m	
9'	DK3+473.38	129.10	11.74		
8'	DK3+493.38	109.55	7.52		
7'	DK3+513.38	89.82	4.29		
YH	DK3+533.38	69.95	2.04		
6'	Dk3+543.38	59.98	1.29	$T' = 152.36$m	
5'	Dk3+553.38	49.99	0.74	$L' = 298.06$m	
4'	Dk3+563.38	40.00	0.38	$E' = 17.35$m	$l = 20$m
3'	Dk3+573.38	30.00	0.16	$q' = 6.66$m	
2'	Dk3+583.38	20.00	0.05		
1'	Dk3+593.38	10.00	0.01		
HZ	Dk3+603.38	0.00	0.00		

二、偏角法

采用偏角法测设综合曲线，通常是由 ZH(或 HZ)点测设缓和曲线部分，然后再由 HY(或 YH)测设的圆曲线部分。因此，偏角值可分为缓和曲线上的偏角值和圆曲线上的偏角值。

1. 测设数据的计算

(1)缓和曲线上各点偏角值计算。

如图 6.27 所示，i 为缓和曲线上一点，根据式(6.18)，缓和曲线上点的直角坐标

$$\left.\begin{array}{l}x_i = l_i - \dfrac{l_i^5}{40R^2 l_0^2} = l_i - \dfrac{l_i^5}{40c^2} \\ y_i = \dfrac{l_i^3}{6Rl_0} = \dfrac{l_i^3}{6c}\end{array}\right\}$$

则偏角 $$\delta_i \approx \tan\delta_i = \frac{y_i}{x_i} \approx \frac{l_i^2}{6Rl_0} \tag{6.25}$$

式中，l_i 为 i 点至缓和曲线起点(ZH)的曲线长度。

当 $l_i = l_0$ 时，缓和曲线终点(HY)的偏角为

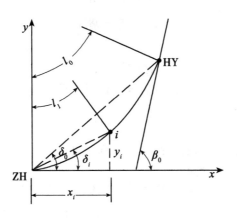

图 6.27 偏角法测设缓和曲线

$$\delta_0 = \frac{l_0}{6R}$$

考虑到 $\beta_0 = \frac{l_0}{2R}$ 可得

$$\delta_0 = \frac{1}{3}\beta_0 \tag{6.26}$$

实际应用中,缓和曲线全长一般都选用 10m 的整倍数。为计算和编制表格方便,把缓和曲线 l_0 分成 n 等分,即缓和曲线上测设的点都是间隔 10m 的等分点,采用整数桩距法。

$$\delta_1 = \frac{\left(\frac{l_0}{n}\right)^2}{6Rl_0} = \frac{l_0}{6Rn^2} = \frac{1}{3n^2}\beta_0$$

由式(6.19)可得关系式

$$\delta_1 : \delta_2 = \frac{l_1^2}{6Rl_0} : \frac{l_2^2}{6Rl_0} = l_1^2 : l_2^2$$

即

$$\delta_2 = \left(\frac{l_2}{l_1}\right)^2 \cdot \delta_1$$

由于测设缓和曲线是在等分曲线的情况下进行的,所以

$$\left.\begin{array}{l} l_2 = 2l_1 \\ l_3 = 3l_1 \\ \cdots\cdots \\ l_n = nl_1 \end{array}\right\}$$

因此,缓和曲线上其他各点的偏角值为

$$\left.\begin{array}{l}\delta_2 = 2^2\delta_1 = 4\delta_1 \\ \delta_3 = 3^2\delta_1 = 9\delta_1 \\ \cdots\cdots \\ \delta_n = n^2\delta_1 = \delta_0\end{array}\right\} \quad (6.27)$$

另外，也可先计算出点的坐标，然后再反计算偏角

$$\delta_i = \arctan\frac{y_i}{x_i} \quad (6.28)$$

这种计算方法较准确，但与前一种方法计算结果相差不大。

(2)缓和曲线上各点弦长计算。

偏角法测设时的弦长，严密的计算方法是用坐标反算而得，但较为复杂。一般采用短弦偏角法进行测设，以等分的弦长 l（通常是5m、10m或20m）进行测设。

(3)圆曲线段测设数据计算。

圆曲线段测设时，通常以HY（或YH）点为坐标原点，以其切线方向为横轴建立直角坐标系，其测设数据计算与单纯圆曲线相同，这里不再重复讲解。

2. 综合曲线测设步骤

偏角法测设综合曲线步骤如下：

(1)在ZH点上安置经纬仪，后视交点JD，（切线方向），使度盘读数为0°00′00″。

(2)拨偏角 δ_1（缓和曲线上第一点偏角值），沿视线方向量取等分弦长 l，定出第1个细部点。

(3)继续拨偏角 δ_2（缓和曲线上第2点偏角值），由第1点量取等分弦长 l 与视线方向相交，得第2点。

(4)按上述方法依次测设缓和曲线上以后各点直至HY点，并以主点（HY）进行检核。

(5)测设缓和曲线后，将仪器迁至HY点，如图6.28所示，盘左照准ZH点，使度盘读数为（180°+2δ_0），纵转望远镜后，再转动照准部使水平度盘读数为0°00′00″，此时望远镜视线方向即为该点切线方向。

(6)按本章任务2圆曲线测设方法测设综合曲线上的圆曲线段。具体测设时，不必定出切线方向，而是以（180°+2δ_0）配置度盘，照准ZH点后，再旋转照准部，使度盘读数为圆曲线上第1个细部点的偏角值，此即为HY点至该点的方向线。

(7)同样方法测设综合曲线的另一半。测设后要进行检核，并对闭合差进行调整，其方法与圆曲线的调整相同。

【案例7】以案例6综合曲线的数据为例，已知 JD = K3+457.68，$\alpha_右$ = 32°40′，R = 400m，缓和曲线长 l_0 = 70m，求算偏角法测设综合曲线的测设数据（要求缓和曲线上每10m测设一点，圆曲线上每20m测设一点）。

解
$$\delta_1 = \frac{1}{3n^2}\beta_0 = \frac{1}{3\times 7^2}\times 5°00′48″ = 0°02′03″$$

$$\delta_0 = \frac{1}{3}\beta_0 = \frac{1}{3}\times 5°00′48″ = 1°40′16″$$

偏角法测设综合曲线数据见表6.16。

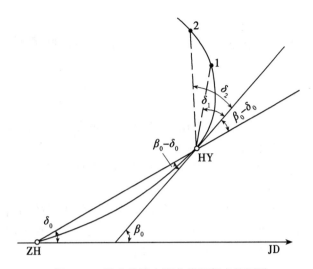

图 6.28 综合曲线上圆曲线细部点的测设

表 6.16   **偏角法测设综合曲线数据计算表**

点名	桩号	曲线偏角(正拨) 缓和曲线 ° ′ ″	曲线偏角(正拨) 圆曲线 ° ′ ″	备注
ZH	DK3+305.32			
JD	DK3+457.62	0　00　00		后视点
1	DK3+315.32	0　02　03		
2	DK3+325.32	0　08　11		
3	DK3+335.32	0　18　25		
4	DK3+345.32	0　32　44		
5	DK3+355.32	0　51　09		
6	DK3+365.32	1　13　40		
HY	DK3+375.32	1　40　16		测站
ZH	DK3+305.32		0　00　00	后视点
1′	DK3+380.00		0　20　07	
2′	DK3+400.00	183　20　32	1　46　04	
3′	DK3+420.00		3　12　01	
4′	DK3+440.00		4　37　58	
QZ	DK3+454.35		5　39　37	

143

工作任务6　复曲线与反向曲线的测设

一、复曲线的测设

用两个或两个以上的不同半径的同相曲线相连而成的曲线为复曲线。因其连接方式不同分为三种：单纯由圆曲线直接相连组成；两端由缓和曲线，中间由圆曲线直接相连组成的；两端由缓和曲线，中间也由缓和曲线连接组成的。下面以由两个圆曲线组成的复曲线为例，介绍复曲线的测设方法。

简单复曲线是由两个或两个以上不同半径的同向圆曲线组成的圆曲线。在测设时，应该先选定其中一个圆曲线的曲率半径，称为主曲线，其余的曲线称为副曲线。副曲线的曲率半径可以通过主曲线的半径以及测量相关数据求得。

如图6.29所示，两个不同曲率半径的圆曲线同向相交，主、副曲线的交点分为 A、B 点，两曲线相切于公切 GQ 点。该点上的切线是两个圆曲线共同的切线，该切线就称为切基线。

首先在交点 A、B 分别安置经纬仪，测出两个圆曲线的转角 α_1、α_2，然后用钢尺进行往返丈量，得到 A、B 两点之间的水平距离 D_{AB}，显然它是两个圆曲线的切线长度之和。如果先行选定主曲线的曲率半径 R_1 以后，就可以通过计算得到副曲线的半径 R_2 以及其他测设元素，其具体步骤如下：

根据前述测定主曲线的转角和选定主曲线的曲率半径，可以计算出主曲线的测设元素切线长 T_1、曲线长 L_1、外矢距 E_1 和切曲差 q_1。

根据前述测量 AB 的水平距离 D_{AB} 以及主曲线的切线长度 T_1，可以按下式计算副曲线的切线长 T_2：

$$T_2 = D_{AB} - T_1 \tag{6.29}$$

根据副曲线的转角 α_2 和副曲线的切线长度 T_2，可以用下式计算副曲线的曲率半径 R_2：

$$R_2 = \frac{T_2}{\tan\dfrac{\alpha_2}{2}} \tag{6.30}$$

根据副曲线的转角 α_2 和副曲线的曲率半径 R_2，可以计算副曲线的测设元素切线长 T_2、曲线长 L_2、外矢距 E_2 和切曲差 q_2。

在完成对应圆曲线主点的测设数据计算后，可以继续计算各对应圆曲线的详细测设数据。

在测设如图6.29所示的复曲线时，首先在交点 A 点处架设仪器，沿着直线 AB 的方向逆时针拨出转角 α_1 并倒转望远镜定出指向起点的切线方向，然后在该方向线上测量切线长度 T_1 确定主曲线的起点 ZY；同时从 A 点出发沿公切线 AB 方向向 B 点丈量 T_1 得到 GQ 点；再在 A 点测设主曲线的分角线，在该方向上丈量外矢距 E_1 得到主曲线的 QZ 点。同样在 B 点架设仪器，拨出转角 α_2 指向副曲线终点的切线方向，再丈量水平距离 T_2 得到 YZ 点，同时在 B 点测设副曲线的分角线方向上丈量外矢距 E_2，得到副曲线的

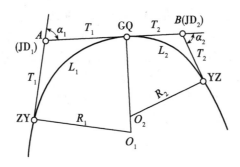

图 6.29 复曲线测设

QZ 点。在测设完成复曲线的主点后,应在前述圆曲线详细测设的方法中选择合适的方法进行详细测设。

二、反向曲线的测设

反向曲线是由两个方向相反的圆曲线组成的,如图 6.30 所示。在反曲线中,由于两个圆曲线方向相反,为了行车的方便和安全,一般情况下,均在前后两段曲线之间加设一过渡直线段,并且长度不小于 20m。

测设反曲线时,先测出两转折点间的距离 D_{12} 和转折角 α_1、α_2,根据设计选定的半径 R_1,计算并测设出交点 JD_1 曲线的主点。然后用 ($D_{12}-T_1-$直线长度) 作为 T_2,并根据此值和转折角 α_2,反算出 R_2。最后再由 R_2 计算出第二段曲线的主元素并测设曲线。

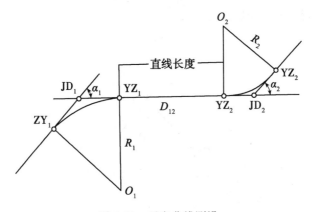

图 6.30 反向曲线测设

工作任务 7 竖曲线的测设

竖曲线又称立面曲线。在铁路与公路建设中,它是连接竖直面上相邻不同坡道的曲线。相邻不同坡度的坡段线相交时，就出现了变坡点。为了保证车辆平稳安全地通过变坡点，当相邻坡度的代数差超过一定数值时，必须以竖曲线连接，使坡度逐渐改变。按相邻坡度的代数差出现的符号不同，又有凸形与凹形竖曲线之分。当变坡点在曲线上方时，称为凸形竖曲线，反之为凹形竖曲线，如图 6.31 所示。由于在相邻两坡段之间增设竖曲线，路线的纵断面是由直线坡段和竖曲线所组成的。

竖曲线可用圆曲线或二次抛物线。我国在道路工程建设中一般采用圆曲线型的竖曲线，因为圆曲线的计算和测设都较为方便。

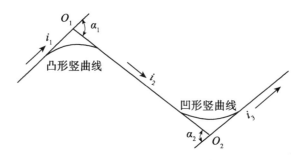

图 6.31　凸形与凹形竖曲线

一、竖曲线要素的计算

1. 变坡角 α

在图 6.32 中，设 O 为变坡点，相邻的前后纵坡分别为 i_1 和 i_2。由于路线的纵坡一般较小，可以认为纵断面上的变坡角 α：

$$\alpha = \Delta i = i_1 - i_2 \tag{6.31}$$

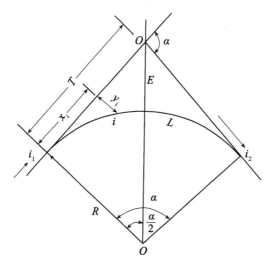

图 6.32　竖曲线要素

若规定上坡为正,下坡为负,当 $\Delta i = i_1 - i_2 > 0$ 时,该处为凸形竖曲线;反之为凹形竖曲线。

2. 竖曲线半径 R

竖曲线半径与路线等级有关,表 6.17 为各级公路竖曲线半径和竖曲线最小长度。在不过分增加工程量的情况下,竖曲线应尽量采用较大的半径,以改善路线的行车条件。此外,当前、后相邻纵坡的代数差 Δi 很小时,也应采用较大的半径。

表 6.17 各级公路竖曲线半径和最小长度表

公路等级	一		二		三		四	
地形	平丘	山丘	平丘	山丘	平丘	山丘	平丘	山丘
凸形竖曲线半径	10000	2000	4500	700	2000	400	700	200
凹形竖曲线半径	4500	1500	3000	700	1500	400	700	200
竖曲线最小长度	85	50	70	35	25	25	35	20

3. 切线长度 T

从图 6.32 可知,切线长

$$T = R\tan\frac{\alpha}{2}$$

由于 α 很小,可认为

$$\tan\frac{\alpha}{2} = \frac{\alpha}{2} = \frac{1}{2}(i_1 - i_2)$$

故

$$T = \frac{1}{2}R(i_1 - i_2) = \frac{1}{2}R\Delta i \tag{6.32}$$

4. 曲线长度 L

因变坡角 α 很小

所以

$$L = 2T$$

5. 外矢距 E

以竖曲线的起点(或终点)为直角坐标系的原点,坡段的方向(切线方向)为 x 轴,通过起(终)点的圆心方向为 y 轴。由于 α 很小,可认为 y 坐标与半径方向一致,而且把 y 值当做坡段与曲线的高差。由图 6.20 可近似得

$$(R+y)^2 = R^2 + x^2$$

因 y^2 与 x^2 相比较,y^2 的值很小,故略去 y^2

则

$$2Ry = x^2$$

即

$$y = \frac{x^2}{2R} \tag{6.33}$$

当 $x = T$ 时,y 值最大,即 y_{max} 近似等于外矢距 E

$$E = \frac{T^2}{2R} \tag{6.34}$$

二、竖曲线的测设

测设竖曲线就是根据纵断面图上标注的里程及高程,以附近已放样的某整桩为依据,向前或向后测设各点的 x 值(即水平距离),并设置竖曲线桩。施工时,再根据已知的高程点进行各曲线点高程的测设。其工作步骤如下:

(1)根据坡度代数差和竖曲线设计半径计算竖曲线要素 T、L 和 E。

(2)推算竖曲线上各点的桩号(计算方法与平面圆曲线点的里程计算方法相同,竖曲线上一般每隔 5m 测设一个点)。

(3)根据竖曲线上细部点距曲线起点(或终点)的弧长(认为弧长等于该点的 x 坐标),求相应的 y 值,然后,按下式推求各点的高程:

$$H_i = H_{坡} \pm y_i \tag{6.35}$$

式中, H_i 为竖曲线细部点 i 的高程; H 坡为 i 点的坡段高程。

当竖曲线为凹形时,式中取"+"号;竖曲线为凸形时取"-"号。

(4)由变坡点附近的里程桩测设变坡点,自变坡点起沿路线前、后方向测设切线长度 T,分别得竖曲线的起点和终点。

(5)由竖曲线起点(或终点)始,沿切线方向每隔 5m 在地面标定一个木桩。

(6)观测各个细部点的地面高程。

(7)在细部点的木桩上注明地面高程与竖曲线设计高程之差(即填或挖的高度)。

【案例 8】 某地区二级公路的一个变坡点,其里程桩号为 DK6+144,设计高程为 44.50m,两坡段的坡度 $i_1 = 0.6\%$, $i_2 = -2.2\%$,竖曲线半径 $R = 3000$m,如果曲线上每隔 10m 设置一桩,试计算曲线各桩路基的设计高程。

解 1. 计算竖曲线要素

变坡角 $\alpha = \Delta i = i_1 - i_2 = 0.006 - (-0.022) = 0.028 \text{(rad)}$

切线长 $T = \dfrac{1}{2} R \Delta i = \dfrac{1}{2} \times 3000 \times 0.028 = 42.00 \text{(m)}$

曲线长 $L = 2T = 2 \times 42 = 84.00 \text{(m)}$

外矢距 $E = \dfrac{T^2}{2R} = \dfrac{42^2}{2 \times 3000} = 0.29 \text{(m)}$

2. 推算竖曲线起、终点的桩号

曲线起点桩号 = 变坡点桩号 - 切线长 = (DK6+144.00) - 42 = DK6+102.00

曲线终点桩号 = 曲线起点桩号 + 竖曲线长度 = (DK6+102.00) + 84.00 = DK6+186.00

3. 推算竖曲线起、终点坡道高程

起点高程 = 坡道高程 - 切线长 × 坡度 = 44.50 - 42 × 0.6% = 44.25(m)

终点高程 = 坡道高程 + 切线长 × 坡度 = 44.50 - 42 × 2.2% = 43.58(m)

4. 计算各桩路基设计高程(见表 6.18)

表 6.18　　　　　　　　　　　　竖曲线测设计算表

已知参数	设计竖曲线半径 $R=3000$m　相邻点坡度 $i_1=0.6\%$，$i_2=-2.2\%$ 变坡点里程：DK6+144　变坡点高程：44.50m　整桩间距：$L_0=10$m
特征参数	折角：$\alpha=0.028$rad　切线长：$T=42$m 曲线长：$L=84$m　　　外矢距：$E=0.29$m
主点里程	起点里程：DK6+102　终点里程：DK6+186

	桩号	桩点至曲线起(终)点的弧长/m	高程改正数 y/m	坡道高程/m	路基设计高程/m	备注
起点	DK6+102	0	0.00	44.25	44.25	
	DK6+112	10	−0.02	44.31	44.29	
	DK6+122	20	−0.07	44.37	44.30	
	DK6+132	30	−0.15	44.43	44.28	
变坡点	DK6+144	42	−0.29	44.50	44.21	
	DK6+156	30	−0.15	44.24	44.09	
	DK6+166	20	−0.07	44.02	43.95	
	DK6+176	10	−0.02	43.80	43.78	
终点	DK6+186	0	0.00	43.58	43.58	

工作任务 8　线路施工测量

线路施工测量的主要任务有恢复中线、测设施工控制桩、路基边桩测设和竖曲线测设等。

一、施工控制桩的测设

在施工的开挖过程中，中桩的标志经常受到破坏，为了在施工中控制中线位置，就要选择在施工中即易于保存又便于引用桩位的地方测设施工控制桩。下面介绍两种测设施工控制桩的方法。

1. 平行线法

如图 6.33 所示，在路基以外测设两排平行于中线的施工控制桩。此法多用于直线段较长、地势较为平坦的路段。为了施工方便，控制桩的间距一般取 10～20m。

2. 延长线法

延长线法是在道路转折处的中线延长线上以及曲线中点至交点的延长线上打下施工控制桩，如图 6.34 所示。延长线法多用于直线段较短、地势起伏较大的山区道路。主要是为了控制交点 JD 的位置，需要量出控制桩到交点 JD 的距离。

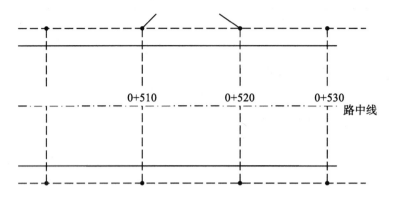

图 6.33 平行线测设施工控制桩

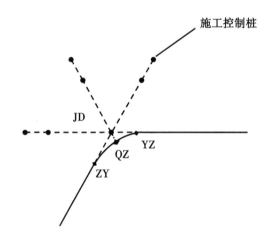

图 6.34 延长线测设施工控制桩

二、路基边桩的测设

测设路基边桩就是把路基两侧的边坡与原地面相交的坡脚点确定出来。边桩的位置由两侧边桩至中桩的平距来确定。常用的边桩测设方法如下。

1. 图解法

图解法是直接在横断面图上量取中桩至边桩的平距,然后在实地用皮尺沿横断面方向丈量出距离,并打木桩标定。此法适用于填挖不大时。

2. 解析法

解析法是根据路基填挖高度、路基宽度、边坡率和横断面地形情况,先计算出路基中桩至边桩的水平距离,然后在实地沿横断面方向按距离将边桩放出来。其距离的计算方法在平坦地段和倾斜地段各不相同。

(1)平坦地区。

图 6.35(a)为填土路堤，路堤段坡脚桩至中桩的距离 D 为

$$D = \frac{B}{2} + mh \quad (6.36)$$

图 6.35(b)为挖方路堑。路堑段坡顶桩至中桩的距离 D 应为

$$D = \frac{B}{2} + S + mh \quad (6.37)$$

式中，B 为路基宽度 m 为边坡率，h 为填挖高度，S 为路堑边沟顶宽。

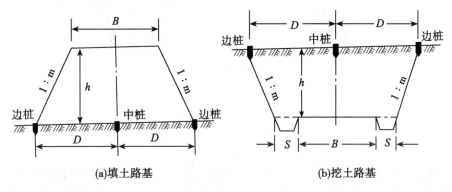

图 6.35

以上是断面位于直线段时求算 D 值的方法。若断面位于弯道上有加宽时，按上述方法求出 D 值后，还应在加宽一侧的 D 值中加入加宽值。

沿横断面方向，根据计算的坡脚(或坡顶)至中桩的距离 D，在实地从中桩向左、右两侧测设出路基边桩，并用木桩标定。

(2)倾斜地段的边桩测设。

在倾斜地段，边桩至中桩的平距随着地面坡度的变化而变化。如图 6.36(a)所示，路基坡脚桩至中桩的距离 D_1、D_2 分别为

$$\left.\begin{array}{l} D_1 = \frac{B}{2} + m(h - h_1) \\ D_2 = \frac{B}{2} + m(h + h_2) \end{array}\right\} \quad (6.38)$$

如图 6.35(b)所示，路堑坡顶桩至中桩的距离 D_1、D_2 分别为

$$\left.\begin{array}{l} D_1 = \frac{B}{2} + S + m(h + h_1) \\ D_2 = \frac{B}{2} + S + m(h - h_2) \end{array}\right\} \quad (6.39)$$

在式(6.37)及式(6.38)中，B、m、h、S 都是已知的，由于边坡未定，h_1、h_2 未知。实际工作中，可以采用"逐点趋近法"来测设标定。

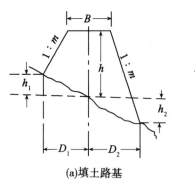 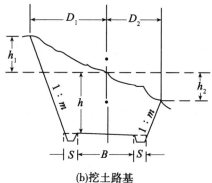

(a)填土路基　　　　　(b)挖土路基

图 6.36

工作任务 9　管道施工测量

管道铺设,以地面为界可分为地下管道和地上管道。施工前要熟悉图纸和现场情况、校核管道线路中线、定出施工控制桩外,在引测水准点时,应同时校测现有管道出入口和交叉管线的高程,若与设计图纸上数据不符时,应及时解决。

一、施工前的测量工作

1. 熟悉图纸和现场情况

在施工进行之前,要收集管道测设所需要的管道平面图、纵横断面图、附属构筑物图等相关资料,并熟悉和校对设计图纸,了解工程进度安排和精度要求等,还要深入施工现场进行实地考察,熟悉地形和各桩点的大致位置。

2. 恢复中线

管道中线测量时所钉设的交点桩和中线桩,在施工时可能有些会被碰动或丢失,为了保证中线位置的准确可靠,应进行复核,并将被碰动的桩点重新恢复。在恢复中线时,应将检查井、支管等附属物的位置同时测出。

3. 测设施工控制桩

在施工时中线上各桩要被挖掉,为了便于恢复中线和附属物的位置,应在不受施工干扰、便于引测、易于保存桩位的地方,测设施工控制桩。施工控制桩分为中线控制桩和附属构筑物控制桩两种。

4. 加密施工水准点

为了在施工过程中引测高程方便,应根据原有水准点,在沿线附近每 100~150m 增设一个临时水准点。

二、管道施工测量

管道施工是按照管道中线和高程进行,所以在开槽前应设置控制管道中线和高程的施工标志，一般有龙门板法和平行轴腰桩法两种测法：

1. 龙门板法

龙门板法是控制中线及掌握管道设计高程的常用方法，它由坡度板和高程板组成。一般沿中线每隔 10~20m 埋设一龙门板。

中线测设时，将经纬仪置于中线控制桩上，把管道中线投影到坡度板上，再用小钉标定其点位，如图 6.37(a) 所示。为了控制管道中线，可将中线位置投影到管槽内。

高程测设时，根据水准点，用水准仪测出各坡度板顶高程，以控制管槽开挖的深度。再从管道坡度，计算得该处管底的设计高程，二者相减得：

$$板顶高程 - 管底高程 = 下返数$$

由于各坡度板的下返数都不一致，无论施工或者检查都不方便，为了使下返数为一整数值 m，则需由下式算出每一坡度板顶应向下或向上量的改正数 ε：

$$\varepsilon = m - (H_{板顶} - H_{管底}) \tag{6.40}$$

先在高程坡上定出点位，根据计算的改正数 ε 再钉上小钉，这个钉称为坡度钉，见图 6.37(b) 所示。如改正数 $\varepsilon = -0.137$，则在高程板上向下量 0.137 即为该点坡度钉，再向下量下返数（整数值 m），便是管底设计高程。

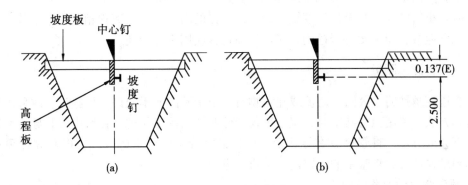

图 6.37 龙门板法

2. 平行轴腰桩法

对于现场坡度较大，而管径较小，精度要求较低的管道，可用平行轴腰桩法来控制管道中线和坡度，其步骤如下：

(1) 测设平行轴线。开工前先在中线一侧或两侧定一排平行于中线的平行轴线桩，桩位要落在槽边线外，如图 6.37 中 A 点，各平行轴线桩与管道中线桩的平距为 a，各桩间距约在 20m，各检查井位也应在平行轴线上定桩。

(2) 钉腰桩。为了比较准确地控制管道中线的高程，在槽坡上（距槽底约 1m）再定一排与 A 轴对应的平行轴线桩 B，其与槽底中线的间距为 b，这排槽坡上的平行轴线桩称为腰桩。如图 6.38 所示。

(3) 引测腰桩高程。腰桩上钉一小钉。用水准仪测出腰桩上小钉的离程。小钉高程与该处管底设计高程之差为 h，用各腰桩的 b 和 h_b。可控制埋设管道的中线和高程。

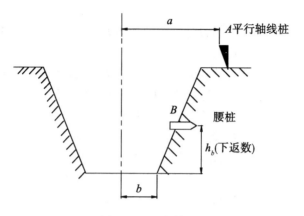

图 6.38 平行轴腰桩法

腰桩上小钉与管底设计高程之差为 h_t,即为下返数,由于各点的下返数不一样,故腰桩法在施工和检查中较麻烦,容易出错。为此先确定到管底的下返数为一整数 m,在每个腰桩沿垂直方向量出该下返数 m 与腰桩下返数 h_b 之差 $\varepsilon(\varepsilon=m-h_b)$,打一木桩,并钉小钉,此时各小钉的连线与设计坡度线平行;而小钉的高程与管底高程相差为一常数 m,从小钉查该下返数,即可知是否挖到管底设计高程,应用十分简便。

三、顶管施工测量

在管道穿越铁路、公路、河流或建筑物时,由于不能或不允许开槽施工,故采用顶进管道施工方法。采用顶管施工时,应在欲顶管的两端先挖工作坑,在坑内安装导轨,导轨可以是钢轨或方木,将管材放在导轨上,用顶镐将管材沿要求的管线方向和高程顶进土中,达到设计位置后将管中的土取出,砌成管道。

1. 顶管测量的准备工作

(1)顶管中线桩的设置。

中线桩是工作坑放线和测设坡度板中心钉的依据,测设时首先根据设计图上管线要求,在工作坑的前后钉立两个桩,称为中线控制桩,然后确定开挖边界,开挖到设计高程后,再根据中线控制桩,用经纬仪将中线引测到坑壁上,并钉立木桩,此桩称为顶管中线桩,以标定顶管中线位置。中线控制桩及顶管中线桩与已建成的管线在一条直线上。

(2)坡度板和水准点的测设。

当工作坑开挖到一定深度时,在其两端应牢固地埋设坡度板,并在其上测设管道中线(钉中心钉),再按设计要求在高程板上测设坡度钉。中心钉是管材顶进过程中的中线依据,坡度钉用于控制挖槽深度和安装导轨。坡度板应单独埋设,不要与撑木等连在一起。其位置可选在管顶以上,距槽 1.8~2.2m 处为宜。

工作坑内的水准点,是安装导轨和顶管顶避过程中掌握高程的依据。一般在坑内顶进起点的一侧设一大木桩,使桩顶或桩一侧小钉的高程与顶管起点管底设计标高相同(如图 6.39)。为确保水准点高程准确,应尽量设法由施工水准点一次引测,并需经常校测,其高程误差应不大于±5mm。

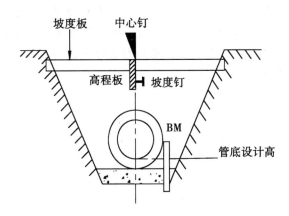

图 6.39 坡度板和水准点的测设

2. 顶进过程中的测量工作

(1)中线测量。

如图 6.40 所示,以顶管中线桩为方向线,挂好两个垂球,两垂球的连线即为管道方向线,这时拉一小线以两垂球线为准延伸于管内,在管内安置一个水平尺,其上有刻划和中心钉,通过拉入管内的小线与水平尺上的中心钉比较,可知管中心是否偏差,尺上中心钉偏向那一侧,即表明管道也偏向那个方向,为了及时发现顶选的中线是否有偏差,中线测量以每顶进 0.5m 量一次为宜。

此法在短距离顶管(一般在 50m 以内)是可行的,结果也较可靠。当距离较长时,如可在中线上每 100m 设一工作坑,分段施工,也可采取激光导向的仪器定向。

(2)高程测量。

如图 6.41 所示,以工作坑内水准点为依据,按设计纵坡用比高法检验,例如5‰的纵坡,每顶进 1m 就应升高 5mm,该水准点的读数应小于 5mm。

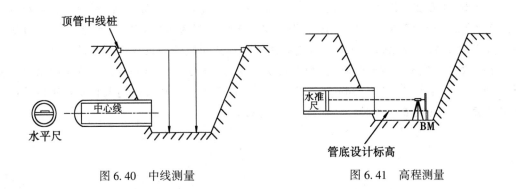

图 6.40 中线测量　　　　图 6.41 高程测量

【知识小结】

本项目首先介绍了线路工程测量的基本工作，包括线路初测阶段的导线测量、水准测量；线路定测阶段的中线测量、纵横断面测量、断面图的绘制及方量计算，详尽介绍了曲线测设的基本知识，主要包括平面曲线（平面圆曲线、综合曲线、复曲线和反向曲线等）和竖曲线的要素计算、主点里程计算、主点及细部点的测设方法等内容，最后对线路施工测量和管道施工测量的基本进行了简介。

【知识与技能训练】

1. 线路的勘测设计可划分几个阶段？各阶段的工作内容有哪些？
2. 线路初测和定测阶段的具体工作有哪些？
3. 何谓里程桩？什么情况下设置加桩？加桩有几种类型？
4. 何谓断链？出现断链后如何处理？
5. 常见综合曲线由哪些曲线组成？主点有哪些？
6. 何谓复曲线？常见复曲线有哪些形式？有哪些测设方法？
7. 某线路在 K5+200 桩至 K5+300 桩之间出现断链，断链为 K5+250＝K5+272.36，则断链至 K5+200 桩与 K5+300 桩的里程分别为多少？该处为长链还是短链？
8. 已知：某条公路穿越山谷处采用圆曲线，设计半径 $R=600$m，转向角＝$10°20'$，曲线转折点 JD 的里程为 K11+255。试求：①该圆曲线元素；②曲线各主点里程桩号；③当采用桩距 10m 的整桩号时，试选用合适的测设方法，计算测设数据，并说明测设步骤。
9. 某综合曲线为两端附有等长缓和曲线的圆曲线，JD 转折角为 $40°32'$，圆曲线半径为 $R=600$m，缓和曲线长 120m，整桩间距 20m，JD 桩号 K30+452.35。试求：①综合曲线参数；②综合曲线元素；③曲线主点里程；④列表计算偏角法测设该曲线的测设数据，并说明测设步骤⑤列表计算切线支距法测设该曲线的测设数据，并说明测设步骤。
10. 在 7 题中，若直缓点坐标 ZH 点坐标为（6355.616，5210.538），ZH 到 JD 坐标方位角为 $64°42'36''$。附近另有两控制点 M、N，坐标为 M（6263.880，5198.221）、N（6437.712，5321.998）。试求：在 M 点设站、后视 N 点时该综合曲线的测设数据，并说明测设步骤。
11. 如图 6.29 中两圆曲线组成的复曲线，已知：主曲线半径 $R=500$M，$α_1=76°52'36''$，$α_2=68°17'24''$，$AB=668.119$m，ZY 点的里程为 K11+298。试求：①复曲线各主点里程；②取桩距 20m，计算切线支距法测设该复曲线的测设数据，并说明步骤。
12. 设竖曲线半径 $R=2800$m，相邻破段的坡度 1＝-2%，2＝-1%，边坡点的里程桩号为 K10+780，其高程为 205.24m。试求：①竖曲线元素；②竖曲线起点和终点的桩号；③曲线上每隔 10m 设置一桩时，竖曲线上各桩点的高程。

项目 7　桥梁施工测量

【教学目标】

学习本项目要求学生了解桥梁的基本知识，掌握桥梁施工中的测量任务，具体包括桥梁施工控制网的形式和建立方法；墩、台定位测量；墩、台细部放样、基础放样及桥梁施工中的检测方法和竣工测量。

项目导入

桥梁是道路工程的重要组成部分，在工程建设中，桥梁在施工期限、技术要求以及投资比重上都处于重要的位置。桥梁在勘察设计、施工和运营管理各阶段都会进行大量的测量工作，其中包括精确地放样桥墩、桥台的位置和跨越结构的各个部分，并随时检查施工质量。

就桥梁的结构组成，包括上部结构和下部结构两部分。桥面和承重结构（起承受重力作用的部分称为承重结构）统称为上部结构，也称为跨越结构或桥跨结构；桥墩（支撑承重结构的支撑结构件）和桥台（岸边的支撑物兼挡墙）统称为桥的下部结构，也称为支撑结构。

桥梁施工测量贯穿于桥梁施工建设的全过程。桥梁施工阶段的测量工作可概括为：桥轴线长度测量，施工控制测量，墩、台中心定位，墩、台细部放样以及梁部放样等。

在桥梁建设的各个阶段，桥梁控制测量的目的不同。在勘测阶段，其控制测量主要为测量桥址平面图及进行桥址定测服务；在施工阶段，主要是为保证桥轴线长度放样和桥梁墩台定位的精度要求而建立，为整个桥梁的施工建设服务。

工作任务 1　桥梁施工控制网

一、桥梁施工控制网的布设

桥梁施工控制网通常分两级布设。首级控制网主要控制桥轴线；为了满足施工中放样每个桥墩的需要，在首级网下需要加设一定数量的插点或插网，构成第二级控制。由于放样桥墩的精度要求较高，其第二级控制网的精度应不低于首级网。

桥梁高程控制网提供具有统一高程系统的施工控制点，使岸两端的线路高程准确衔接，同时为满足高程放样的需要服务。

二、桥梁施工控制网的技术要求

桥梁施工控制网是为保证桥轴线的放样、桥梁墩台中心定位和桥轴线测设的精度而布设。因而,在设计布设施工控制网时,须依据桥轴线长度、墩台中心定位精度要求来设计。桥轴线的长度、桥跨的大小及跨越结构的形式,对桥轴线长度应满足的精度要求具有影响;桥墩台中心的定位精度直接影响到墩台的使用寿命和行车的安全,通常,钢梁墩台中心在桥轴线方向的位置中误差不应大于 1.5~2.0cm。所以,在确定施工控制网时,既要考虑控制网本身的精度又要考虑利用控制网进行施工放样的误差,以及桥轴线长度的测设精度要求,最终,还要依据控制网的网型、观测要素和观测方法及仪器设备条件及规范要求综合考虑,予以布设。其桥梁施工平面控制采用三角网时的相关技术要求见表 7.1。其他网型参见相关规范。

表 7.1　　　　　　　　　　桥梁施工控制网的技术要求

三角网等级	桥轴线相对中误差	测角中误差(″)	最弱边相对中误差	基线相对中误差
一	1/175 000	±0.7	1/150 000	1/350 000
二	1/125 000	±1.0	1/120 000	1/250 000
三	1/75 000	±1.9	1/70 000	1/150 000
四	1/50 000	±2.5	1/40 000	1/100 000
五	1/30 000	±5.0	1/20 000	1/40 000

三、桥梁施工平面控制网

1. 桥梁施工平面控制网的布设形式

为确保桥轴线长度测设精度及墩台定位的精度,大桥、特大桥必须布设专用的施工平面控制网。按观测要素的不同,其网型可布设成三角网、边角网、大地四边形网、精密导线网、GPS 网等。

通常,要求桥轴线作为控制网的一条边,即应在河流两岸的桥轴线上各设立一个控制点,使桥轴线作为桥梁控制网的一条边。为方便桥台的放样和保证两桥台间距离的精度,控制点与桥台的设计位置距离不应太远。放样桥墩时,在桥轴线上的控制点上安置仪器,以减小垂直于桥轴线方向的误差。桥轴线应与基线一端连接且尽可能相正交,桥梁控制网的边长与河宽有关,一般在河宽的 0.5~1.5 倍范围内变动。

2. 桥梁施工平面控制网的坐标系

为了施工放样时计算方便,施工平面控制网常采用独立坐标系,其坐标轴采用平行或垂直桥轴线方向,坐标原点选在工地以外的西南角,这样桥轴线上两点间的长度可以方便地由坐标差求得。

对于曲线桥梁,坐标轴可选为平行或垂直于一岸轴线点(控制点)的切线。若施工控制网与测图控制网发生联系时,应进行坐标换算,统一坐标系。

3. 控制测量的外业工作

其测量外业工作包括实地选点、造标埋石、水平角测量和边长测量等。外业工作完成后，即可进行平差计算，得到控制测量成果。

四、桥梁施工高程控制

桥梁施工高程控制测量有两个作用：一是统一本桥高程基准面；二是在桥址附近设立基本高程控制点和施工高程控制点，以满足施工中高程放样和监测桥墩台垂直位移的需要。建立高程控制网的常用方法是水准测量和三角高程测量。

桥梁施工高程控制水准点，一般是在路线基平测量时建立的，每岸至少埋设三个，并与国家或城市水准点进行联测。水准点应采用永久性的固定水准标石，也可利用平面控制点的标石作为水准点。同岸的三个水准点中，应保证至少有两个埋设在施工影响范围以外，避免被破坏或掩埋，另外一个埋设在施工区，便于直接将高程引测到需要的地方，同样应注意使水准点不受破坏。为将高程传递到桥台和桥墩上去，应在每一个桥台附近设立一个施工水准点。永久性水准点应加强保护，使其不受碰动，若发现其周围进行土方工程时，应提前将其引测到安全的地方。

当路线跨越水面宽度在150m以上的河流、湖泊等时，两岸水准点的高程应采用跨河水准测量的方法建立。跨河水准跨越的宽度超过300m时，需参照《国家水准测量规范》，采用精密水准观测，下面介绍桥梁高程控制中常遇到的跨越宽度小于300m时采用的测量方法。

1. 测站与观测点的布设

测站应选在通视、开阔处，两岸测站至水边的距离应尽可能相等。两岸仪器的水平视线距水面的高度应相等，且视线高度不应小于2m。测站点与观测点应布置成图7.1的形式，I_1、I_2位置设立测站，A、B为观测点（立尺点），跨河视线I_1B、I_2A应力求相等，岸上视线I_1A、I_2B长度不能短于10m，且彼此相等。

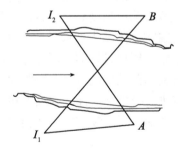

图7.1 测站点与观测点的布设

2. 观测方法

采用一台水准仪观测时，先在I_1安置仪器，照准近点尺A，读数a_1；再照准远尺B，读数b_1，则$h_1=a_1-b_1$ 此为前半测回，然后搬仪器至I_2，注意搬站过程要保持望远镜对光不变，同时将标尺对调，由A调到B，由B调到A。按上半测回相反顺序，先照准远尺A，

得读数 a_2 再照准近尺 B，得读数 b_2，则 $h_2 = a_2 - b_2$ 此为后半测回。取两个半测回的平均值，即组成一个测回。

跨河水准测量需要观测两个测回，若用两台仪器观测时，应尽可能每岸一台仪器，同时观测一个测回。四等跨河水准测量，其两测回间高差较差应不超过 16mm。在限差以内时，取两测回高差平均值作为最后结果；若超过限差应检查纠正或重测。

跨河水准测量的观测时间应选在无风、气温变化小的阴天进行观测；晴天观测时，应在日出后的早晨或在下午日落前进行观测，观测时仪器应用白色测伞遮蔽阳光，水准尺要用支架固定竖直稳固。

当河面较宽，水准尺读数有困难时，可在水准尺上装一个觇牌。持尺者根据观测者的指挥上下移动觇牌，直至望远镜十字丝的横丝对准觇牌上红白相交处为止，然后由持尺者记下觇牌的读数。

工作任务 2　桥墩台基础施工放样

准确地测设桥梁墩、台的中心位置和它的纵横轴线，是桥梁施工阶段最主要的工作之一，此工作称为桥墩台定位和轴线测设。

在桥梁的施工过程中，首要的是测设出墩、台的中心位置，其测设数据是根据控制点坐标和设计的墩、台中心位置计算出来的。对于直线桥梁，只要根据墩台中心的桩号和岸上桥轴线控制桩的桩号求出其距离即可定出墩台中心的位置；对于曲线桥梁，由于墩台中心不在线路中线上，首先应计算墩台中心坐标，然后再进行墩台中心定位和轴线测设。

一、墩台中心定位及轴线的测设

测设墩台中心的最常用的方法是极坐标法和交会法。

1. 极坐标法

极坐标法测距方便、迅速，在一个测站上可以测设所有与之通视的点，且距离的长短对工作量和工作方法没有任何改变，测设精度高，是目前用的较多的一种好的测设方法。

测设时，可选择任意一个控制点设站（当然应首先选网中桥轴线上的一个控制点），并选择一个照准条件好、目标清晰和距离较远的控制点作定向方向。再计算放样元素，放样数据包括测站到定向控制点方向与到放样的墩台中心方向间的水平角 β 和测站到墩台中心的距离 D。如果是采用全站仪进行极坐标放样，则只需知道控制点和待定位的墩台中心点的坐标即可，在放样时，建立好测站，定好方向，然后进入放样程序，输入测设点坐标，便可完成放样定位工作。

测设时，按角度测设的精密方法测设该角值 β，在墩台上得到一个方向点，然后在该方向上精密测设出水平距离 D 得墩台中心。为了防止错误，最好用两台全站仪在两个测站上同时按极坐标法测设该墩台中心，所得两个墩中心得距离差不得大于 2cm。取两点连线得中点得墩中心。

对于直线桥梁，由于定向点为对岸桥轴线上得控制点，这时只需在该方向上测设出测站点到墩中心得距离即得墩中心，同时应在另外得控制点上设站作检查。

2. 前方交会法

前方交会法应在三个方向上进行交会，按照对定位精度得估算，交会角应以接近90°为易。对于直线桥而言，交会得第三个方向最好采用桥轴线方向，因为该方向可直接照准而无需测角。

测设前应根据三个测站点和测设得墩台中心点得坐标，分别计算出测设元素，测设元素是三个角度。如图7.2所示，A、C、D 为三角控制网的控制点，且 A 为桥轴线的端点，E 为墩台中心位置。在控制测量中 φ、φ'、d_1、d_2 已经求出，为已知值。AE 的距离 l_E 可根据两点里程求出，也为已知。则：

$$\alpha = \arctan\left(\frac{l_E \sin\varphi}{d_1 - l_E \cos\varphi}\right) \tag{7.1}$$

$$\beta = \arctan\left(\frac{l_E \sin\varphi'}{d_2 - l_E \cos\varphi'}\right) \tag{7.2}$$

另外，α、β 也可以根据 A、C、D、E 的坐标求出。对于直线桥，第三个方向得交会角不用计算，取桥轴线方向。

测设时，在 C、D 点上架设经纬仪，分别自 CA 及 DA 测设出 α 及 β 角，并依据桥轴线方向 AB，则三方向的交点即为 E 点的位置。

由于测量误差的影响，三个方向不一定交于一点，而形成如图7.3所示的三角形，这个三角形称为示误三角形。示误三角形的最大边长，在建筑墩、台下部时不应大于25mm，上部时不应大于15mm。另外，对于直线桥梁，如果示误三角形在桥轴线方向上得边长不大于2cm，最大边长不超过3cm，则取 E' 在桥轴线上得投影位置 E 作为墩中心得位置。对于曲线桥，如果示误三角形的最大边长不超过2.5cm，则取三角形的重心作为墩中心的位置。

随着工程的进展，需要经常进行交会定位。为了工作方便，提高效率，通常都是在交会方向的延长线上设立标志，如图7.4所示。在以后交会时即不再测设角度，而是直接照准标志即可。

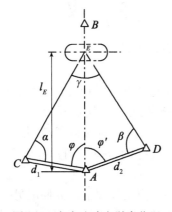

图7.2 交会法确定墩台位置

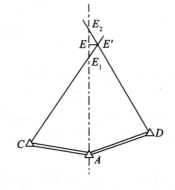

图7.3 示误三角形

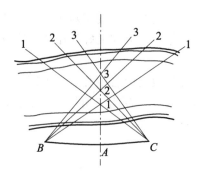

图 7.4　延长线上设立标志

当桥墩筑出水面以后，即可在墩上架设反光镜，利用全站仪，以极坐标法或直接测距法定出墩中心的位置。

二、墩台中心定位测量

1. 直线桥梁墩、台定位测量

直线桥的墩、台中心位置都位于桥轴线的方向上。墩、台中心的设计里程及桥轴线起点的里程是已知的，如图 7.5 所示，相邻两点的里程相减即可求得它们之间的距离。根据地形条件，可采用直接测距法或交会法或 GPS 测量方法测设出墩、台中心的位置。

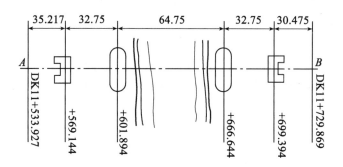

图 7.5　直线桥墩台的中心位置

直接测距法使用于无水或浅水河道，是极坐标法的一种（即不需要测设角度，直接照准桥轴线方向即可）。根据计算出的距离，从桥轴线的一个端点开始，用检定过的钢尺逐段测设出墩、台中心，并附合于桥轴线的另一个端点上。如在限差范围之内，则依据各段距离的长短按比例调整已测设出的距离。在调整好的位置上订一个小钉，即为测设的点位。

如采用全站仪进行测设，则在桥轴线起点或终点架设仪器，并照准另一个端点。在桥轴线方向上设置反光镜，并前后移动，直至测出的距离与设计距离相符，则该点即为要测设的墩、台中心位置。为了减少移动反光镜的次数，在测出的距离与设计距离相差不多时，可用小钢尺测出其差数，以定出墩、台中心的位置。

当桥墩位于水中，无法丈量距离及安置反光镜时，则可采用前方交会法。具体工作步骤见前面介绍。

2. 曲线桥梁墩、台定位测量

在直线桥上，桥梁和线路的中线都是直的，两者完全重合。但在曲线桥上则不然，曲线桥的中线是曲线，而每跨桥梁却是直的，所以桥梁中线与线路中线不能完全吻合（见图7.6）。梁在曲线上的布置，是使各梁的中心线连接起来，成为基本与线路中线相符合的一条折线，这条折线称为桥梁工作线。桥墩的中心位于工作折线转折角的顶点上，曲线桥的墩、台中心定位，就是测设这些转折角的顶点位置。

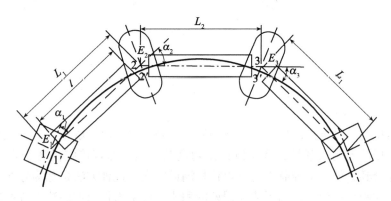

图7.6 曲线桥的墩台

设计桥梁时，为使车辆运行时梁的两侧受力均匀，桥梁工作线应尽量接近线路中线，所以梁的布置应使工作线的转折点向线路中线外侧移动一段距离 E，这段距离称为偏距。偏距 E 一般是以梁长为弦线的中矢的一半。相邻梁跨工作线构成的偏角 α 称为偏角；每段折线的长度 L 称为"桥墩中心距"。E、α、L 在设计图中都已经给出，根据给出的 E、α、L 即可测设墩位。

在曲线桥上测设墩位与直线桥相同，也要在桥轴线的两端测设出控制点，以作为墩、台测设和检核的依据。测设的精度同样要求满足估算出的精度要求。控制点在线路中线上的位置，桥轴线可能一端在直线上，如图7.7(a)所示，而另一端在曲线上也可能两端都位于曲线上，如图7.7(b)所示。与直线不同的是曲线上的桥轴线控制桩不能预先设置在线路中线上，而沿曲线测出两控制桩间的长度，而是根据曲线长度，以要求的精度用直角坐标法测设出来。用直角坐标法测设时，是以曲线的切线作为 X 轴。为保证测设桥轴线的精度，则必须以更高的精度测量切线的长度，同时也要精密地测出转向角 α。

测设控制桩时，如果一端在直线上，而另一端在曲线上，则先在切线方向上测设出 A 点，计算出 A 至转点 ZD_{5-3} 的距离，则可求得 A 点的里程。测设 B 点时，应先在桥台以外适宜的距离处，选择 B 点的里程，求出它与 ZH（或 HZ）点里程之差，即得曲线长度，据此，可算出 B 点在曲线坐标系内的 x、y 值。ZH 及 A 的里程都是已知的，则 A 至 ZH 的距离可以求出。这段距离与 B 点的 x 坐标之和，即为 A 点至 B 点在切线上的垂足 ZD_{5-4} 的距离。从 A 沿切线方向精密地测设出 ZD_{5-4}，再在该点垂直于切线的方向上设出 y，即得 B 点的位置。

在测设出桥轴线的控制点以后，即可据以进行墩、台中心的测设。根据条件，也是采用极坐标法（直接测距法）或交会法。

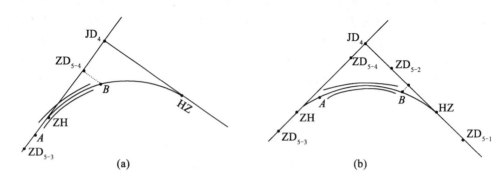

图 7.7 桥轴线的端点位置

在墩、台中心处可以架设仪器时，宜采用直接测距法。由于墩中心距 L 及桥梁偏角 α 是已知的，可以从控制点开始，逐个测设出角度及距离，即直接定出各墩、台中心的位置，最后再附合到另外一个控制点上，以检核测设精度。这种方法也称为导线法。

利用光电测距仪测设时，为了避免误差的积累，可采用长弦偏角法，或称极坐标法。

由于控制点及个墩、台中心点在曲线坐标系内的坐标是可以求得的，故可据以算出控制点至墩、台中心的距离及其与切线方向的夹角 δ_i。自切线方向开始设出 δ_i，然后在此方向上测设出 D_i，如图 7.8 所示，即得墩、台中心的位置。此种方法因各点是独立测设的，不受前一点测设误差的影响。但在某一点上发生错误或有粗差也难于发现，所以一定要对各个墩中心距进行检核测量。

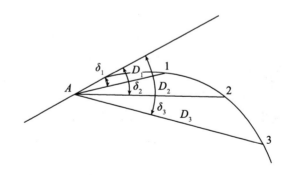

图 7.8 极坐标法测设曲线桥各墩台中心

当桥墩位于水中，无法架设仪器及反光镜时，宜采用交会法。

由于这种方法是利用控制网点交会墩位，所以墩位坐标系与控制网的坐标系必须一致，才能进行交会数据的计算。如果两者不一致时，则须先进行坐标转换。

现举例说明该方法交会数据的计算及测设步骤。

在图 7.9 中，A、B、C、D 为控制点，E 为桥墩中心。在 A 点进行交会时，要算出自 AB、AD 作为起始方向的角度 θ_1 及 θ_2。

控制点及墩位的坐标是已知的，可据以算出 AE 的坐标方位角：

$$\alpha_2 = \arctan \frac{y_E - y_A}{x_E - x_A} = \arctan \frac{0.008 - 0.002}{129.250 - 252.707} = 179°59'50.0''$$

查找资料，知：AB 的坐标方位角为 $\alpha_1 = 72°58'48.7''$，AD 边坐标方位角为 $\alpha_3 = 180°00'01.0''$，则：

$$\theta_1 = \alpha_2 - \alpha_1 = 107°01'01.3'', \quad \theta_2 = \alpha_3 - \alpha_2 = 0°00'11.0''$$

同法可求出在 B、C、D 各点交会时的角值。

在 A 点交会时，可以 AB 或 AD 作为起始方向，测设出相应的角值，即得 AE 方向，在交会时，一般需用三个方向，当示误三角形的边长在容许范围内时，取其重心作为墩中心位置。

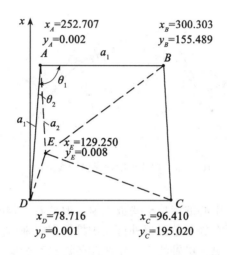

图 7.9 前方交会法测设曲线桥墩中心

三、墩、台纵横轴线的测设

为了进行各桥墩、台施工阶段的细部放样，需要测设其纵、横轴线。所谓纵轴线是指过墩、台中心与桥梁线路方向平行的轴线；而桥墩的横轴线是指过墩中心垂直于线路方向的轴线；桥台的横轴线是指桥台的胸墙线。

直线桥的桥墩、台的纵轴线与线路中线的方向重合，在墩、台中心架设仪器，自线路中线方向测设 90°角，即为横轴线的方向(图 7.10)。

曲线桥的墩、台轴线位于桥梁偏角的分角线上，在墩、台中心架设仪器，照准相邻的墩、台中心，测设 $\alpha/2$ 角，即为纵轴线的方向。自纵轴线方向测设 90°角，即为横轴线方向(图 7.11)。

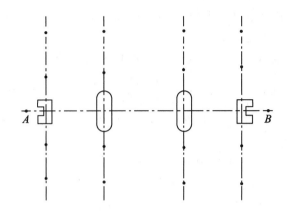

图 7.10 直线桥墩台纵横轴线测设

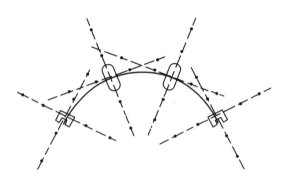

图 7.11 曲线桥墩台纵横轴线测设

在施工过程中,墩、台中心的定位桩要被挖掉,但随着工程的进展,经常需要恢复桥墩、台中心的位置,因而要在施工范围以外订设护桩,据以随时恢复墩台中心的位置。

所谓护桩即在墩、台的纵、横轴线上,于两侧各订设至少两个木桩,因为有两个桩点才可恢复轴线的方向。为防破坏,可以多设几个。在曲线桥上的护桩纵横交错,在使用时极易弄错,所以在桩上一定要注明墩台编号。

工作任务 3 桥梁施工测量

随着施工的进展,随时都要进行放样工作,但桥梁的结构及施工方法千差万别,所以测量的方法及内容也各不相同。总的来说,主要包括基础放样、墩、台放样及架梁时的测量工作。

中小型桥梁的基础,最常用的是明挖基础和桩基础。明挖基础的构造,如图 7.12(a)所示,它是在墩、台位置处挖出一个基坑,将坑底平整后,再灌注基础及墩身。根据已经测设出的墩中心位置,纵、横轴线及基坑的长度和宽度,测设出基坑的边界线。在开挖基坑时,如坑壁需要有一定的坡度,则应根据基坑深度及坑壁坡度设出开挖边界线。边坡桩

至桥墩、台轴线的距离 D(图 7.12(b)),依下式计算:

$$D=\frac{b}{2}+h\times m \tag{7.3}$$

式中,b 为坑底的长度或宽度;h 为坑底与地面的高差;m 为坑壁坡度系数的分母。

桩基础的构造如图 7.12(c))所示,它是在基础的下部打入基桩,在桩群的上部灌注承台,使桩和承台连成一体,再在承台以上修筑墩身。

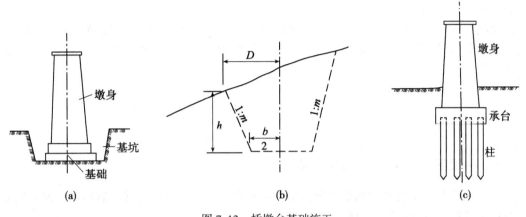

图 7.12 桥墩台基础施工

如图 7.13 所示,基桩位置放样是以桥墩、台纵、横轴线为坐标轴,按设计位置用直角坐标法测设。在基桩施工完成以后,承台修筑以前,应再次测定其位置,以作竣工资料。

明挖基础的基础部分、桩基的承台以及墩身的施工放样,都是先根据护桩测设出墩、台的纵、横轴线,再根据轴线设立模板。即在模板上标出中线位置,使模板中线与桥墩的纵、横轴线对齐,即为其应有的位置。

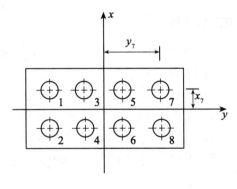

图 7.13 基桩放样

桥墩、台施工中的高程放样,通常都在墩台附近设立一个施工水准点,根据这个水准点采以水准测量方法,以测设各细部点的标高位置(以设计高程为依据)。但在基础底部及墩、台的上部,由于高差过大,难于用水准尺直接传递高程,此时,可用悬挂钢尺的办法传递高程。

架梁是建造桥梁的最后一道工序。无论是钢梁还是混凝土梁,都是预先按设计尺寸做好,再运到工地架设。

梁的两端是由位于墩顶的支座支撑,支座放在底板上,而底板则用螺栓固定在墩、台的支承垫石上。架梁的测量工作,主要是测设支座底板的位置,测设时也是先设计出它的纵、横中心线的位置。

支座底板的纵、横中心线与墩、台纵横轴线的位置关系是在设计图上给出的。因而在墩、台顶部的纵横轴线设出以后,即可根据它们的相互关系,用钢尺将支座底板的纵、横中心线设放出来。

工作任务4 桥梁施工中的检测与竣工测量

一、桥梁下部结构的施工放样检测

桥梁的高程施工放样检测相对较简单,由水准点上用水准仪直接检测即可。但一定要注意检查计算的设计高程,以免出现计算错误。

桥梁的下部施工放样一般由桩基础、承台(系梁)、立柱、墩帽等的放样组成,检查时技术要求均有所不同,一般应按照规范要求或图纸要求进行检查,具体如下:

(1)桩基础:一般单排桩要求轴线偏差不超过±5cm,群桩要求轴线偏位不超过±10cm。检查时用全站仪或经纬仪加测距仪检查桩中心放样点,再用小钢尺量取桩中心的偏位。

(2)承台(系梁):其轴线偏位要求不超过±15mm。检查时可先量取承台(系梁)的中心位置,再用全站仪或经纬仪加测距仪检查。

(3)立柱、墩帽:其轴线偏位要求不超过±10mm。检查时可先量取立柱、墩帽的中心位置,再用全站仪或经纬仪加测距仪检查。

二、桥梁上部结构的施工放样检测

桥梁的上部结构形式多样,较常见的有T梁、板梁、现浇普通箱梁、现浇预应力箱梁、悬浇预应力箱梁等,要根据不同的形式检查。

上部结构施工时的测量工作主要是对高程的控制(即测设各构件的标高),因而也是测量检查工作的重点。如T梁、板梁、现浇普通箱梁、现浇预应力箱梁的顶面标高直接影响到桥面的厚度,桥面的厚度直接影响桥梁的使用。悬浇预应力箱梁的高程控制更是要影响贯通的高差及桥面的厚度。所以,务必对各部位的标高进行检查,务必满足限差的要求。

三、桥梁的竣工测量

桥梁的竣工测量主要根据规范、施工图纸要求,对已完成的桥梁进行全面的检测,主要检测的测量项目有轴线、高程、高度等。

【知识小结】

　　桥梁施工测量是在勘察设计、施工和运营管理各阶段所进行的测量工作。测量的繁简程度和方法随桥梁的类型、大小、长短与河道地形情况而异。桥梁施工测量的主要任务是建立桥梁施工控制网并加密控制点；精确地放样桥墩桥台的位置和跨越结构的各个部分，并随时检查施工质量。本项目介绍了桥梁工程中测量工作的内容和方法。重点介绍了桥梁施工控制网的形式，建立桥梁平面、高程施工控制网的测量方法与要求；精确地放样桥墩桥台的位置和跨越结构各个部分的方法；桥墩台纵横轴线测量以及基础施工测量等知识内容。

【知识与技能训练】

1. 简述桥梁的结构和组成部分。
2. 桥梁施工控制网的布设形式有哪几种？各适用于什么情况？
3. 桥梁墩台中心定位的常用方法有哪几种？如何实施？
4. 曲线桥上墩台的横轴线方向如何确定？
5. 桥梁施工中高程如何控制？
6. 桥梁施工阶段的测量工作包括哪几部分内容？
7. 到一在建的桥梁施工现场，认识桥梁的构成，了解桥梁控制网的布设和施工方法。

项目 8　地下工程施工测量

【教学目标】

学习本项目，要求学生了解地下工程的类型和特点；掌握地面控制测量、地下控制测量、竖井联系测量的基本方法；掌握隧道贯通测量的基本方法，掌握隧道施工测量中线放样、坡度放样和断面放样的方法，使学生具有隧道施工测量的基本技能，为以后从事地下工程施工工作奠定基础。

项 目 导 入

地下工程是指深入地面以下为开发利用地下空间资源所建造的地下土木工程，地下工程已是工程建设的一个重要方面，它对社会经济的发展和人们的生活有着重要的作用，按地下工程的用途和开挖地点的不同，地下工程可以划分为以下几种：

（1）地下隧道工程：它包括铁道隧道，公路隧道、城市地铁隧道、过江过海隧道，水利工程的输水隧道等。

（2）地下峒室工程：包括地下厂房、地下仓库、地下商场、地下停车场、地下采矿人防工程等。

（3）地下矿山井巷工程：它是供地下有用矿物资源开采、运输、以及通风排水用的一种综合工程。

虽然地下工程各有其自身的特点，但在测量工作上有许多共同的地方。

地下工程施工测量的任务是标定出地下隧道、巷道等线形工程的开挖位置和设计中线的平面位置与高程（坡度）。以指导隧道（巷道）按设计正确开挖施工；标定地下峒室的空间位置、形状和大小，放样隧道（巷道）、峒室衬砌的位置，保证按设计要求进行开挖和支护衬砌；此外，还要进行地下工程结构物基础放样，以及大型设备的安装和调校测量等测量工作。为了完成上述地下工程施工测量任务，在地下工程施工前要进行地面控制测量，在施工中要进行地下控制测量和施工测量，施工完成后需要进行验收竣工测量；如果地下工程通过竖井或斜井与地面相通时，还要进行竖井、斜井联系测量。

地下工程测量同地面工程测量一样，同样要遵循"先控制后碎部，由高级到低级"的测量程序进行。但是，由于地下工程施工环境和测量对象的不同，与地面工程测量相比，地下工程测量具有以下特点：

（1）由于地下工程的空间条件有限，地下平面控制测量形式只适合布设导线。

（2）地下工程的隧道（巷道）是随掘进施工逐渐延伸而形成的，因此，地下的平面和高程控制测量不能预先一次全面布设，而是先布设低等级导线指示隧道（巷道）掘进，待隧道(巷道)掘进到一定距离后,再重新布设高等级导线作为控制,并以此作为指示后面隧道(巷道)继续掘进的低等级导线额的测量起始数据。

(3)由于地下施工条件和环境的限制,地下测量的测点标志一般设在隧道(巷道)的顶板上,测量时需要进行点下对中,观测时需要进行照明,遇到导线边长较短的情况下,测量精度难以提高。

(4)地下隧道(巷道)往往采用独头掘进施工,用布设支导线方法指示掘进方向,出现错误往往不能及时发现,并且在有的情况下,导线边长较短,随着隧道(巷道)的掘进延伸,点位误差积累会越来越大。

(5)地下工程施工照明暗、灰尘多、噪声大、地下潮湿、施工机械和运输车辆往来频繁,对地下测量工作干扰大,给测量工作和保证测量精度增加了难度。

工作任务 1　地面控制测量

一、地面控制网的布设方法和步骤

隧道地面的控制测量应在隧道开挖以前完成,它包括平面控制测量和高程控制测量,它的任务是测定地面各洞口控制点的平面位置和高程,作为向地下洞内引测坐标、方向及高程的依据,并使地面和地下在同一控制系统内,从而保证隧道的准确贯通。

平面控制网一般布设为独立网形式,根据隧道长度、地形及现场和精度要求,采用不同的布设方法,例如三角锁(网)法、边角网法、精密导线法以及 GPS 定位技术等,而高程控制网一般采用水准测量、三角高程测量等。

二、地面导线测量

在隧道施工中,地面导线测量可以作为独立的地面控制,也可用以进行三角网的加密,将三角点的坐标传递到隧道的入口处。我们这里讨论的是第一种情况。地面导线测量主要技术要求见表 8.1、表 8.2。

表 8.1　　　　　　　　地面导线测量主要技术要求(铁路隧道)

等级	隧道适用长度(km)	测角中误差(″)	边长相对中误差
二	8~20	±1.0	1/20000
	6~8	±1.0	1/20000
三	4~6	±1.8	1/20000
四	2~4	±2.5	1/20000
五	<2	±4.0	1/20000

表 8.2　　　　　　　　　　地面导线测量主要技术要求（公路隧道）

两开挖洞口间长度(km)		测角中误差(″)	边长相对中误差		导线边最小边长(m)	
直线隧道	曲线隧道		直线隧道	曲线隧道	直线隧道	曲线隧道
4~6	2.5~4.0	±2.0	1/5000	1/15000	500	150
3~4	1.5~2.5	±2.5	1/3500	1/10000	400	150
2~3	1.0~1.5	±4.0	1/3500	1/10000	300	150
<2	<1.0	±10.0	1/2500	1/10000	200	150

在直线隧道，为了减小导线量距对隧道横向贯通的影响，应尽可能地将导线沿着隧道中线敷设，导线点数不宜过多，以减小测角误差对横向贯通的影响；对于曲线隧道而言，导线亦应沿着两端洞口连线方向布设成直伸形导线为宜，但应将曲线的始点和终点以及切线上的两点包括在导线中。这样，曲线转折点上的总偏角便可根据导线测量的结果计算出来，据此便可将定测时所测得的总偏角加以修正，而获得较精确的数值，以便用以计算曲线要素。在有平峒、斜井和竖井的情况下，导线应经过这些洞口，以利于洞口投点。

为了增加检核条件，提高导线测量精度，一般导线应使其构成闭合环线，可采用主、副导线闭合环。其中副导线只观测水平角而不测距，为了便于检查，保证导线测量精度，应考虑每隔 1~3 条主导线边与副导线联系，形成增加小闭合环系数，以减少闭合环中的导线点数，以便将闭合差限制在较小范围内。另外，导线边不宜短于 300m，相邻边长之比不应超过 1∶3，如图 8.1 所示为主、副导线闭合环，对于长隧道地面控制，宜采用多个闭合环的闭合导线网(环)。

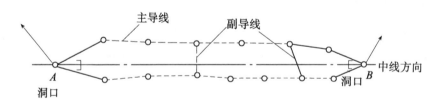

图 8.1　主副导线地面控制网

我国已建成的长达 14km 的大瑶山铁路隧道和 18km 长的军多山隧道，都是采用导线法作为地面平面控制测量。

三、地面水准测量

隧道地面高程控制测量主要采用水准测量的方法，利用线路定测时的已知水准点作为高程起算数据，沿着拟订的水准路线在每个洞口至少埋设两个水准点，水准路线应构成闭合环线或者两条独立的水准路线，由已知水准点从一端测至另一端洞口。

水准测量的等级，不但单取决于隧道的长度，还取决于隧道地段的地形情况，即决定于两洞口之间的水准路线的长度(见表 8.3)。

目前，光电测距三角高程测量方法已广泛应用，用全站仪进行精密导线三维测量，其所求的高程可以代替三、四等水准测量。

表 8.3　　　　　　　水准测量的等级及两洞口间水准路线长度

测量等级	两洞口间水准路线长度(km)	水准仪型号	水准尺类型	说明
二	>36	S_{05}、S_1	线条式钢瓦水准尺	按精密二等水准测量要求
三	13~36	S_1 S_3	线条式钢瓦水准尺 区格式木质水准尺	按精密二等水准测量要求 按三、四等水准测量要求
四	5~13	S_3	区格式木质水准尺	按三、四等水准测量要求

工作任务 2　地下控制测量

地下洞内的施工控制测量包括地下导线测量和地下水准测量，它们的目的是以必要的精度，按照与地面控制测量统一的坐标系统，建立地下平面与高程控制，用以指示隧道开挖方向，并作为洞内施工放样的依据，保证相向开挖隧道在精度要求范围内贯通。

一、地下导线测量

隧道内平面控制测量通常有两种形式：当直线隧道长度小于1000m，曲线隧道长度小于500m时，可不作洞内平面控制测量，而是直接以洞口控制桩为依据，向洞内直接引测隧道中线，作为平面控制。但当隧道长度较长时，必须建立洞内精密地下导线作为洞内平面控制。

地下导线的起始点通常设在隧道的洞口、平坑口、斜井口，而这些点的坐标是通过联系测量或直接由地面控制测量确定的。地下导线等级的确定取决于隧道的长度和形状，见表 8.4。

表 8.4　　　　　　　　　地下导线测量等级的确定

等级	两开挖洞口间长度(km)		测角中误差(″)	边长相对中误差	
	直线隧道	曲线隧道		直线隧道	曲线隧道
二	7~20	3.5~20	±1.0	1/10000	1/10000
三	3.5~7	2.5~3.5	±1.8	1/10000	1/10000
四	2.5~3.5	1.5~2.5	±2.5	1/10000	1/10000
五	<2.5	<1.5	±4.0	1/10000	1/10000

1. 地下导线测量的特点和布设

(1)地下导线由隧道洞口等处定向点开始,按坑道开挖形状布设,在隧道施工期间,只能布设成支导线形式,随隧道的开挖而逐渐向前延伸。

(2)地下导线一般采用分级布设的方法:先布设精度较低、边长较短(边长为25~50m)的施工导线;当隧道开挖到一定距离后,布设边长为50~100m的基本导线;随着隧道开挖延伸,还可布设边长为150~800m的主要导线,如图8.2所示。三种导线的点位可以重合,有时基本导线这一级可以根据情况舍去,即直接在施工导线的基础上布设长边主要导线。长边主要导线的边长在直线段不宜小于200m,曲线段不小于70m,导线点力求沿隧道中线方向布设。对于大断面的长隧道,可布设成多边形闭合导线或主副导线环,如图8.3所示。有平行导坑时,应将平行导坑单导线与正洞导线联测,以资检核。

(3)洞内地下导线点应选在顶板或底板岩石等坚固、安全、测设方便与便于保存的地方。控制导线(主要导线)的最后一点应尽量靠近贯通面,以便于实测贯通误差。对于地下坑道的相交处,也应埋设控制导线点。

(4)洞内地下导线应采用往返观测,由于地下导线测量的间歇时间较长且又取决于开挖面进展速度,故洞内导线(支导线)采取重复观测的方法进行检核。

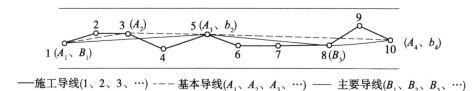

图8.2 洞内导线分级布设

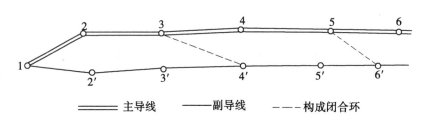

图8.3 主、副导线环

2. 地下导线观测及注意事项

(1)每次建立新导线点时,都必须检测前一个"旧点",确认没有发生位移后,才能发展新点。

(2)有条件的地段,主要导线点应埋设带有强制对中装置的观测墩或内外架式的金属吊篮,并配有灯光照明,以减小对中与照准误差的影响,这有利于提高观测精度。

(3)使用J2级经纬仪(或全站仪)观测角度,施工导线观测1~2测回,测角中误差为±6″以内,控制长边导线宜采用全站仪(Ⅰ、Ⅱ级)观测,左、右角两测回,测角中误差为

±5″以内,圆周角闭合差±6″以内。边长往返两测回,往返测平均值小于7mm。

(4)如导线长度较长,为限制测角误差积累,可使用陀螺经纬仪加测一定数量导线边的陀螺方位角。一般加测一个陀螺方位角时,宜加测在导线全长2/3处的某导线边上;若加测两个以上陀螺方位角时,宜以导线长度均匀分布。根据精度分析,加测陀螺方位角数量以1~2个为宜,对横向精度的增益较大。

(5)对于布设如图8.3所示主副导线环,一般副导线仅测角度,不测边长。对于螺旋形隧道,由于难以布设长边导线,每次施工导线向前引伸时,都应从洞外复测。对于长边导线(主要导线)的测量宜与竖井定向测量同步进行,重复点的重复测量坐标与原坐标较差应小于10mm,并取加权平均值作为长边导线引伸的起算值。

二、地下水准测量

地下水准测量应以通过水平坑道、斜井或竖井传递到地下洞内水准点作为起算依据,然后随隧道向前延伸,测定布设在隧道内的各水准点高程,作为隧道施工放样的依据,并保证隧道在高程(竖向)准确贯通。

地下水准测量的等级和使用仪器主要根据两开挖洞口间洞外水准路线长度确定,详见表8.5有关规定。

表8.5 地下水准测量主要技术要求

测量等级	两洞口间水准路线长度	水准仪型号	水准尺类型	说明
二	>32km	S_{05}、S_1	线条式钢瓦水准尺	按精密二等水准测量要求
三	11~32km	S_3	区格式木质水准尺	按三等水准测量要求
四	5~11km	S_3	区格式木质水准尺	按四等水准测量要求

1. 地下水准测量的特点和布设

(1)地下洞内水准路线与地下导线线路相同,在隧道贯通前,其水准路线均为支水准路线,因而需往返或多次观测进行检核。

(2)在隧道施工过程中,地下支水准路线随开挖面的进展向前延伸,一般先测定精度较低的临时水准点(可设在施工导线上),然后每隔200~500m测定精度较高的永久水准。

(3)地下水准点可利用地下导线点位,也可以埋设在隧道顶板、底板或边墙上,点位应稳固、便于保存。为了施工方便,应在导坑内拱部边墙至少每隔100m埋设一个临时水准点。

2. 地下水准的观测与注意事项

(1)地下水准测量的作业方法与地面水准测量相同。由于洞内通视条件差,视距不宜大于50m,并用目估法保持前、后视距相等;水准仪可安置在三脚架上或安置在悬臂的支架上,水准尺可直接立在洞内底板水准点(导线点)上,有时也可用倒尺法顶立在洞顶水准点标志上,如图8.4所示。

此时,每一测站高差计算仍为$h = a - b$,但对于倒尺法,其读数应作为负值计算,如

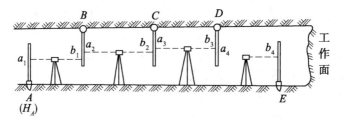

图 8.4 地下水准测量

图 8.4 中各测站高差分别为：

$$\left.\begin{array}{l}h_{AB}=a_1-(-b_1)\\h_{BC}=(-a_2)-(-b_2)\\h_{CD}=(-a_3)-(-b_3)\\h_{DE}=(-a_4)-b_4\end{array}\right\} \quad (8.1)$$

则：

$$h_{AE}=h_{AB}+h_{BC}+h_{CD}+h_{DE} \quad (8.2)$$

(2)在开挖工作面向前推进的过程中，对布设的支水准路线，要进行往返观测，其往返测不符值应在限差以内，取平均值作为最后成果，用于推算洞内各水准点高程。

(3)为检查地下水准点的稳定性，还应定期根据地面近井水准点进行重复水准测量，将所得高差成果进行分析比较。若水准标志无变动，则取所有高差平均值作为高差成果；若发现水准标志变动，则应取最后一次的测量成果。

(4)当隧道贯通后，应根据相向洞内布设的支水准路线，测定贯通面处高程(竖向)贯通误差，并将两支水准路线联成附合于两洞口水准点的附合水准路线。要求对隧道未衬砌地段的高程进行调整。高程调整后，所有开挖、衬砌工程均应以调整后高程指导施工。

工作任务 3　竖井联系测量

对于山岭铁路隧道或公路隧道、过江隧道或城市地铁工程，为了加快工程进度，除了在线路上开挖横洞、斜井增加工作面外，还可以用开挖竖井的方法增加工作面。此时，为了保证相向开挖隧道能准确贯通，就必须将地面洞外控制网的坐标、方向及高程，经过竖井传递至地下洞内，作为地下控制测量的依据，这项工作称为竖井联系测量。其中将地面控制网坐标、方向传递至地下洞内，称为竖井定向测量。

通过竖井联系测量，使地面和地下有统一的坐标与高程系统，为地下洞内控制测量提供起算数据，所以这项测量工作精度要求高，需要非常仔细地进行。

根据地面控制网与地下控制网的形式不同，定向测量形式可分为以下几种：

(1)经过一个竖井定向(一井定向)；

(2)经过两个竖井定向(两井定向)；

(3)经过平洞与斜井定向；

(4)应用陀螺经纬仪定向等。

每种定向形式也有不同的定向方法。这里主要介绍一井定向的方法。

一、一井定向

1. 用冲线法进行竖井定向测量

竖井定向的关键是向洞内传递方向,即确定洞内导线起始边的坐标方位角。所谓冲线法定向,是在竖井口附近地面上,精确地测定隧洞的掘进方向,然后,在竖井内悬挂两个重锤,并使两个重锤悬线的连线方向与地面上标定的掘进方向一致,在洞内根据两悬线所指方向标定洞内的掘进方向。

如图 8.5 所示,在竖井口附近的地面上,首先标定隧洞轴线方向桩 A 和 B。然后,在靠近井口的地面上标定两个近井点方向桩,即根据 A、B 两点定向,在 AB 直线上标定点 1 和点 2。进行竖井定向时,在近井点方向桩 1 点上安置经纬仪(见图 8.6),瞄准近井点方向桩 2 的标志,固定望远镜视线方向。调整井口上对点板的位置,使两重锤的悬线 O_1O_1' 和 O_2O_2' 都在经纬仪视线方向上,这两根悬线的连线方向就是洞内的掘进方向。两吊锤线确定后,在竖井下适当的位置(如 A' 点)安置经纬仪,用逐渐趋近法,使经纬仪位于两垂线的方向上。然后,用倒镜法或拨角 180°。即可得隧洞的掘进方向(在底板或顶板上届定标志)。

冲线法定向是在竖井距工作面不超过 30m 的距离内、定向精度要求不高的条件下使用的。为了提高定向精度,两个重锤必须放在盛有液体的容器内,以减小锤线摆动的幅度。在定向之前,也必须分别在井上、井下两处丈量两垂线的距离 O_1O_2 和 $O_1'O_2'$,两距离之差应小于 2mm。

冲线法定向工作方法简便,不用进行平差计算。如果精心操作,也可获得较高的定向精度。

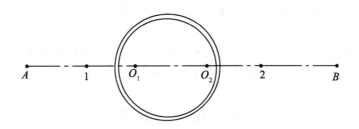

图 8.5 竖井口地面标定洞轴线

2. 联系三角形法定向

对于山岭隧道或过江隧道以及矿山坑道,由于隧道竖井较深,一井定向大多采用联系三角形法进行定向测量,如图 8.7 所示。

图 8.7(b)中,地面控制点 C 为连接点,D 为近井点,它与地面其他控制点通视(如图中 E 方向),实际工作中至少有两个控制点通视。C' 为地下连接点,D' 为地下近井点,它

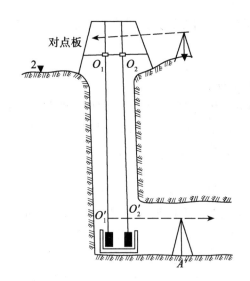

图 8.6 冲线法竖井定向测量

与地下其他控制点通视(如图中 E' 方向)。O_1、O_2 为悬吊在井口支架上的两根细钢丝,钢丝下端挂上重锤,并将重锤置于机油桶中,使之稳定。

(1)联系三角形布设。

按照规范规定,联系三角形应是伸展形状,对联系三角形的形状要求是:

①三角形内角 α 及 β 应尽可能小,在任何情况下,α 及 β 角都不能大于 3°;

②联系三角形边长 $\dfrac{a}{b}$ 以及 $\dfrac{a'}{b'}$ 的比值约等于 1.5;

③两吊锤线 $O_1 \sim O_2$ 的间距 a 及 a',应尽可能选择最大的数值;

④选择经过小角 β 的路线推算地下导线起始边的方位角。

(2)投点。

所谓投点,就是在井筒中悬挂重锤线至定向水平,然后利用悬挂的两钢丝将地面的点位坐标和方位角传递到井下。投点的设备如图 8.8 所示。

(3)联系三角形测量。

①角度测量。联系三角形的 $\alpha(\alpha')$ 和 $\omega(\omega')$ 的观测,一般使用 J2 级经纬仪或全站仪观测地面和地下各 4 个测回,使用 J6 级经纬仪则要观测 6 个测回.

测角精度:地面联系三角形控制在 ±4″以内,地下联系三角形应在 ±6″以内。

②边长测量。使用经检定的具有毫米刻划的钢尺在施加一定拉力条件下,悬空水平丈量地面、地下联系三角形边长 a、b、c 和 a'、b'、c',每边往返丈量 4 次,估读至 0.1mm。

边长丈量精度,边长丈量的中误差应小于 8mm,地面与地下实量两吊锤间距离 a 与 a' 之差不得超过 ±2mm,即

$$a - a' < \pm 2\text{mm}$$

两吊锤线稳定后,进行上述观测称为一组观测,每次定向,一般要求移动吊锤位置

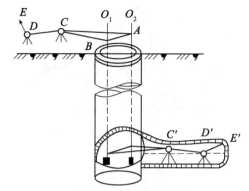

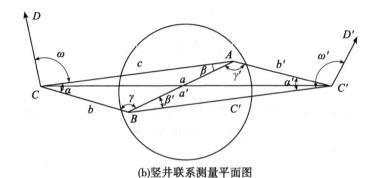

图 8.7 一井定向三角形示意图

2~3 次,进行 2~3 组观测,取各组的平均值作为定向的数据。

(4)平差计算。

平差计算前,应对外业观测数据认真检查,由于要求 $a-a'<\pm2\text{mm}$,可以采用近似平差法,计算步骤如下:

①边长平差计算。按余弦定理计算井上、井下两吊锤线的间距 $a_\text{算}$ 和 $a'_\text{算}$

$$\left.\begin{aligned} a_\text{算}^2 &= b^2 + c^2 - 2bc\cos\alpha \quad (\text{井上}) \\ a'^2_\text{算} &= b'^2 + c'^2 - 2b'c'\cos\alpha' \quad (\text{井下}) \end{aligned}\right\} \quad (8.3)$$

丈量的间距与计算的间距应满足下列要求

$$\left.\begin{aligned} \Delta a_\text{上} &= a_\text{算} - a \leq \pm 2\text{mm} \\ \Delta a_\text{下} &= a'_\text{算} - a' \leq \pm 4\text{mm} \end{aligned}\right\} \quad (8.4)$$

符合上述要求,则可计算三角形边长的改正数,三角形各边长度的改正数按下式计算

$$v_a = v_b = -v_c = -\frac{\Delta a}{3} \quad (8.5)$$

②角度平差计算。在图 8.7(b)中,在三角形 ABC 和三角形 ABC' 中,可按正弦定理求 β、γ 和 β'、γ' 角,即

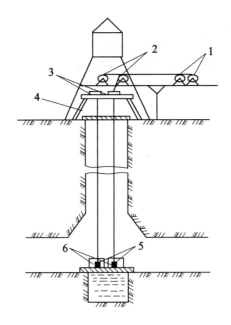

1—小绞车；2—钢丝；3—定线板；4—支架；5—垂球；6—大水桶
图 8.8　一井定向设备

$$\left.\begin{array}{l}\sin\beta=\dfrac{b\sin\alpha}{a}\\[2mm]\sin\gamma=\dfrac{c\sin\alpha}{a}\end{array}\right\}\text{（井上）} \qquad (8.6)$$

$$\left.\begin{array}{l}\sin\beta'=\dfrac{b'\sin\alpha'}{a'}\\[2mm]\sin\gamma'=\dfrac{c'\sin\alpha'}{a'}\end{array}\right\}\text{（井下）} \qquad (8.7)$$

当 $\alpha<3°$，$\gamma>177°$ 时，可按近似公式计算 β 和 γ，即

$$\left.\begin{array}{l}\beta=\dfrac{b}{a}\alpha\\[2mm]\gamma=\dfrac{c}{a}\alpha\end{array}\right\}\text{（井上）} \qquad (8.8)$$

$$\left.\begin{array}{l}\beta'=\dfrac{b'}{a'}\alpha'\\[2mm]\gamma'=\dfrac{c'}{d'}\alpha'\end{array}\right\}\text{（井下）} \qquad (8.9)$$

按上述公式计算 $\beta(\beta')$ 和 $\gamma(\gamma')$ 时，a、b 和 c 的长度应是改正后的边长。

三角形内角计算出来以后，进行角度闭合差的计算并改正，根据观测的 $\alpha(\alpha')$ 和计算的 $\beta(\beta')$、$\gamma(\gamma')$，可求得三角形的闭合差

$$\left.\begin{array}{l}f_\beta = \alpha+\beta+\gamma-180°(井上)\\ f'_\beta = \alpha'+\beta'+\gamma'-180°(井下)\end{array}\right\} \quad (8.10)$$

由于要满足式(8.4)要求,说明 a 边的误差很小,因而三角形闭合差也很小,连接三角形的三个内角 α、β、γ 和 α'、β'、γ' 的和均应为180°,一般均能闭合,若有少量闭合差存在,不给 $\alpha(\alpha')$ 分配,可平均分配到 β、γ 和 β'、γ' 上。即

$$\left.\begin{array}{l}v_\beta = v_\gamma = -\dfrac{f_\beta}{2}(井上)\\ v_{\beta}' = v_{\gamma}' = -\dfrac{f'_\beta}{2}(井下)\end{array}\right\} \quad (8.11)$$

(5)地下导线点起算数据的计算。

根据上述方法求得的水平角和边长,将井上、井下看成一条导线,按照导线的计算方法求出井下起始点 C' 的坐标及井下起始边 $C'D'$ 的方位角。

二、通过竖井传递高程

将地面高程传递到地下洞内时,随着隧道施工布置的不同,应采用不同的方法。这些方法是:

(1)经由横洞传递高程;
(2)通过斜井传递高程;
(3)通过竖井传递高程。

通过洞口或横洞传递高程时,可由洞口外已知高程点,用水准测量的方法进行传递与引测。当地上与地下用斜井联系时,按照斜井的坡度和长度的大小,可采用水准测量或三角高程测量的方法传递高程。这里我们主要讨论通过竖井传递高程。

在传递高程之前,必须对地面上起始水准点的高程进行检核。

1. 水准测量方法

在传递高程时,应该在竖井内悬挂长钢尺或钢丝(用钢丝时井上需有比长器)与水准仪配合进行测量,如图8.9所示。

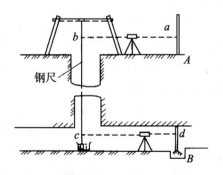

图8.9 水准仪竖井传递高程

首先将经检定的长钢尺悬挂在竖井内，钢尺零端朝下，下端挂重锤，并置于油桶里，使之稳定。在井上、井下各安置一台水准仪，精平后同时读取钢尺上读数 b、c，然后再分别读取井上、井下水准尺读数 a、d，测量时用温度计量井上和井下的温度。由此可求取井下水准点 B 的高程

$$H_B = H_A + a - \left(b - c + \sum \Delta l\right) - d \tag{8.12}$$

式中：$\sum \Delta l = \Delta l_d + \Delta l_t + \Delta l_P + \Delta l_c$；

$\Delta l_d = \dfrac{\Delta l}{L_0} \times (b-c)$；

$\Delta l_t = 1.25 \times 10^{-5} \times (b-c) \times (t-t_0)$；

$\Delta l_P = \dfrac{L(P-P_0)}{EF}$；

$\Delta l_c = \dfrac{\gamma}{E} l \left(L_0 - \dfrac{l}{2}\right)$；

H_A 为地面近井水准点的已知高程；Δl_d 为尺长改正数；Δl_t 为温度改正数；Δl_P 为拉力改正数；Δl_c 为重力改正数；Δl 为钢尺经检定后的一整尺的尺长改正数；L_0 为钢尺名义长度；t 为井上、井下温度平均值，t_0 为检定时温度（一般为20℃）；γ 为钢的单位体积质量，即 7.8g/cm^3；E 为钢的弹性系数，等于 $2 \times 10^6 \text{kg/cm}^2$；$F$ 为钢尺的横断面积；l 为 $(b-c)$。

注意：如果悬挂是钢丝，则 $(b-c)$ 值应在地面上设置的比长器上求取；同时，地下洞内一般宜埋设 2~3 个水准点，并应埋在便于保存、不受干扰的位置；地面上应通过 2~3 个水准点将高程传递到地下洞内，传递时应用不同仪器高，求得地下洞内同一水准点高程互差不超过 5mm。

2. 光电测距仪与水准仪联合测量法

当竖井较深或其他原因不便悬挂钢尺（或钢丝），可用光电测距仪代替钢尺的办法，既方便又准确地将地面高程传递到井下洞内。当竖井深度超过 50m 时，尤其显示用此方法的优越性。

如图 8.10 所示，在地上井架内架中心上安置精密光电测距仪，装配一托架，使仪器照准头直接瞄准井底的棱镜，测出井深 D，然后在井上、井下使用同一台水准仪，分别测定井上水准点 A 与测距仪照准头中心的高差 $(a-b)$，井下水准点 B 与棱镜面中心的高差 $(c-d)$。由此可得到井下水准点 B 的高程 H_B。为

$$H_B = H_A + a - b - D + c - d \tag{8.13}$$

式中，H_A 为地面井上水准点已知高程；a、b 为井上水准仪瞄准水准尺上的读数；c、d 为井下水准仪瞄准水准尺上的读数；D 为井深（由光电测距仪直接测得）。

注意：水准仪读取 b、c 读数时，由于 b、c 值很小，也可用钢卷尺竖立代替水准尺。本法也可以用激光干涉仪（采用衍射光栅测量）来确定地上至地下垂距 D。这些都可以作为高精度传递高程的有效手段。

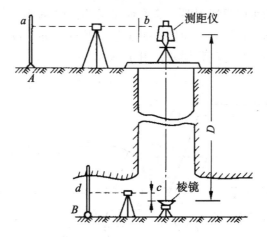

图 8.10 测距仪与水准仪联合竖井传递高程

工作任务 4 隧道贯通误差

在隧道施工中,由于地面控制测量、联系测量、地下控制测量以及细部放样的误差使得对向开挖的相接处(相接处的断面称为贯通面)、两条施工中线不能理想地衔接,而产生偏差。施工测量人员,应了解这种偏差的容许值以及产生这种偏差的原因。在布设地面、洞内控制方案中,通过对贯通精度的估算,选择适当的测量仪器和观测方法,确保隧洞的正确贯通。

一、贯通误差的概念

由于各种误差的综合影响,对向开挖的两条施工中线在贯通面处产生偏差,称为贯通误差。图 8.11 为隧道的纵断面图,PP' 为施工贯通面。该隧道分别由两端洞口 A 和 B 对向掘进,当两隧道在贯通面 PP' 处贯通时,两方向的施工中线不重合。

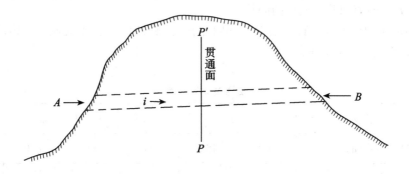

图 8.11 隧道纵断面图

如图 8.12 所示，a 和 b 两点不重合，ab 的长度即为贯通误差。贯通误差 ab 在中线方向上的投影长度，称为纵向贯通误差，简称纵向误差，用 m_t 表示。ab 在垂直于中线方向的投影长度，称为横向贯通误差，简称横向误差，用 m_y 表示。ab 长度在高程方向的投影长度，称高程贯通误差，简称高程误差，用 m_h 表示。

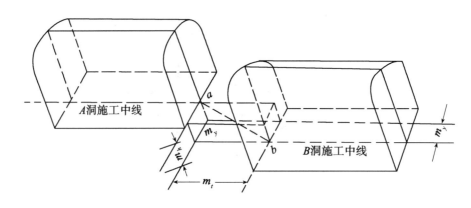

图 8.12 贯通误差示意图

隧洞的几何形状(直线或曲线)和采用的施工方法不相同，各种贯通误差对隧洞施工的影响也不相同。直线型隧洞，纵向误差只影响隧洞中线的长度，对施工影响不大。高程贯通误差影响隧洞的坡度，用水准测量的方法较易满足精度要求。但是，横向贯通误差对施工影响较大，如果从两端洞口分别掘进，而且是前面开挖，后面紧跟衬砌。当开挖到贯通面处后才发现贯通误差较大，超过容许范围。这时，因隧洞轴线的几何形状发生变化，可能使洞内建筑物超出规定的限界，迫使对已经衬砌的部分炸掉重建，给国家带来经济损失。所以，隧洞的施工测量，主要是研究横向贯通误差，应严格控制横向误差。

各项贯通误差的限差(用 Δ 表示)一般取中误差的两倍。对于纵向误差，通常都是按定测中线的精度要求，即

$$\Delta_t = 2m_t \leq \frac{1}{2000}L \tag{8.14}$$

式中，L 为隧道两开挖洞口间的长度。

对于横向贯通误差和高程贯通误差的限差，按《铁路测量技术规则》根据两开挖洞口间的长度确定，如表 8.6 所示。

表 8.6　　　　　　　　　　　　　贯通误差的限差

两开挖洞口间长度(km)	<4	4~8	8~10	10~13	13~17	17~20
横向贯通限差(mm)	100	150	200	300	400	500
高程贯通限差(mm)	50					

二、贯通误差的要求

贯通误差主要来源于洞内外控制测量和竖井（斜井）联系测量的误差，由于施工中线和贯通误差是由洞内导线测量确定的，所以施工误差和放样误差对贯通的影响可忽略不计。

在我国，铁路隧道施工中的地面控制测量与洞内测量往往由不同单位担任，故应将上述的容许贯通误差加以适当分配。一般来说，对于平面控制测量而言，地面上的条件要较洞内好，故对地面控制测量的精度要求可高一些，而对洞内导线测量的精度要求则适当降低。按照《铁路测量技术规则》的规定，系将地面控制测量的误差作为影响隧道贯通误差的一个独立因素，而将地下两相向开挖的坑道中导线测量的误差作为另一个独立因素。

这样一来，设隧道总的横向贯通中误差的允许值为 M_q，按照等影响原则，则得地面控制测量的误差所引起的横向贯通中误差的允许值（以下简称为"影响值"）为

$$m_y = \pm \frac{M_q}{\sqrt{3}} = \pm 0.58 M_q \quad (8.15)$$

对高程控制测量而言，一方面洞内的水准线路程的高差变化小，这些条件比地面的好；另一方面，洞内有烟尘、水汽、光亮度差以及施工干扰等不利因素，所以将地面与地下水准测量的误差对于高程贯通误差的影响，按相等的原则分配。设隧道总的高程贯通中误差的允许值为 M_h，则地面水准测量的误差所引起的高程贯通中误差的允许值为

$$m_h = \pm \frac{M_h}{\sqrt{2}} = \pm 0.71 M_h \quad (8.16)$$

按照上述原理所算得的隧道洞内、洞外控制测量误差，对于贯通面上的横向和高程贯通中误差所产生的影响值如表 8.7 所示。

表 8.7　　　　　　洞外、洞内控制测量误差对贯通精度的影响值　　　　（单位：mm）

测量部位	横向中误差						高程中误差
	两开挖洞口间长度（km）						
	<4	4~8	8~10	10~13	13~17	17~20	
洞外	30	45	60	90	120	150	18
洞内	40	60	80	120	160	200	17
洞内洞外总和	50	75	100	150	200	250	25

注：本表不适用于设有竖井的隧道。

对于通过竖井开挖的隧道，横向贯通误差受竖井联系测量的影响也较大，通常将竖井联系测量的误差也作为一个独立因素，且按等影响原则分配。这样，当通过两个竖井和洞口开挖时，地面控制测量误差对于横向贯通中误差的影响值则为

$$m_y = \pm \frac{M_q}{\sqrt{5}} = \pm 0.45 M_q \quad (8.17)$$

当通过一个竖井和洞口开挖时，"影响值"则为

$$m_y = \pm \frac{M_q}{\sqrt{4}} = \pm 0.50 M_q \tag{8.18}$$

在进行地面、洞内控制测量设计时，一般取最小的 m_q 值作为精度测量估算或优化设计的依据。

对于通过平行坑道建筑的隧道，通常每隔 100~200m 就有一个横向坑道，实际上贯通面很多，如果每个贯通面上的横向贯通中误差都允许为 M_q，则将使整个隧道中线的几何形状零乱。因此，为了保证整个隧道的贯通精度和使隧道中线符合设计的几何形状，对于通过平行导轨开挖的隧道，虽然中间通过横向坑道使开挖面贯通的地方很多，但仍按只有一个贯通面考虑。这时，按照式(8.15)，地下导线测量的横向中误差允许值为 M_q，它们对于横向贯通的影响值为 $\sqrt{2} m_y$。如果整个隧道通过横向坑道进行贯通的贯通面有 n 个，则每个贯通面上容许的横向贯通中误差的允许值可规定为

$$m_k = \pm \frac{\sqrt{2} m_y}{\sqrt{n}} = \pm \frac{0.82}{\sqrt{n}} M_q \tag{8.19}$$

以上的讨论就我国铁路山岭隧道施工的情况来说的。对于城市地下铁道、水下隧道以及地下工程，有时在洞口处就要先开挖竖井至一定深度，然后再按涉及的方向开拓工作面，这时就要考虑竖井联系测量误差对贯通的影响，表 8.7 所列的各项贯通误差的分配值就应重新考虑。

三、横向贯通误差的估算

隧道施工控制网的主要作用是保证地下相向开挖工作面能正确贯通。为了选择最佳布网方案，必须估算由于控制网的误差所引起的贯通误差；确定控制网的观测精度；选择测量仪器和观测方法。通过估算应确定控制网的等级、测角和测边的精度、选择测量仪器、确定测回数等技术指标。

这里主要讨论导线测量误差对横向贯通精度的影响。

1. 导线测角误差所引起的横向贯通误差

如图 8.13 所示，沿着曲线隧道在地面上布设了支导线 A、B、C、D、E 及 F，以测定

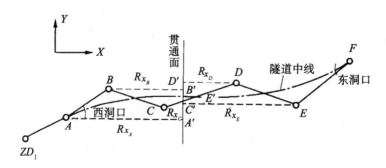

图 8.13 导线测量误差对横向贯通精度的影响

它的两个洞口 A 和 F 的相对位置,则由于导线测角误差而引起的横向贯通误差可由图 8.14 所示推导出来,当在 A 点测角时,由于测角中误差 m_{β_A} 的影响,因此使导线在贯通面上的 K 点产生一个位移值(误差值)KK',而至 K' 点,这个误差值在贯通面上的投影,即为由于测角误差所引起的横向贯通误差,其值为

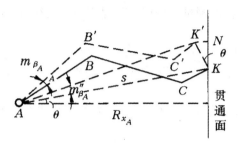

图 8.14 测角误差引起的横向贯通中误差

$$m_{y_{\beta_A}} = \overline{KN} = \overline{KK'}\cos\theta$$

因

$$\overline{KK'} = \frac{m''_{\beta_A}}{\rho''} \cdot s$$

故导线点 A 上的测角中误差对横向贯通的影响为

$$m_{y_{\beta_A}} = \frac{m_{\beta_A}}{\rho} \cdot s \cdot \cos\theta = \frac{m_{\beta_A}}{\rho} \cdot R_{x_A} \tag{8.20}$$

实际测量过程中,每个导线点上都有测角中误差。若设每个导线转折角的测角中误差相等,应用误差传播定律,就得出整条导线测角的中误差所引起的横向贯通中误差为

$$m_{y_\beta} = \pm \frac{m_\beta}{\rho} \sqrt{\sum R_x^2} \tag{8.21}$$

式中,m_β 为导线测角的中误差,单位 s;$\sum R_x^2$ 为测角的各导线点至贯通面的垂直距离的平方总和,单位 m^2。

2. 导线测边误差所引起的横向贯通误差

如图 8.15 所示,AB 为一条导线边,由于 AB 的测距误差 m_l 使得 B 点移到了 B_1 点,BB_1 在贯通面上的投影长度,即为边长误差所引起的横向贯通误差 m_{y_l}。

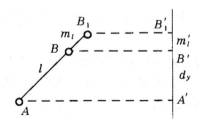

图 8.15 测边误差引起的横向贯通中误差

因
$$\frac{m_l}{l} = \frac{m_{y_l}}{d_{y_l}}$$

故
$$m_{y_l} = \frac{m_l}{l} d_{y_l} \tag{8.22}$$

设导线边长测量为等精度测量，按误差传播定律，可得各导线边长误差共同引起的横向贯通中误差为

$$m_{y_l} = \pm \frac{m_l}{l} \sqrt{\sum d_y^2} \tag{8.23}$$

式中，$\frac{m_l}{l}$ 为导线边长的相对中误差；$\sum d_y^2$ 为各导线边在贯通面上投影长度平方的总和，单位 m^2。

3. 导线测量误差引起的横向贯通误差

可以认为导线测量角和测边误差对横向贯通误差的影响量是独立的，根据误差传播定律，由式(8.21)和式(8.23)可得：

$$m_q = \pm \sqrt{m_{y\beta}^2 + m_{y_l}^2} = = \pm \sqrt{\left(\frac{m_\beta}{\rho}\right)^2 \sum R_x^2 + \left(\frac{m_l}{l}\right)^2 \sum d_y^2} \tag{8.24}$$

上式即为导线测量误差对横向贯通误差的影响值的近似公式。因为它是按支导线推导的，而实际工作中，总是要布设为环形或网形，通过平差，测角测边精度都会产生增益，故按上式进行横向贯通误差估算将偏于安全。

四、水准测量误差对高程贯通误差的影响

水准测量的误差对于隧道高程贯通误差的影响，可以按下式计算：

$$m_h = \pm m_\Delta \sqrt{L} \tag{8.25}$$

$$m_\Delta = \pm \sqrt{\frac{1}{4n} \left[\frac{\Delta \Delta}{R}\right]} \tag{8.26}$$

式中，L 为洞内外水准路线的全长，单位 km；m_Δ 为水准线路按测段往返测的高差不符值所计算的每 km 线路测量的高差中数的中误差；Δ 为每测段往返测得高差不符值，单位 mm；R 为测段长度，单位 km；n 为测段数。

工作任务5 隧道施工测量

在隧道施工测量，主要任务是标定洞内的开挖方向(中线放样)；掌握开挖的坡度以及隧道建筑物的施工放样。另外，还要及时测量掘进深度(又称进尺)和计算开挖的土石方量。下面说明各项工作的测量方法。

一、中线放样

放样中线，即为标定确定隧道开挖方向，根据施工方法和施工顺序，一般常用的有中

线法和串线法。

1. 中线法

当隧道用全断面开挖法进行施工时，通常采用中线法。其方法是首先用经纬仪根据导线点设置中线点，如图 8.16 所示，图中 P_4、P_5 为导线点，A 为隧道中线点，已知 P_4、P_5 的实测坐标及 A 的设计坐标和隧道设计中线的设计方位角 α_{AD}，根据上述已知数据，即可推算出放样中线点所需的有关数据 β_5、L 及 β_A：

$$\left. \begin{array}{l} \alpha_{P_5A} = \arctan \dfrac{Y_A - Y_{P_5}}{X_A - X_{P_5}} \\ \beta_5 = \alpha_{P_5A} - \alpha_{P_5P_4} \\ \beta_A = \alpha_{AD} - \alpha_{AP_5} \\ \beta_A = \alpha_{AD} - \alpha_{AP_5} \end{array} \right\} \quad (8.27)$$

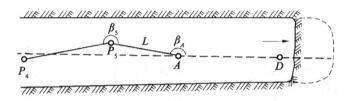

图 8.16 中线法测设洞轴线

求得有关数据后，即可将经纬仪置于导线点 P_5 上，后视 P_4 点，拨角度 β_5，并在视线方向上丈量距离 L，即得中线点 A。在 A 点上埋设与导线点相同的标志。标定开挖方向时可将仪器置于 A 点，后视导线点 P_5，拨角度 β_A，即得中线方向。随着开挖面向前推进，A 点距开挖面越来越远，这时，便需要将中线点向前延伸，埋设新的中线点，如图 8.16 中的 D 点。此时，可将仪器置于 D 点，后视 A 点，用正倒镜或转 180° 的方法继续标定出中线方向，指导开挖。AD 之间的距离在直线段不宜超过 100m，在曲线段不宜超过 50m。

当中线点向前延伸时，在直线上宜采用正倒镜延长直线法，曲线上则需要用偏角法或弦线偏距法来测定中线点。用两种方法检测延伸的中线点时，其点位横向较差不得大于 5mm，超限时应以相邻点来逐点检测至不超限的点位，并向前重新订正中线。

随着激光技术的发展，中线法指导开挖时，可在中线 A、D 等点上设置激光导向仪，以更方便、更直观地指导隧道的掘进工作。

2. 串线法

当隧道采用开挖导坑法施工时，可用串线法指导开挖方向。此法是利用悬挂在两临时中线点上的垂球线，直接用肉眼来标定开挖方向（见图 8.17）。使用这种方法时，首先需用类似前述设置中线点的方法，设置三个临时中线点（设置在导坑顶板或底板上），两临时中线点的间距不宜小于 5m。标定开挖方向时，在三点上悬挂垂球线，一人在 B 点指挥，另一人在工作面持手电筒（可看成照准标志），使其灯光位于中线点 B、C、D 的延长线上，然后用红油漆标出灯光位置，即得中线位置。

利用这种方法延伸中线方向时，因用肉眼来定向，误差较大，所以 B 点到工作面的距离不宜超过 30m。当工作面继续向前推进后，可继续用经纬仪将临时中线点向前延伸，再引测两临时中线点，继续用串线法来延伸中线，指导开挖方向。用串线法标定临时中线时，其标定距离在直线段不宜超过 30m，曲线段不宜超过 20m。

随着开挖面不断向前推进，中线点也随之向前延伸，地下导线也紧跟着向前敷设，为保证开挖方向正确，必须随时根据导线点来检查中线点，及时纠正开挖方向。

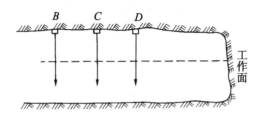

图 8.17 串线法测设洞轴线

用上下导坑法施工的隧道，上部导坑的中线点每引伸一定的距离都要和下部导坑的中线联测一次，用以改正上部导坑中线点或向上部导坑引点。联测一般是通过靠近上部导坑掘进面的漏斗口进行，用长线垂球、垂直对点器或经纬仪的光学对点器将下导坑的中线点引到上导坑的顶板上。如果隧道开挖的后部工序跟得较紧，中层开挖较快，可不通过漏斗口而直接用下导坑向上导坑引点，其距离的传递可用钢卷尺或 2m 铟瓦横基尺。

二、坡度放样

为了控制隧道坡度和高程的正确性，通常在隧道两边侧墙上分别标定一条与洞底板设计坡度相距一定高度(一般为 1m 或 1.5m)的平行线，又称腰线。施工人员根据腰线可以很快地放样出坡度和各部位高程。如图 8.18 所示。

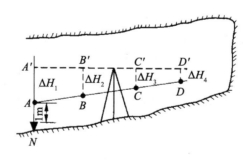

图 8.18 测设腰线

首先，根据洞外水准点的高程和洞口底板的设计高程，用高程放样的方法，在洞口点处测设 N 点，该点是洞口底板的设计标高。然后，从洞口开始，向洞内测设腰线。设洞口底板的设计标高 $H_N = 172.76m$，隧道底板的设计坡度 $i = +5‰$，腰线距底板的高度为 1.0m，要求每隔 5m 在隧道岩壁侧墙上标定一个腰线点。具体工作步骤如下：

(1)根据洞外水准点放样洞口底板的高程,得 N 点。

(2)在洞内适当地点安置水准仪,读得 N 点水准尺 $a=1.437$m(若以 N 点桩顶为隧道设计高程的起算点,a 即为仪器高。)

(3)从洞口点 N 开始,在隧道岩壁两侧墙上,每隔 5m 用红漆标定视线高的点 B'、C' 和 D'。

(4)从洞口点的视线高处向下量取 $\Delta H_1 = 1.437 - 1.0 = 0.437$m 得洞口处的腰线点 A。

(5)由于洞轴线设计坡度+5‰,腰线每隔 5m 升高 5×5‰=0.025m,所以在离洞口 5m 远的视线高 B' 点往下量垂直距离 $\Delta H_2 = 1.437 - (1 + 5 \times 5‰) = 0.412$m,得腰线点 B。在 C' 点(该点离洞口 10m)垂直向下量 $\Delta H_3 = 1.437 - (1 + 10 \times 5‰) = 0.387$m,得腰线点 C。同法可得 D 点。用红漆把 4 个腰线点 A、B、C 和 D 连为直线,即得洞口附近的一段腰线。

当开挖面推进一段距离后,按照上述方法,继续测设新的腰线。

三、断面放样

每次开挖钻爆前,应在开挖断面上根据中线和规定高程标出预计开挖断面轮廓线。为使导坑开挖断面较好地符合设计断面,在每次掘进前,应在两个临时中线点吊垂线,以目测瞄准(或以仪器瞄准)的方法,在开挖面上从上而下绘出线路中线方向,然后再根据这条中线,按开挖的设计断面尺寸,同时应把施工的预留宽度考虑在内,绘出断面轮廓线,断面的顶和底线都应将高程定准。最后按此轮廓线和断面中线布置炮眼位置,进行钻爆作业。

隧道施工在拱部扩大和马口开挖工作完成后,需要根据线路中线和附近地下水准点进行开挖断面测量,检查隧道内轮廓是否符合设计要求,并用来确定超挖或欠挖工程量。一般采用极坐标法、直角坐标法及交会法进行测量。

四、隧道贯通误差的测定与调整

隧道贯通后,应及时地进行贯通测量,测定实际的横向、纵向、竖向贯通误差。若贯通误差在允许范围之内,就认为测量工作达到了预期目的。但是,由于存在贯通误差,它将影响隧道断面扩大及衬砌工作的进行。因此,我们应该采用适当的方法将贯通误差加以调整,从而获得一个对行车没有不良影响的隧道中线,并作为扩大断面、修筑衬砌以及铺设钢轨的依据。

1. 贯通误差测定的方法

(1)延伸中线法。

采用中线法测量的隧道,贯通后应从相向测量的两个方向各纵向贯通面延伸中线,并各钉一临时桩 A、B,如图 8.19 所示。

丈量 A、B 之间的距离,即得到隧道实际的横向贯通误差。A、B 两临时桩的里程之差,即为隧道的实际纵向贯通误差。

(2)坐标法。

采用洞内地下导线作为隧道控制时,可由进测的任一方向,在贯通面附近钉设临时桩 A,然后由相向开挖的两个方向,分别测定临时桩 A 的坐标,如图 8.20 所示。这样,可以得到两组不同的坐标值(x'_A, y'_A)、(x''_A, y''_A)，则实际横向贯通误差为两组横坐标值之差的绝对值，实际纵向贯通误差为两组纵坐标值之差的绝对值。

$$\left.\begin{matrix} m_y = y'_A - y''_A \\ m_x = x'_A - x''_A \end{matrix}\right\} \tag{8.28}$$

对于曲线隧道，贯通面与洞轴线不垂直，按式(8.28)求得的数值不是真正的纵、横向贯通误差。这时，必须将其长度投影到贯通面的两个方向才能确定纵、横向贯通误差。

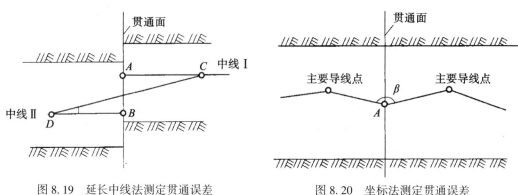

图 8.19　延长中线法测定贯通误差　　　　图 8.20　坐标法测定贯通误差

隧道贯通后，在 A 点安置经纬仪测出两相向支导线边的夹角 β，把两条支导线合并为一条附合导线，对附合导线进行平差计算，求得洞内导线点坐标的最或然值。

(3)高程贯通误差的测定。

由隧道两端口附近水准点向洞内各自进行水准测量，分别测出贯通面附近的同一水准点的高程，其高程差即为实际的高程贯通误差。测定 A 点的两组高程分别为 H_A 和 H'_A，则该隧洞的高程贯通误差为它们之差的绝对值，即

$$m_h = |H_A - H'_A| \tag{8.29}$$

2. 贯通误差的调整

隧道中线贯通后，应将相向量两方向测设的中线各自向前延伸一段适当的距离。如贯通面附近到曲线始点(或终点)时，则应延伸至曲线以外的直线上一段距离，以便调整中线。

调整贯通误差的工作，原则上应在隧道未衬砌地段上进行，不再牵动已衬砌地段的中线，以防减少限界而影响行车。对于曲线隧道还应注意不改变曲线半径和缓和曲线长度，否则需上级批准。在中线调整以后，所有未衬砌的工程均应以调整后的中线指导施工。

(1)直线隧道贯通误差的调整。

直线隧道中线调整可采用折线法调整，如图 8.21 所示。两相向施工中线上的 A、D 两点均在未衬砌地段以内。设贯通误差符合限差，可在贯通面两边各改正误差的一半，使两条中线不出现错开和台阶的情况。如果由于调整误差而产生的转折角(如图 11.24 中的 $\angle ADF$)在 $5'$ 以内时，可当作直线对待，也就是认为 A、D 两点都在一条直线上。当转折角在 $5'\sim 25'$ 时，也不必测设曲线，但应以顶点 A 和 D 考虑衬砌的内移量和轴线的位置。

顶点 A 和 D 的内移量可按圆曲线求外矢距公式计算，即

$$E = R\left(\sec\frac{\alpha}{2} - 1\right) \tag{8.30}$$

式中，α 为转折角，半径 R 的数值为 4000m。

例如，设转折角为 15′，则按上式求得顶点的位移量为 10mm。

若转折角大于 25′，则应测设半径为 4000m 的两条反向圆曲线，用以连接两相反方向的中线。

各种转折角的内移量如表 8.8 所示。

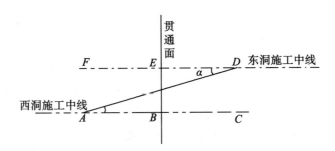

图 8.21　直线隧道贯通误差的调整

表 8.8　　　　　　　　各种转折角 α 的内移外矢距 E 值

转折角 α(′)	5	10	15	20	25
内移外矢距 E 值(mm)	1	4	10	17	26

对于用地下导线精密测得实际贯通误差的情况，当在规定的限差范围内时，可将实测的导线角度闭合差平均分配到该段贯通导线各导线角，按简易平差后的导线角计算该段导线各导线点的坐标，求出坐标闭合差。根据该段贯通导线各边的边长按比例分配坐标闭合差，得到各点调整后的坐标值，并作为洞内未衬砌地段隧道中线点放样的依据。

（2）曲线隧道贯通误差的调整。

当贯通面位于圆曲线上，而且调整地段也全部位于圆曲线上，可采用偏角法调整相向的两条施工中线。即根据实际贯通误差，由曲线两端向贯通面按长度的比例，调整两条施工中线的位置，使两中线在贯通面圆滑连接。

如图 8.22 所示，设调整地段 AB 长度为 40m，贯通面位于 AB 的中点，实测的横向贯通中误差为 8cm。因此，两相向中线在贯通面处的 C 和 D 两点均向内移动 4cm，即得 E 点。从贯通面起，向两侧每隔 5m 依次调整 3cm、2cm、1cm。A、B 两点不改动位置（即调整数为零），调整后的曲线点为最后确定的施工中线点。调整地段的扩挖和衬砌，应以调整后的中线点作为施工的依据。

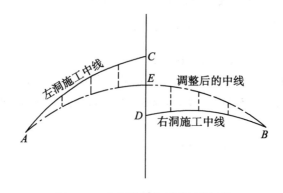

图 8.22　曲线隧道贯通误差的调整

【知识小结】

本项目介绍了地下工程的类型、特点及施工测量的主要内容，重点介绍了地面控制测量、地下控制测量、竖井联系测量和隧道施工测量等知识。重点应掌握地下工程控制测量、竖井联系测量、隧道施工测量工作的作业步骤及相关计算。

【知识与技能训练】

1. 地下工程可以划分为几种？
2. 地下工程测量具有哪些特点？
3. 地下工程测量的任务有哪些？
4. 地下导线的特点是什么？地下水准测量的特点又是什么？
5. 何谓一井定向？联系三角形法一井定向内业计算的主要步骤是什么？
6. 何谓贯通误差？其如何分类？
7. 到一地下通道、走廊或地下坑道，了解地下控制测量的方法及定向方法。

项目 9　水工建筑物施工测量

【教学目标】

水工建筑物施工测量贯穿水利工程建设的始终，学习本项目要求学生掌握土坝和混凝土坝施工测量的基本工作、掌握水闸放样和安装测量的基本方法。通过学习，使学生能够进行土坝坝轴线、清基开挖线和坡脚线的测设，能够进行修坡桩和护坡桩的标定；能够进行混凝土坝体放样线的测设；并具有水闸施工放样和安装测量的基本技能。

项 目 导 入

组成水利枢纽的建筑物称为水工建筑物，包括大坝、水闸、水电站厂房、船闸、泄水建筑物以及导流隧洞和引水隧洞等，它们的施工放样程序与其他测量工作一样，也是按照从"整体到局部，先轴线后细部"的原则进行。

建筑物的细部施工放样，包括测设各种建筑物的立模线、填筑轮廓点，对已架立的模板、预制件或埋件进行体形和位置的检查。立模线和填筑轮廓点可直接由等级控制点测设，也可由测设的建筑物纵横轴线点放样。放样点密度因建筑物的轮廓线的形状和建筑材料而不同。例如混凝土直线形建筑物相邻放样点间的最长距离为 5~8m，而曲线形建筑物相邻放样点间的最长距离为 2~4m 或更密一点；在同一形状的建筑物中，混凝土建筑物上相邻放样点间的距离应小于土石料建筑物放样点的间距。当直线形混凝土建筑物相邻放样点最长距离为 5~8m 时，土石料建筑物放样点间的距离则为 11~15m。对于曲线型建筑物细部放样点，除了按建筑材料不同而规定相邻点间的最长距离外，曲线的起点、中点和折线的拐点必须测设出；小半径的圆曲线，可加密放样点或放出圆心点；曲面预制模板，应酌情增放模板拼缝位置点。

工作任务 1　土坝的施工放样

土坝属于重力坝型，它具有就地取材，施工简便的特点，一般中、小型水坝常修筑成土坝。土坝施工放样的内容主要包括：坝轴线的测设、坝身控制测量、清基开挖线的放样、坡脚线和坝体边坡线的放样等。

一、坝轴线的测设

土坝的坝轴线就是坝顶中心线，如图 9.1 所示。一般由设计部门根据坝址的具体条件选定。为了在实地标出它的位置，首先根据设计图上坝轴线端点的坐标及坝址附近的测图控制点坐标计算放样数据，由于放样方法的不同，放样数据可以是水平角、水平距离(极坐标法)，也可以是坐标增量(直角坐标法)等。然后放出坝轴线的端点位置。放样时，除了放出坝轴线端点的位置外，还需放出轴线中间一点。

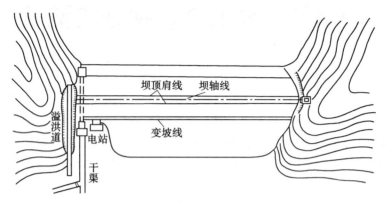

图9.1　坝轴线测设

二、坝身控制测量

坝轴线是土坝施工放样的主要依据，但是，在进行整个坝体细部点的施工放样时，只有一条坝轴线是不能满足施工需要的，还必须建立坝身控制测量，为细部点的测设提供依据。

1. 平面控制测量

(1)平行于坝轴线的直线测设。

在图9.2中，M、N是坝轴线的两个端点，将经纬仪(或全站仪)安置在M点，照准N点，固定照准部，用望远镜向河床两岸投设A、B两点。然后，分别在A(及B)点安置仪器，照准坝轴线端点M(或N)点后，仪器旋转90°，定出坝轴线的两条垂线PQ和RS，在垂线上按所需间距(一般每隔5m、10m或20m)测设距离，定出a、b、c和d、e、f等点，那么ad、be、cf等直线就是坝轴线的平行线。为了施工放样，还应将仪器分别安置在a、b、c和d、e、f等点，将各条平行线投测到施工范围外的河床两岸，并打桩标定。

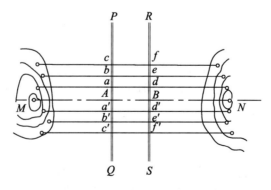

图9.2　平行于坝轴线的直线

(2)垂直于坝轴线的直线测设。

通常将坝轴线上与坝顶设计高程一致的地面点作为坝轴线里程桩的起点,称为零号桩。从零号桩起,每隔一定距离分别设置一条垂直于坝轴线的直线。垂直线的间距随坝址地形条件而定。一般每隔11~20m设置一条垂直线,地形复杂时,间距还可以适当小些。

测设零号桩的方法如图9.3所示,在坝轴线的M点附近安置水准仪,后视水准点上的水准尺,得读数为a,根据求前视尺应有读数的原理,零号桩上的应有读数为

$$b=(H_0+a)-H_{顶} \tag{9.1}$$

式中,H_0为坝顶设计高程;(H_0+a)为视线高程;$H_{顶}$为坝顶的设计高程。

在坝轴线的另一个端点N上安置全站仪,照准M点,固定照准部。扶尺员持水准尺在全站仪视线方向沿山坡上、下移动,当水准仪中丝读数为b时,该立尺点即为坝轴线上零号桩的位置。

坝轴线上零号桩位置确定后,测出零号桩位置在此情况下的坐标值,用上述相同的方法和原理测设需要设置垂线的里程桩位置和横断面方向桩。

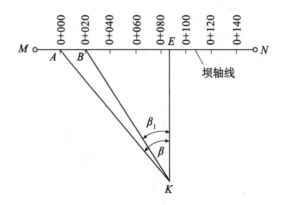

图9.3 用间接法测定坝轴线的里程

扶尺员在坝轴线上移动水准尺寻找两个坝轴线端点,当水准尺读数为b时,该点即为坝轴线端点,并打桩标定。以任一个坝顶端点为起点,沿坝轴线方向,每隔一定距离设置里程桩,若坝轴线方向坡度太陡,测设距离较为困难,可在坝轴线上选择一个适当的E点,该点应位于向下游或上游便于测距的地方。然后,在E点安置经纬仪(或全站仪),测量EK的水平距离和水平角β角,计算AE的距离为

$$\overline{AE}=\overline{EK}\cdot\tan\beta \tag{9.2}$$

若要确定桩号为0+020的B点,可按下式计算测设角β_1:

$$\beta_1=\arctan\frac{\overline{AE}-20}{\overline{EK}} \tag{9.3}$$

用两台经纬仪,分别安置于K和N点。N点的仪器照准M点,固定照准部,K点的仪器测设β_1角,两台仪器视线的交点即为0+020的B点。其他里程桩可按上述方法测设。

最后是在各里程桩上测设坝轴线的垂线,在各里程桩上分别安置仪器,照准坝轴线上

较远的一个端点 M 或 N，照准部旋转 90°，即可得到一系列与坝轴线垂直的直线。将这些垂线也投测到围堰上或山坡上并用木桩或混凝土桩标志各垂直线的端点。

2. 高程控制测量

为了进行坝体的高程放样，需在施工范围外布设水准基点，水准基点要埋设永久性标志，并构成环形路线用三等精度测定它们的高程。此外，还应在施工范围内设置临时性水准点，这些临时性水准点应靠近坝体，以便安置 1~2 次仪器就能放出需要的高程点。临时水准点应与水准基点构成附合水准路线，按四等精度施测。临时水准点一般不采用闭合路线施测，以免用错起算高程而引起事故。

三、清基开挖线的放样

清基开挖线就是坝体与自然地面的交线，亦即自然地表面上的坝脚线。为了使坝体与地面紧密结合，增强大坝的稳定性，必须清除坝基自然表面的松散土壤、树根等杂物。在清理基础时，测量人员应根据设计图纸放出清基开挖线，以确定施工范围。具体方法如下：

(1) 图解量取放样数据。如图 9.4 所示，P 点在坝轴线上的里程为 0+100，A、B 两点为 0+100 桩坝体的设计断面与地面上、下游的交点，在设计图纸上量取图上 PA、PB 的水平距离为 d_1、d_2，即为放样数据。

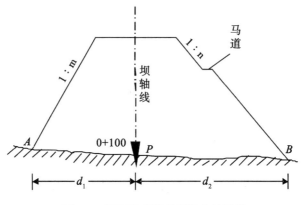

图 9.4 图解法求清基开挖点的放样

(2) 如图 9.5 所示，在 P 点安置经纬仪（或全站仪），照准坝轴线的一个端点，照准部旋转 90°定出横断面方向，从 P 点分别向上、下游方向测设 d_1、d_2，标出清基开挖点 A、B 两点。同法定出各断面的清基开挖点，各开挖点的连线，即为清基开挖线。

由于清基开挖有一定的深度和坡度，所以，应按估算的放坡宽度确定清基开挖线。当从断面图上量取 d_i 时，应根据施工现场的具体情况按深度和坡度加上一定的放坡长度。

四、坡脚线的放样

基础清理完工后，坝体与地面的交线称为坡脚线（亦称起坡线）。坡脚线是填注土石

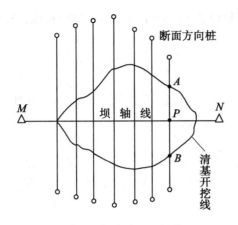

图 9.5 标定清基开挖线

和浇注混凝土的边界线。坡脚线的测设常用以下方法。

1. 趋近法

清基完工后,首先恢复坝轴线上各里程桩的位置,并测定各里程桩的地面高程。如图 9.6 所示,将经纬仪(或全站仪)分别安置在各里程桩上,以坝轴线端点为起点定出各断面方向,然后根据设计断面估算的距离,沿断面方向测定坡脚线上点的轴距 d'(里程桩至坡脚点的水平距离)及高程 H'_A。图中里程桩 P 点到坡脚线上 A 点的轴距 d 为

$$d = \frac{b}{2} + m(H_顶 - H'_A) \tag{9.4}$$

式中,b 为坝顶设计宽度;M 为坝坡面设计坡度的分母;$H_顶$ 为坝顶设计高程;H'_A 为立尺点 A' 的高程。

若实测的轴距 d' 与计算的轴距 d 不等,说明立尺点 A' 不是该断面设计的坡脚点 A,则应沿断面方向移动立尺点的位置,反复试测,直至实测的轴距与计算的轴距之差在容许范围内为止,这时的立尺点即为设计的坡脚点。同法测得其他断面的坡脚点,用白灰线将各坡脚点连接起来,即成为坝体的坡脚线。

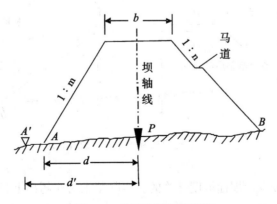

图 9.6 趋近法测定坡脚线

2. 平行线法

前面通过坝身控制测量设置了一些平行于坝轴线的直线，这些直线与坝坡面相交处的高程为

$$H_i = H_顶 - \frac{1}{m}\left(d_i - \frac{b}{2}\right) \tag{9.5}$$

式中，H_i 为第 i 条平行线与坝坡面相交处的高程；$H_顶$ 为坝顶的设计高程；d_i 为第 i 条平行线与坝轴线之间的距离，即轴距；b 为坝顶的设计宽度；m 为坡面设计坡度的比例尺分母。

计算出 H_i 后，即在各平行线上，用高程放样的方法测设 H_i 的坡脚点。各个坡脚点的连线，即为坝体的坡脚线。一般坡脚处填土的位置应比现场标定的坡脚线范围要大一些，以便坡面碾压结实，确保施工的质量。

五、坝体边坡的放样

坝体坡脚线标定后，即可在标定范围内填土（上料），填土要分层进行，每层厚约0.5m，每填一层都要进行碾压，测量人员在碾压后要及时确定填土的边界，即边坡。土坝边坡通常采用坡度尺法或轴距杆法放样。

1. 坡度尺法

按设计坝面坡度 $1:m$ 特制一个直角三角板，使两直角边的长度分别为 1m 和 m 米。在长为 m 米的直角边上安一个水准管。放样时，将绳子的一头系于坡脚桩上，另一头系在坝体横断面方向的竖杆上，将三角板斜边靠着绳子，当绳子拉到水准气泡居中时，绳子的坡度即等于应放样的坡度。如图 9.7 所示。

2. 轴距杆法

根据土坝的设计坡度，按式（9.4）算出不同层坝坡面点的轴距 d，由于坝轴线里程桩不便保存，必须以填土范围之外的坝轴线平行线为依据进行量距。为此，在这条平行线上设置一排轴距杆，如图 9.7 所示。设平行线的轴距为 D，则填土上料桩（坡面点）离轴距杆的距离为 $(D-d)$，以此即可定出上料桩的位置。随着坝体增高，轴距杆可逐渐向坝轴线移近。

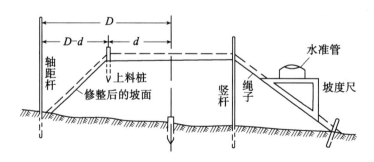

图 9.7 坡度尺法和轴据杆法放样边坡

上料桩的轴距是按设计坝面坡度计算的，实际填土时应超出上料位置，即应留出碾压

和修整的余地，图中用虚线表示。

六、土坝修坡桩的测定

土坝碾压后进行修整，使坡面与设计要求相符，修整后用草皮或石块护坡。修坡常用水准仪法和经纬仪法。

1. 水准仪法

在坝坡面上按一定间距布设一些与坝轴线平行的坝面平行线，根据式9.5计算各平行线的高程，然后用水准测量测定平行线上各点的高程，所测高程与所算高程之差即为修坡厚度。

2. 全站仪(经纬仪)法

用全站仪或经纬仪测定，首先要根据坡面的设计坡度计算出坡面的倾角，即：

$$\alpha = \arctan \frac{1}{m} \tag{9.6}$$

在填筑的坝顶边缘上安置全站仪(经纬仪)，量取仪器高度 i。将望远镜视线向下倾斜 α 角，固定望远镜，此时视线平行于设计坡面。然后沿着视线方向每隔几米竖立标尺，设中丝读数为 L，则该立尺点的修坡厚度为

$$\Delta d = i - v \tag{9.7}$$

若安置全站仪(经纬仪)地点的高程与坝顶设计高程不符，则计算削坡量时应加改正数，如图9.8所示。所以，实际的修坡厚度应按式(9.8)计算。

$$\delta' = (i - L) + (H_i - H_顶) \tag{9.8}$$

式中，i 为全站仪(经纬仪)的仪器高度；L 为全站仪(经纬仪)的中丝读数；H_i 为安置仪器的坝顶实测高程；$H_顶$ 为坝顶的设计高程。

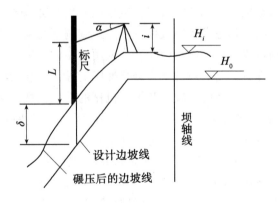

图9.8 用全站仪测定削坡桩

七、护坡桩的标定

坝坡面修整后，需要护坡，为此应标定护坡桩。护坡桩从坝脚线开始，沿坝坡面高差

每隔5m布设一排,每排都与坝轴线平行。在一排中每11m钉一木桩,使木桩在坝面上构成方格网形状,按设计高程测设于木桩上。然后在设计高程处钉一小钉,称为高程钉。在大坝横断面方向的高程钉上拴一根绳子,以控制坡面的横向坡度;在平行于坝轴线方向系一活动线,当活动线沿横断面线的绳子上、下移动时,其轨迹就是设计的坝坡面,如图9.9所示。因此可以用活动线作为砌筑护坡的依据。如果是草皮护坡,高程钉一般高出坝坡面5cm;如果是块石护坡,应以设计要求预留铺盖厚度。

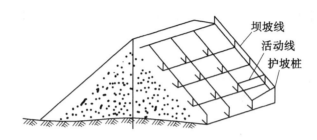

图9.9 护坡桩的标定

工作任务2 混凝土坝体放样线的测设

混凝土坝由坝体、闸墩、闸门、廊道、电站厂房和船闸等多种构筑物组成。因此混凝土坝施工较复杂,要求也较高。不论是施工程序,还是施工方法,都与土坝有所不同。混凝土坝的施工测量,是先布设施工控制网,测设坝轴线,根据坝轴线放样各坝段的分段线。然后由分段线标定每层每块的放样线,再由放样线确定立模线。

坝体浇筑前,要清除坝基表面的覆盖层,直至裸露出新鲜基岩。混凝土坝基础开挖线的放样精度要求较高,用图解法求放样数据,不能达到精度要求,必须以坝基开挖图有关轮廓点的坐标和选择的定线网点,用角度交会法或用全站仪坐标法放样基础开挖线。

坝基开挖到设计高程后,要对新鲜基岩进行冲刷清理,才开始浇筑混凝土坝体。由于混凝土的物理和化学特性,以及施工程序和施工机械的性能,坝体必须分层浇筑,每一层又要分段分块(或称分跨分仓)进行浇筑,如图9.10所示。每块的4个角点都有施工坐标,连接这些角点的直线称为立模线。但是,为了安装模板的方便和浇筑混凝土前检查立模的正确性,通常不是直接放样立模线,而是放出与立模线平行且与立模线相距0.5～1.0m的放样线,作为立模的依据。

坝体放样线的测设,应根据坝型、施工区域地形及施工程序等,采用不同的方法。对于直线型水坝,用偏轴距法放样较为简便,拱坝则采用全站仪自由设站法、前方交会法或极坐标法较为有利。现将混凝土坝体放样线的测设方法介绍如下。

一、测设直线型坝体的放样线

在上、下游围堰工程完成后,直线型坝底部分的放样线,一般采用偏轴距法测设。如

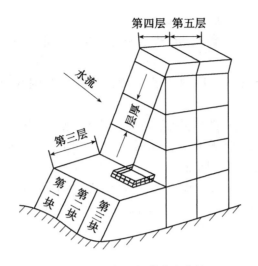

图 9.10 混凝土坝体分段分块

图 9.11 所示，根据坝块放样线的坐标(大坝坐标系统下的坐标)，在某一控制点上安置全站仪，选择另一控制点为后视点(测站点和后视点的坐标均为大坝坐标系统下的坐标)，将仪器选择在"放样"功能上，并将欲放样的点坐标(这些点的坐标同是大坝坐标系统下的坐标)输入到仪器中，然后根据仪器所指方向立棱镜，当仪器上显示差值为零或某一允许的差值，则该点即为欲放样点的位置。

围堰与坝轴线不平行即相交，只要根据分段分块图测设定向点，就可用方向线交会法，迅速地标定放样线。现根据围堰与坝轴线的关系，分别说明设置定向点的方法。

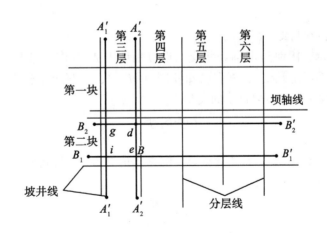

图 9.11 方向线交会法测设放样线

1. 围堰与坝轴线平行

(1)根据坝体分段分块图，在上游或下游围堰的适当位置选择一点 D。由施工控制网

点 A，B，C 测定 D 点坐标，如图 9.12 所示。

(2)由坝轴线的坐标方位角及 DC 边的坐标方位角，求出两个边的水平角 β，即 $\beta = \alpha_{DE} - \alpha_{DC}$。

(3)在 D 点安置经纬仪，后视 C 点，测设 β 角，在围堰上定出平行于坝轴线的 DE 线。

(4)根据 D 点与各定向点的坐标差，求得相邻定向点的间距，从 D 点起，沿 DE 直线进行概量，定出各定向点的概略位置，如图 9.12 中的 1，2，3 点，并在各点埋设顶部有一块 11cm×11cm 钢板的混凝土标石。

(5)用上述方法精确地在各块钢板上刻画出 DE 方向线，再沿 DE 方向，精密测量定向点的间距，即可定出各定向点的正确位置。定向点的间距是根据坝体分段及分块的长度与宽度确定的。

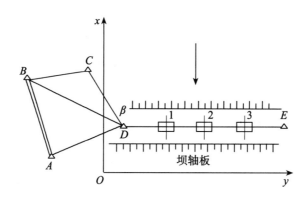

图 9.12 围堰与坝轴线平行时设置定向点

2. 围堰与坝轴线相交

如图 9.13 所示，围堰与坝轴线相交。设过围堰上 M 点作一条与坝轴线平行的直线 MN'（实际上地面不标定此线），根据已知控制点 M、A，反算出坐标方位角 α_{MA}，求出 β_1 角，观测 β_2 角，故 MN 与 MN' 直线的夹角为

$$\theta = \beta_1 - \beta_2$$

式中，$\beta_1 = 90° - \alpha_{MA}$。

取 $M1'$、$M2'$、$M3'$、MN' 为任意整数，解算直角三角形，即可求出相应的直角三角形的斜边 $M1$、$M2$、$M3$、MN，即

$$M1 = \frac{M1'}{\cos\theta}$$

然后，沿 MN 方向测量距离 $M1$、$M2$、$M3$、MN 可埋设标石，并确定标定 1、2、3、N 点。放样时，如果将经纬仪安置在定向点 1，照准端点 M 或 N，顺时针旋转照准部，使读数 $\gamma = 180° - (\beta_2 + \alpha_{MA})$，即可标出垂直于坝轴线的方向线。

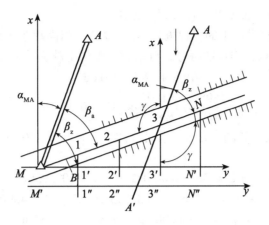

图 9.13 围堰与坝轴线相交时设置定向点

二、测设重力式拱坝放样线

现以图 9.14 为例,说明重力式拱坝测设放样线时,求放样点设计坐标的方法。

图 9.14 为水利枢纽工程某拦河坝的平面图,该大坝系重力式空腹溢流坝,圆弧对应的夹角为 115°,坝轴线半径为 243m,坝顶弧长为 487.732m,里程桩号沿坝轴线计算。圆心 O 的施工坐标 $x=500.000$m,$y=500.000$m,以圆心 O 与 12~13 坝段分段线的连线为 x 轴,其里程桩号为 (2+40.00),该坝共分 27 段,施工时分段分块浇筑。

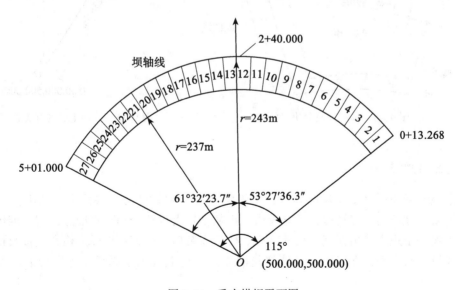

图 9.14 重力拱坝平面图

图 9.15 为大坝第 20 段第一块(上游面),高程为 170m 时的平面图。为了使放样线保持圆弧形状,放样点的间距以 4~5m 为宜。根据以上有关数据,可以计算放样点的设计坐

标。现以放样点 1 为例，说明其计算过程与方法。

如图 9.16 所示，放样点 1 的里程桩号为(3+71)，当高程为 170m 时，该点所在圆弧的半径 $r=236.5$m。根据放样点的桩号，可求出坝轴线上的弧长 L 和相应的圆心角。

$$L=371-240=131(\text{m})$$

$$\alpha=\frac{180°}{\pi R}\times L=\frac{180°}{\pi\times 243}\times 131=30°53'16.2''$$

根据放样点的半径 R 和圆心角 α，求出放样点 1 对于圆心 O 点的坐标增量及 1 点的设计坐标(x_1, y_1)，即

$$\Delta x=r\cdot\cos\alpha=236.5\times\cos 30°53'16.2''=202.958(\text{m})$$
$$\Delta y=-r\cdot\sin\alpha=-236.5\times\sin 30°53'16.2''=-121.409(\text{m})$$
$$x_1=x_0+\Delta x=500.00+202.958=702.958(\text{m})$$
$$y_1=y_0+\Delta y=500.00-121.409=378.195(\text{m})$$

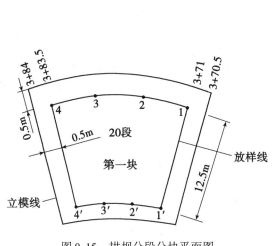

图 9.15　拱坝分段分块平面图

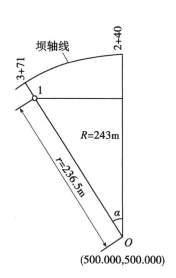

图 9.16　放样 1 点的有关数据

三、高程放样

为了控制新浇混凝土坝块的高程，可先将高程引测到已浇坝块面上，从坝体分块图上，查取新浇坝块的设计高程，待立模后，再从坝块上设置的临时水准点，用水准仪在模板内侧每隔一定距离放出新浇坝块的高程。模板安装后，应该用放样点检查模板及预埋件安装的质量，符合规范要求时，才能浇筑混凝土。待混凝土凝固后，再进行上层模板的放样。

工作任务 3　水闸的放样

水闸是由闸门、闸墩、闸底板、两边侧墙、闸室上游防冲板和下游溢流面等所组成。

图 9.17 为三孔水闸平面布置示意图。

水闸的施工放样,包括水闸轴线的测设、闸底板范围的确定、闸墩中线的测设以及下游溢流面的放样等。

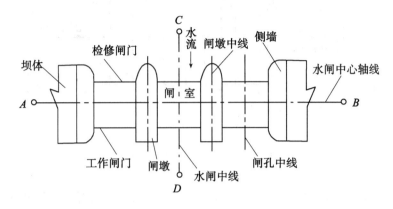

图 9.17　水闸平面示意图

一、水闸主要轴线的测设

水闸主要轴线的测设,就是在施工现场标定水闸轴线端点的位置。首先,从水闸设计图上量出轴线端点的坐标,根据所采用的放样方法、轴线端点的坐标及邻近测图控制点的坐标计算所需放样数据,计算时要注意进行坐标系的换算。然后将仪器安置在测图控制点上进行放样。先放样出相互垂直的两条主轴线,两条主轴线确定后,还应在其交点安置仪器检测两线的垂直度,若误差超限,应以闸室为基准,重新测设一条与其垂直的直线作为纵向主轴线。主轴线测定后,应向两端延长至施工范围外,并埋设标志以示方向。

二、闸底板的放样

闸底板的放样目前大多采用比较简单的全站仪测距法。如图 9.18 所示,在主轴线的交点 O 安置全站仪,根据闸底板设计尺寸,在轴线 CD 上分别向上、下游各测设底板长度的一半,得 G、H 两点。在 G、H 点分别安置仪器,以轴线 CD 定向,测设与 CD 轴线相垂直的两条方向线,两方向线分别与边墩中线交与 E、F、P、Q 点,这四个点即为闸底板的四个角点。

闸底板平面位置的放样也可根据实际情况,采用前方交会法、极坐标法等其他方法进行测设。

闸底板的高程放样可根据底板的设计高程用水准测量的方法放样。也可在放样平面位置时用全站仪三角高程测量的方法放样。

三、闸墩的放样

闸墩的放样,是先放出闸墩中线,再以中线为依据放样闸墩的轮廓线。

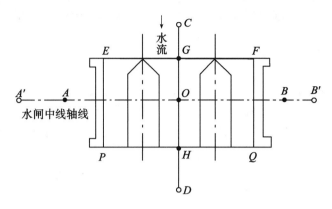

图 9.18 水闸放样的主要点线

放样前，由水闸的基础平面图，计算有关的放样数据。放样时，以水闸主要轴线 AB 和 MN 为依据，在现场定出闸孔中线、闸墩中线、闸墩基础开挖线以及闸底板的边线等。待水闸基础打好混凝土垫层后，在垫层上再精确地放出主要轴线和闸墩中线等。根据闸墩中线放出闸墩平面位置的轮廓线。

闸墩平面位置的轮廓线，分为直线和曲线。直线部分可根据平面图上设计的有关尺寸，用直角坐标法放样。闸墩上游一般设计成椭圆曲线，如图 9.19 所示。放样前，应按设计的椭圆方程式，计算曲线上相隔一定距离点的坐标，由各点坐标可求出椭圆的对称中心点 P 至各点的放样数据 β_2 和 L_2。

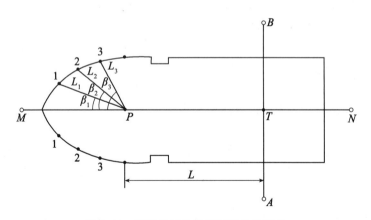

图 9.19 用极坐标法放样闸墩曲线部分

根据已标定的水闸轴线 AB、闸墩中线 MN 定出两轴线的交点 T，沿闸墩中线测设距离定出 P 点。在 P 点安置经纬仪，以 PM 方向为后视，用极坐标法放样 1、2、3 点等。由于 PM 两侧曲线是对称的，左侧的曲线点 1′、2′、3′点等，也按上述方法放出。施工人员根据测设的曲线放样线立模。闸墩椭圆部分的模板，若为预制块并进行预安装，只要放出曲线上几个点,即可满足立模的要求。

闸墩各部位的高程,根据施工场地布设的临时水准点,按高程放样方法在模板内侧标出高程点。随着墩体的增高,有些部位的高程不能用水准测量法放样,这时可用钢卷尺从已浇筑的混凝土高程点上直接丈量放出设计高程。

四、下游溢流面的放样

闸室下游的溢流面通常设计成抛物线,目的是为了减小水流通过闸室的能量,以降低水流对闸室的冲击力。如图9.20所示。

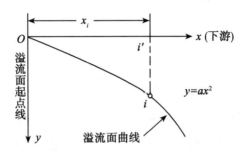

图9.20 溢流面局部坐标系

放样步骤如下:

(1)以闸室下游水平方向为 x 轴,闸室底板下游高程为溢流面的起点 O(变坡点)为原点,通过原点的铅垂方向为 y 轴建立坐标系。

(2)由于溢流面的纵剖面是抛物线,所以溢流面上各点的设计高程是不同的。根据设计的抛物线方程式和放样点至溢流面起点的水平距离计算剖面上相应点的高程。即为:

$$H_i = H_0 - y_i \tag{9.9}$$

其中
$$y_i = ax^2 \tag{9.10}$$

式中,H_i 为 i 点的设计高程;H_0 为下游溢流面的起始高程,由设计部门给定;Y_i 为与坐标原点 O 相距水平距离为 x_i 的 y 值,图中可见,y 值即为高差;a 为一般等于0.006。

(3)在闸室下游两侧设置垂直的样板架,根据选定的水平距离,在两侧样板架上作垂线。再用水准仪按放样已知高程点的方法,在各垂线上标出相应点的位置。

(4)将各高程标志点连接起来,即为设计的抛物面与样板架的交线,该交线就是抛物线。

工作任务4 安 装 测 量

一、安装测量的基本工作

在水电工程中,水闸、大坝、发电站厂房等主要水工建筑物的土建施工时,有些预埋金属构件要进行安装测量;当土建施工结束后,还要进行闸门、钢管、水轮发电机组的安装测量。为使各种结构物的安装测量顺利进行,保证测量的精度,应做好下列基本工作:布置安装轴线与高程基点,进行安装点的测设和铅垂投点工作等。

金属结构与机电设备安装的精度一般较高,需建立独立的控制网。由于金属构件与土建工程有一定的关系,因此所建立的安装测量控制网应与土建施工测量控制网保持一定的联系,其轴线和高程基点一经确定,在整个施工过程中,不宜变动。安装测量的精度要求较高。例如水轮发电机座环上水平面的水平度,即相对高差的中误差为 $\pm(0.3 \sim 0.5)$ mm,所以应采用特制的仪器和严密的方法,才能满足高精度安装测量的要求。安装测量是在场地狭窄、几个工种交叉作业、精度要求高、测量工作难度较大的情况下进行的。安装测量的精度多数是相对于某轴线或某点高度的,它时常高于绝对精度。现将安装测量的基本工作介绍如下。

1. 安装轴线及安装点的测设

安装轴线应利用该部位土建施工时的轴线。若原有土建施工轴线遭到破坏,则应由邻近的等级或加密的控制点重新测设。安装轴线的测设方法有单三角形法、三点前方交会法和三边测距交会法等。

在安装过程中,如原固定安装轴线点全部被破坏,应以安装好的构件轮廓线为准,恢复安装轴线。但是,恢复安装轴线的测量中误差,应为安装测量中误差的 $\sqrt{2}$ 倍。

由安装轴线点测设安装点时,一般用 J2 级经纬仪测设方向线。为了保证方向线的精度,应采用正倒镜分中法。照准时,应选择后视距离大于前视距离,并用细铅笔尖或垂球线作为照准目标。

由安装轴线点用钢卷尺测设安装点的距离时,应用检验过的钢尺,加入倾斜、尺长、温度、拉力及悬链改正等。测设的相对误差为 1/10000。

2. 安装高程测量

安装的工程部位,应以土建施工时邻近布设的水准点作为安装高程控制点。若需重新布设安装高程控制点,则其施测精度应不低于四等水准。

每一安装工程部位,至少应设置两个安装高程控制点。各点间的高差,可根据该部位高程安装的精度要求,分别选用二、三等水准测量法测量定。例如水轮发电机有关测点应采用 S1 级水准仪及钢瓦水准尺测定;其他安装测量采用 S3 级水准仪及红黑面水准尺观测,即可满足精度要求。高程测定后,应在点位上刻记标志或用红油漆画一符号。

3. 铅垂投点

在垂直构件安装中,同一铅垂线上安装点的纵、横向偏差值,因不同的工程项目和构件而定。例如人字闸门底顶枢同轴性的纵、横向中误差为 ± 1mm。水轮发电机各种预埋管道的纵、横向中误差则为 ± 11mm。

铅垂投点的方法有重锤投点法、经纬仪投点法、天顶仪投点法与激光仪投点法等。

二、闸门的安装测量

对于不同类型的闸门,其安装测量的内容和方法略有差异,但一般都是以建筑物的轴线为依据进行的。其主要工作如下:

(1)量定底枢中心点。为确保中心点与一期混凝土的相对关系,可根据底枢中心点设计坐标用土建时的施工控制点进行初步放样,并检查两点连线是否与中心线垂直平分,若不满足,则根据实际情况进行调整。

(2)顶枢中心点的投影。该项工作可采用经纬仪交会投影或精密投点仪进行。在采用经纬仪交会投影时,应根据现场情况设计合适的交会角。投影结束后,可采用吊锤球的方法进行检查。

(3)高程放样。高程放样主要应保证两个蘑菇头的相对高差,但绝对高程只需与一期混凝土保持一致。为此,在安装过程中,两个蘑菇头的高程放样必须用同一基准点。

1. 平面闸门的安装测量

平面闸门的安装测量包括底槛、门枕、门楣以及门轨的安装和验收测量等。门轨(主、侧、反轨等)安装的相对精度要求较高,应在一期混凝土浇筑后,采用二期混凝土固结埋件。闸门放样工作是在闸室内进行,放样时以闸孔中线为基准,因此应恢复或引入闸孔中线,并将闸孔中线标志于闸底板上。

平面闸门埋件测点的测量中误差,底槛、主、侧、反轨等,纵向测量中误差不大于±2mm;门楣测量纵向中误差为±1mm,竖向中误差为±2mm。现将平面闸门有关构件的放样和安装测量介绍如下。

(1)底槛和门枕放样。

底槛是拦泥沙的设施,其中线与门槽中线平行。从设计图上可找出两者的关系,或者与坝轴线的关系,根据闸孔中线与坝轴线的交点,在底槛中线附近用经纬仪作一条靠近底槛中线的平行线,在平行线上每隔1m投放一点于混凝土面上,注明距底槛中线的距离,以便安装。

门枕中线与门槽中线相垂直。放样时,先定出闸孔中线与门槽中线的交点,再定出门枕中心。然后将门枕中线投测到门槽上、下游混凝土墙上,以便安装。

(2)门轨安装测量。

平面闸门的门槽高达几米,有时甚至几十米,要求闸门启闭时能沿门轨垂直升降,运行自如。因此门轨面的平整度和钢轨接头处应保证足够的精度。为了保证安装要求,在安装前,应做好安装门轨的局部控制测量,然后进行门轨安装测量,其工作程序和方法如下所述。

①门轨控制点的放样。底槛、门枕二期混凝土浇完后,根据闸孔中线与坝轴线交点,恢复门槽中线,求出闸孔中线与门槽中线的交点A,然后,按照设计要求,用直角坐标法放样各局部控制点,如图9.21中的1,2,3,…,14点,并精确标志其点位。各局部控制点要尽量准确对称,容许误差为1mm,但不可小于设计数值。

②门轨安装测量。门轨包括主、侧、反轨,它们是用槽钢焊接成的,每节槽钢长度为2~3m。安装后,要求轨面平整竖直。如图9.21所示,安装时,将经纬仪安置在c点,照准地面上控制点1或2,根据控制点1至门轨面a及b的距离,用钢直尺量取距离,指导安装。门轨安装1~2节后,因仰角增大,经纬仪观测困难。再往上安装时,可改用吊垂球的方法,使垂球对准底部控制点1进行初步安装。再用24号钢丝吊5~11kg重锤,将钢丝悬挂于坝顶的角铁支架上以校正门轨。每节门轨面用两根垂线校正,即在门轨的正、侧面各吊一根垂线,待垂球线稳定后,依据下部安装好的轨面作为起始点,量取门轨至垂

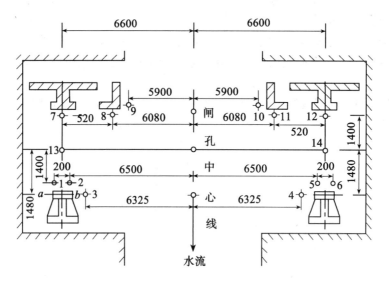

图 9.21 平面闸门局部控制点(单位：mm)

线的距离，加上已安装门轨的误差，求出垂线至门轨的应有距离，以指导安装。

如图 9.22 所示，门轨面至控制点 1 的设计距离为 40mm，下部已安装门轨面 a 至控制点 1 的距离为 40.2mm，所以不符值为+0.2mm，量得门轨面 a 至垂线的距离为 43.7mm，故垂线至控制点 1 的水平距离为 43.7mm－40.2mm＝3.5mm，待安装门轨面至垂线的距离应为 43.5mm。然后根据改正的数值，用钢直尺丈量每节门轨的距离。门轨净宽应大于设计数值。当校正后，可将门轨电焊固定。检查验收后，再浇筑二期混凝土。

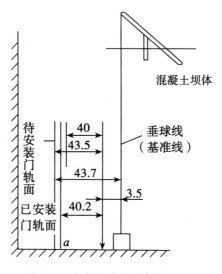

图 9.22 门轨安装图(单位：mm)

2. 弧形闸门的安装测量

弧形闸门是由门体、门铰、门楣、底槛及左右侧轨组成，其相互关系如图9.23所示。弧形闸门的安装测量，先进行控制点的埋设和测设控制线，再进行各部分的安装测量。

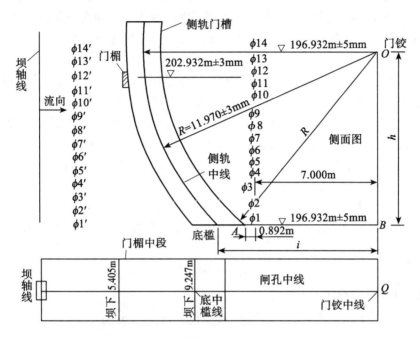

图9.23 弧形闸门平面与侧面图

弧形闸门由于结构复杂，安装测量必须满足较高的精度要求。弧形闸门埋件测点的安装测量精度要求，如表9.3所示。

表9.3　　　　　　　　弧形闸门埋件测点安装测量精度

埋件测点名称	测量中误差或相对中误差/mm			备注
	纵向	横向	竖向	
底槛（侧止水座板及侧轮导板）		±2		竖向测量中误差系指与底槛面的相对高差
门楣		±1	±2	
铰座钢梁中心		±1	±1	
铰座的基础螺旋中心	±1	±1	±1	

现将弧形闸门安装测量的主要工作介绍如下。

(1)准备工作。

①闸底板浇好后，要及时将闸孔中线与坝轴线的交点在预埋的钢板上精确标出，作为放样闸室内其他辅助线的依据。

②当混凝土坝体浇筑到门铰高程时，根据门铰的设计位置，在模板上设置一块带钢筋

的铁板，用于精确标定门铰位置。另外在门槽附近应设置临时水准点，作为高程放样的依据。

(2) 门楣底槛和门铰中线的放样。

根据图上的设计距离，从坝轴线与闸孔中线的交点起，分别放出门楣、底槛和门铰中线。其中门铰中线先用经纬仪投测在闸孔两侧预埋的铁板上，即先在铁板上画一短垂线；再用水准仪观测悬挂的钢卷尺，在短垂线上标定门铰中心的高程位置。

(3) 侧轨中线的放样。

弧形闸门的左右侧轨，不仅是闸门启闭时的运行轨道，而且是主要的止水部位，因此在安装测量中具有重要意义。下面介绍侧轨中线的放样步骤和工作方法。

①在闸室地平面上，采用设置门铰中线的方法，先确定一条基准线和一条辅助线，然后用经纬仪将它们投测在闸孔两侧的混凝土墙上，用细线标出。基准线至门铰中线的距离最好为一整数，在图9.23中，该数值为7m。采用水准仪观测悬挂钢卷尺的方法，在基准线和辅助线上每隔0.5m或1m测定一些高程点。

②计算侧轨中线上每一个高程点至门铰中线的水平距离，并换算侧轨中线至基准线的水平距离。由图9.23可见，在直角三角形ABO中，门铰中线至侧轨中线起点(底槛)的水平距离为

$$\overline{AB} = \sqrt{R^2 - h^2}$$

将图9.23中已知数代入上式得

$$\overline{AB} = \sqrt{11.970^2 - (205.932 - 196.932)^2} = 7.892(\text{m})$$

③放样侧轨中线。设基准线至门铰中线的距离为7m，从基准线上1点向左丈量0.892m即得底槛位置。因此，当测设侧轨中线上其他点时，均应将算得的距离减去基准线至门铰中线的距离。然后，用钢尺从基准线丈量一段距离，即得侧轨上放样点，连接侧轨中线方向上的放样点，即为侧轨中线。为方便施工放样，可将侧轨中线上放样点至门铰中线、侧轨中线至基准线的水平距离，事前编算成表，供放样时查用。表9.4为用已知数编算的放样表。

表9.4 弧形闸门侧轨中线放样数据

水平距离/m \ 门铰中线上高程点/m	196.932	198.000	199.000	200.000	…	205.932	备注
侧轨中线至门铰中线/m	7.892	8.965	9.758	10.397	…	11.970	
侧轨中线至基准线/m	0.892	1.965	2.758	3.397	…	4.970	

按照上述方法，可求出侧轨中线上各设计点至辅助线及门铰中线的有关水平距离。放样时，可用辅助线至侧轨中线的水平距离，校核侧轨中线，以提高放样精度。

3. 人字闸门的安装测量

船闸的人字形闸门由上游导墙、进水段、桥墩段、上闸首、闸室、下闸首、泄水段和

下游导墙等部分组成,如图 9.24 所示。

闸门是上、下闸首的主要构件,也是船闸的关键部位。人字闸门由埋件部分、门体部分和传动部分组成。如我国的葛洲坝水利枢纽的 2 号船闸,全长约 900m,宽度百余米。安装的人字闸门,每扇门高度为 34m,宽度为 19.7m,厚度为 2.7m,重量达 600 余吨。按照《水利水电工程施工测量规范》(SL52—1993)规定:门体旋转底枢蘑菇头中心,安装测量纵、横向中误差分别为 ±1mm、竖向中误差为 ±2mm。左、右二蘑菇头水平度竖向中误差为 ±1mm。底顶枢同轴性纵、横向中误差分别为 ±1mm。由以上规定可见,为了保证人字闸门的安装精度,必须认真地进行精密测量。现将底顶枢中心点的定位及高程测量介绍如下:

(1)两底枢中心点的定位。

底枢中心点就是人字闸门旋转时的底部中心。两底枢中心点位置正确与否,将直接影响门体的安装质量。底枢中心点定位,可根据施工场地和仪器设备而定,一般多采用精密经纬仪投影,配合钢卷尺进行测设,具体操作方法如下:

①按照设计坐标,将两底枢中心点投测到闸首一期混凝土平面上,得到初测点 a'、b',要求直线 $a'b'$ 应与船闸中心线垂直平分。

②用检验过的钢卷尺,丈量 a'、b' 点间的距离,进行各项改正后得距离 $d_{测}$。

③根据 $d_{测}$ 与 $d_{设}$ 计算 Δd:$\Delta d = d_{测} - d_{设}$。

④按 $a'b'$ 方向,在 a'、b' 点上各量 $\dfrac{\Delta d}{2}$,改正后得 a、b 两点;同上法标定 c、d 两点,如图 9.24 所示。

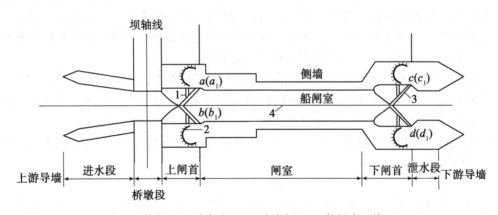

1—控杆;2—启闭机;3—人字门;4—船闸中心线

图 9.24 人字形闸门平面图

⑤丈量 a、b 间的距离 3~4 测回,计算其中误差,若等于或小于容许误差,a、b 两点为设计底枢点。否则应反复测设并校正其位置,直至符合精度规定。

(2)两顶枢中心点的投测。

顶枢中心点是人字闸门旋转时顶部中心。底枢与顶枢应位于同一铅垂线上,但是顶枢中心点是悬空的,因此定位时难度较大,这是影响人字闸门安装测量精度的核心问题。为了满足顶枢同轴性的设计要求,可采用天顶投影仪,也可采用经纬仪按下述方法投测。

①准备工作。两底枢中心点测设后,应根据其中心位置安装底枢蘑菇头,并对中心点的距离进行最后检查,投测顶枢中心时应以底枢蘑菇头的中心为准。为了标注顶枢中心点投影位置,必须先架非常牢固的投影板,同时应按规定检核投影用的经纬仪、画线用的直尺,另外还应准备大头针、投影纸、黄油和磨尖的硬铅笔等物品。

②测站点的选择。为了得到较好的投测效果,选定测站点时,首先应满足经纬仪能同时直接照准底顶枢的要求,这样的点位,一般选在坝顶上。其次投测时的交会角以60°为宜。

③投测标定点位。正式投测前,可根据混凝土坝体的分缝线和闸室侧墙,标出顶枢中心的概略位置。正式投测时,先在投影用的钢板上涂一层薄薄的黄油,将投影纸糊在钢板上,严格安置经纬仪,正倒镜分别照准底枢中心点,将方向投测在投影纸上;每一测站均按两测回投测,取两测回正倒镜均值的平均位置。由于仪器误差、标点误差和自然界的影响,3条平均方向线可能不交于一点,出现示误三角形,其内切圆心即为所求之顶枢点。同上法,可得4个顶枢中心点,如图9.24中 a_1、b_1、c_1、d_1 点。

顶枢点不能长期保留在钢板上,应在顶枢附近的坝面上选择3个测站点,此3点与顶枢点连线的夹角为60°,然后建造3个高度约1m的混凝土观测墩。将经纬仪分别安置在观测墩上,照准顶枢点,在对面侧墙上用正倒镜分中法投点。安装人字闸门时,可在3个观测墩上安置经纬仪,恢复顶枢位置,指导安装方位。

④检查底顶枢同轴性。在底枢中心位置上安放一木凳,凳上放一个盛有机油的小桶,将直径为0.3mm的钢丝从顶枢中心垂下来,钢丝下端吊2.5~3.0kg的垂球,浸入油桶内,待其稳定后,用经纬仪在互成90°的两个方向上设站,先照准油桶近处的钢丝,再向下投测,将顶枢中心投测于蘑菇头上,然后丈量两投影点间的距离,并计算顶枢投影点相对于底枢中心点的偏离值,以及底顶枢纵、横向测量中误差。

⑤高程测量。人字闸门各部位间相对高差的精度要求很高,而绝对高程只需与土建部分保持同精度。一般四等水准点或经过检查的工程水准点,即可作为底枢高程的控制点。在安装过程中,为了保证各部位间的高差精度,只能使用同一个高程基点。

门体全部组装后,需从水准基点连测出顶部高程,设为 $H_{测}$,如果门体的设计高程为 $H_{设}$,则高程误差为

$$\Delta h = H_{测} - H_{设}$$

高程误差 Δh 的大小,除与底顶枢选用的高程基点精度有关外,还与门体焊接的次数、焊接的工艺有关。

【知识小结】

水工建筑物的施工测量是水利工程测量技术人员经常应用的测量知识和技能,本项目根据各种水工建筑物的结构特点,详细介绍了土坝和混凝土重力坝施工放样的方法、水闸放样及闸门安装测量等知识内容。

【知识与技能训练】

1. 如何确定土坝的坝轴线？
2. 说明土坝坝身控制测量的方法。
3. 说明土坝清基线的放样方法。
4. 说明标定修坡桩的方法。
5. 水闸轴线是怎样测设的？
6. 说明闸墩的放样方法。
7. 说明下游溢流面的放样方法。

项目10　轨道工程测量

【教学目标】
　　学习本项目，要求学生了解高铁和地铁工程测量的主要内容，掌握高铁和地铁控制测量的方法，掌握地下铁路工程测量的特点和内容，掌握轨道施工测量过程中的测量技术与方法。

项 目 导 入

　　目前，高速铁路和地下铁路等轨道工程建设在我国大规模展开。高速铁路，简称"高铁"，是指通过改造原有线路(直线化、轨距标准化)，使最高营运速率达到不小于每小时200km，或者专门修建新的"高速新线"，使营运速率达到每小时至少250km的铁路系统。地下铁道，简称地铁，狭义上专指在地下运行为主的城市铁路系统或捷运系统；但广义上，由于许多此类的系统为了配合修筑的环境，可能也会有地面化的路段存在，因此通常涵盖了各种地下与地面上的高密度交通运输系统。轨道工程测量的主要设计到轨道建设的全过程，在规划设计、施工设计、施工和运营管理阶段都离不开测量工作。

工作任务1　高速铁路工程测量

一、高速铁路精密工程测量

　　高速铁路精密工程测量是相对于传统的铁路工程测量而言。由于高速铁路速度快(200~350km/h)，为了达到在高速行驶条件下旅客列车的安全性和舒适性，要求高速铁路必须具有非常高的平顺性和精确的几何线性参数，精度要保持在毫米级的范围内。其测量方法、测量精度与传统的铁路工程测量完全不同。我们把适合于高速铁路工程测量的技术体系称为高速铁路精密工程测量。

　　为了适应高速铁路高速行车对平顺性、舒适性的要求，高速铁路轨道必须具有较高的平顺度标准，对于时速200km/h以上无砟和有砟铁路轨道平顺度均制定了较高的精度标准。对于无砟轨道，轨道施工完成后基本不再具备调整的可能性，由于施工误差、线路运营以及线下基础沉降所引起的轨道变形只能依靠扣件进行微量的调整。高速铁路扣件技术条件中规定扣件的轨距调整量为±10mm，高低调整量-4、+26mm，因此用于施工误差的调整量非常小，这就要求对施工精度有着较有砟轨道更严格的要求。

　　要实现高速铁路的轨道的高平顺性，除了对线下工程和轨道工程的设计施工等有特殊的要求外，必须建立一套与之相适应的精密工程测量体系。纵观世界各国铁路高速铁路建设，都建立有一个满足施工、运营维护的需要的精密测量控制网。精密工程测量体系应包括勘测、施工、运营维护测量控制网。

二、高速铁路控制测量

在武广客运专线建设中，由于原勘测控制网的精度和边长投影变形值不能满足无砟轨道施工测量的要求，后来按《客运专线无砟轨道铁路工程测量暂行规定》的要求建立了CPⅠ、CPⅡ平面控制网和二等水准高程应急网。采用了利用新旧网相结合使用的办法，即对满足精度的旧控制网仍用其施工；对不满足精度要求的旧控制网则采用CPⅠ、CPⅡ平面施工控制网与施工切线联测，分别更改每个曲线的设计进行施工，待线下工程竣工后再统一贯通测量进行铺轨设计的方法。由于工程已开工，新旧两套坐标在精度和尺度上都存在较大的差异，只能通过单个曲线的坐标转换来启用新网，给设计施工都造成了极大的困难。

在京津城际铁路建设中，由于线下工程施工高程精度与轨道施工高程控制网精度不一致，造成了部分墩台顶部施工报废重新施工的情况。

遂渝线无砟轨道试验段线路长12.5km，最小曲线半径为1600m，勘测设计阶段采用《新建铁路工程测量规范》要求的测量精度施测，即平面坐标系采用1954年北京坐标系3°带投影，边长投影变形值满足达210mm/km，导线测量按《新建铁路工程测量规范》初测导线要求1/6000的测量精度施测，施工时，除全长5km的龙凤隧道按C级GPS测量建立施工控制网外，其余地段采用勘测阶段施测的导线及水准点进行施工测量。铁道部决定在该段进行铺设无砟轨道试验时，线下工程已基本完成，为了保证无砟轨道的铺设安装，在该段线路上采用B级GPS和二等水准进行平面高程控制测量，平面坐标采用工程独立坐标，边长投影变形值满足≤3mm/km，施工单位在无砟轨道施工时，采用新建的B级GPS和二等水准点进行施工。由于勘测阶段平面控制网精度与无砟轨道平面控制网精度和投影尺度不一致，致使按无砟轨道高精度平面控制网测量的线路中线与线下工程中线横向平面位置相差达到50cm。为了不废弃既有工程，施工单位不得不反复调整线路平面设计，最终将曲线偏角变更了17秒，将线路横向平面位置误差调到路基段进行消化，使路基段的线路横向平面位置误差消化量最大达到70~80cm，这样才满足了无砟轨道试验段的铺设条件。由此可见，线下工程施工平面控制网精度与无砟轨道施工平面控制网精度相差太大，会给无砟轨道施工增加很多困难，遂渝线无砟轨道试验段的速度目标值为200km/h，而且线路只有12.5km，有大量的路基段可以消化误差，调整起来比较容易。当速度目标值为250~350km/h时，线路均为桥隧相连，没有路基段消化误差，误差调整工作更困难。当误差调整消化不了时，就会造成局部工程报废。

客运专线铁路轨道必须具有非常精确的几何线性参数，精度要保持在毫米级的范围以内，测量控制网的精度在满足线下工程施工控制测量要求的同时必须满足轨道铺设的精度要求，使轨道的几何参数与设计的目标位置之间的偏差保持在最小。轨道的外部几何尺寸体现出轨道在空间中的位置和标高，根据轨道的功能和与周围相邻建筑物的关系来确定，由其空间坐标进行定位。轨道的外部几何尺寸的测量也可称为轨道的绝对定位。轨道的绝对定位通过由各级平面高程控制网组成的测量系统来实现,从而保证轨道与线下工程路基、桥梁、隧道、站台的空间位置坐标、高程相匹配协调。由此可见,必须按分级控制的原则建立铁路测量控制网。

1. 平面控制测量

高速铁路工程测量平面控制网分别为:①框架控制网(CP0)frame control network。采用卫星定位测量方法建立的三维控制网,作为全线(段)的坐标起算基准。②基础平面控制网(CPⅠ)basic plane control network。在框架控制网(CP0)的基础上,沿线路走向布设,按 GPS 静态相对定位原理建立,为线路平面控制网(CPⅡ)提供起闭的基准。③线路平面控制网(CPⅡ)route plane control network。在基础平面控制网(CPⅠ)上沿线路附近布设,为勘测、施工阶段的线路平面测量和轨道控制网测量提供平面起闭的基准。④轨道控制网(CPⅢ)track control network。沿线路布设的平面、高程控制网,平面起闭于基础平面控制网(CPⅠ)或线路平面控制网(CPⅡ)、高程起闭于线路水准基点,一般在线下工程施工完成后进行施测,为轨道铺设和运营维护的基准。加密基标 densification fiducial markfortrack laying,在轨道控制网(CPⅢ)基础上加密的轨道控制点,为轨道铺设所建立的基准点,一般沿线路中线布设。维护基标 fiducial markfortrack maintenance,在轨道控制网(CPⅢ)基础上测设,为无碴轨道养护维修时所需的永久性基准点,应根据运营养护维修方法确定其设置位置。

(1)各级平面控制网的作用和精度要求为:

①CPⅠ主要为勘测、施工、运营维护提供坐标基准,采用 GPSB 级(无碴)/GPSC 级(有碴)网精度要求施测;

②CPⅡ主要为勘测和施工提供控制基准,采用 GPSC 级(无碴)/GPSD 级(有碴)级网精度要求施测或采用四等导线精度要求施测;

③CPⅢ主要为铺设无碴轨道和运营维护提供控制基准,采用五等导线精度要求施测或后方交会网的方法施测。

(2)高速铁路工程平面控制测量应按逐级控制的原则布设,各级平面控制网的设计应符合表 10.1 的规定。

表 10.1   各级平面控制网设计的主要技术要求

控制网	测量方法	测量等级	点间距	相邻点的相对中误差(mm)	备注
CP0	GPS	—	50km	20	
CPⅠ	GPS	二等	≤4km 一对点	10	点间距≥800m
CPⅡ	GPS	三等	600~800m	8	
	导线	三等	400~800m	8	附合导线网
CPⅢ	自由测站边角交会	—	50~70m一对点	1	

注:1. CPⅡ采用 GPS 测量时,CPⅠ可按 4km 一个点布设;
2. 相邻点的相对点位中误差为平面 x、y 坐标分量中误差。

（3）各级平面控制网的主要技术要求应符合下列规定：

CP0、CPⅠ、CPⅡ控制网 GPS 测量的精度指标应符合表 10.2 的规定。

表 10.2　　　　　**CP0、CPⅠ、CPⅡ控制网 GPS 测量的精度指标**

控制网	基线边方向中误差	最弱边相对中误差
CP0	—	1/2000000
CPⅠ	≤1.3″	1/180000
CPⅡ	≤1.7″	1/100000

CPⅡ控制网导线测量的主要技术要求应符合表 10.3 的规定。

表 10.3　　　　　**CPⅡ控制网导线测量的主要技术要求**

控制网	附合长度（km）	边长（m）	测距中误差（mm）	测角中误差（″）	相邻点的相对中误差（mm）	导线全长相对闭合差限差	方位角闭合差限差（″）	导线等级
CPⅡ	≤5	400~800m	5	1.8	8	1/55000	$\pm 3.6\sqrt{n}$	三等

当同一测区内，导线环（段）数超过 20 个时，须按式（10.1）计算测角中误差：

$$m_\beta = \sqrt{\frac{1}{N}\left[\frac{f_\beta^2}{n}\right]} \qquad (10.1)$$

式中，f_β 为导线环（段）的角度闭合差（″）；n 为导线环（段）的测角个数；N 为导线环（段）的个数。

CPⅢ平面网的主要技术要求应符合表 10.4 的规定：

表 10.4　　　　　**CPⅢ平面网的主要技术要求**

控制网名称	测量方法	方向观测中误差	距离观测中误差	相邻点的相对中误差
CPⅢ平面网	自由测站边角交会	±1.8″	±1.0mm	±1.0mm

（4）各级平面控制网的平差计算应符合以下规定：

CP0 控制网应以 2000 国家大地坐标系作为坐标基准，以 IGS 参考站或国家 A、B 级 GPS 控制点作为约束点，进行控制网整体三维约束平差；

CPⅠ控制网应附合到 CP0 上，并采用固定数据平差；

CPⅡ控制网应附合到 CPⅠ上，并采用固定数据平差；

2. 高程控制测量

(1)水准高程控制测量。

高程控制测量等级的划分,依次为二等、精密水准、三等、四等、五等。

①各等级技术要求应符合表10.5的规定。

表10.5　　　　　　　　　　高程控制网的技术要求

水准测量等级	每千米高差偶然中误差 M_Δ/mm	每千米高差全中误差 M_W/mm	附合路线或环线周长的长度/km	
			附合路线长	环线周长
二等	≤1	≤2	≤400	≤750
精密水准	≤2	≤4	≤3	—
三等	≤3	≤6	≤150	≤200
四等	≤5	≤10	≤80	≤100
五等	≤7.5	≤15	≤30	≤30

表中,M_Δ 和 M_W 应按式(10.2)、(10.3)计算:

$$M_\Delta = \sqrt{\frac{1}{4n}\left[\frac{\Delta\Delta}{L}\right]} \tag{10.2}$$

$$M_W = \sqrt{\frac{1}{N}\left[\frac{WW}{L}\right]} \tag{10.3}$$

式中,Δ 为测段往返高差不符值(mm);L 为测段长或环线长(km);n 为测段数;W 为附合或环线闭合差(mm);N 为水准路线环数。

②线路水准基点控制网、轨道控制网(CPⅢ)的高程控制测量等级及布点要求,应按表10.6的要求执行。

表10.6　　　　　　　　　　高程控制测量等级及布点要求

控制网级别	测量等级	点间距
线路水准基点测量	二等	≤2km
CPⅢ控制点高程测量	精密水准	50~70m

③长大桥梁、隧道及特殊路基结构等施工的高程控制网应根据相关专业要求确定测量等级和布点要求。各等级水准测量限差应符合表10.7的规定。

表10.7　　　　　　　　　　水准测量限差要求(单位：mm)

水准测量等级	测段、路线往返测高差不符值		测段、路线的左右路线高差不符值	附合路线或环线闭合差		检测已测测段高差之差
	平原	山区		平原	山区	
二等	$\pm 4\sqrt{K}$	$\pm 0.8\sqrt{n}$	—	$\pm 4\sqrt{L}$		$\pm 6\sqrt{R_i}$
精密水准	$\pm 8\sqrt{K}$		$\pm 6\sqrt{K}$	$\pm 8\sqrt{L}$		$\pm 8\sqrt{R_i}$
三等	$\pm 12\sqrt{K}$	$\pm 2.4\sqrt{n}$	$\pm 8\sqrt{K}$	$\pm 12\sqrt{L}$	$\pm 15\sqrt{L}$	$\pm 20\sqrt{R_i}$
四等	$\pm 20\sqrt{K}$	$\pm 4\sqrt{n}$	$\pm 14\sqrt{K}$	$\pm 20\sqrt{L}$	$\pm 25\sqrt{L}$	$\pm 30\sqrt{R_i}$
五等	$\pm 30\sqrt{K}$		$\pm 20\sqrt{K}$	$\pm 30\sqrt{L}$		$\pm 40\sqrt{R_i}$

注：1. K 为测段水准路线长度，单位为km；L 为水准路线长度；单位为km；R_i 为检测测段长度，以千米计；n 为测段水准测量站数。

2. 当山区水准测量每公里测站数 $n \geq 25$ 站以上时，采用测站数计算高差测量限差。

④各等级水准观测的技术要求应符合表10.8的规定。

表10.8　　　　　　　　　　水准观测的主要技术要求(单位：m)

等级	水准仪最低型号	水准尺类型	视距		前后视距差		测段的前后视距累积差		视线高度		数字水准仪重复测量次数
			光学	数字	光学	数字	光学	数字	光学(下丝读数)	数字	
二等	DS1	铟瓦	≤50	≥3且≤50	≤1.0	≤1.5	≤3.0	≤6.0	≥0.3	≤2.8且≥0.55	≥2次
精密水准	DS1	铟瓦	≤60	≥3且≤60	≤1.5	≤2.0	≤3.0	≤6.0	≥0.3	≤2.8且≥0.45	≥2次
三等	DS1	铟瓦	≤100	≤100	≤2.0	≤3.0	≤5.0	≤6.0	三丝能读数	≥0.35	≥1次
	DS2	双面木尺单面条码	≤75	≤75							
四等	DS1	双面木尺单面条码	≤150	≤100	≤3.0	≤5.0	≤10.0	≤10.0	三丝能读数	≥0.35	≥1次
	DS3	双面木尺单面条码	≤100	≤100							
五等	DS3	塔尺单面条码	≤100	≤100	大致相等		—		中丝能读数	≥0.35	≥1次

⑤各等级水准测量的观测方法应按表10.9的规定执行。

表10.9　　　　　　　　　　　　水准测量的观测方法

等级	观测方式		观测顺序
	与已知点联测	附合或环线	
二等	往返	往返	奇数站：后—前—前—后
			偶数站：前—后—后—前
精密水准	往返	往返单程闭合环	奇数站：后—前—前—后
			偶数站：前—后—后—前
三等	往返/左右路线	往返/左右路线	后—前—前—后
四等	往返/左右路线	往返/左右路线	后—后—前—前　或，后—前—前—后
五等	单程	单程	后—前

注：对光学水准仪，返测时奇、偶测站标尺的顺序分别与往测偶、奇测站相同。

⑥水准观测的测站限差应符合表10.10的规定。

表10.10　　　　　　　　　　水准观测的测站限差（单位：mm）

等级	项目	基、辅分划[黑红面]读数之差	基、辅分划[黑红面]所测高差之差	检测间歇点高差之差	上下丝读数平均值与中丝读数之差
二等		0.5	0.7	1	3
精密水准		0.5	0.7	1	3
三等	光学测微法	1	1.5	3	—
	中丝读数法	2	3		
四等		3	5	5	—
五等		4	7	—	—

水准线路跨越江河、湖海、深沟时，应按现行铁道部《新建铁路工程测量规范》跨河水准测量有关规定执行。

（2）光电测距三角高程测量。

近年来，全国很多单位采用光电测距三角高程测量进行高精度水准测量的科研实验与生产作业，《中国测绘学科发展蓝皮书》2005卷之《地球空间信息学中的测绘学科》明确指出"电子测距三角高程测量可以在起伏较大的地区代替三等、四等几何水准测量";《水电水利工程施工测量规范》(DL/T5173-2003)已经规定了"高程控制测量中可用光电测距三角高程导线测量代替三等、四等几何水准测量"。2007年中铁二院结合渝利线的高程控制测量开展了《采用三角高程进行山区三等水准测量方法研究》。通过研究和实验验证，山区采用光电测距三角高程测量进行三等水准测量是可行的。

光电测距三角高程测量对向观测(三等)较差规定是根据中铁二院科研项目《采用三角高程进行山区三等水准测量方法研究》和渝利线、蒙河线三角高程等生产中，实践经验总结的。四等、五等光电测距三角高程测量对向观测较差引自《工程测量规范》(GB50026-2007)，附合或环线闭合差引自相应等级水准测量的规定。

光电测距三角高程测量，宜布设成三角高程网或高程导线，视线高度和离开障碍物的距离不得小于1.2m。高程导线的闭合长度不应超过相应等级水准线路的最大长度。

光电测距三角高程测量观测的主要技术要求应符合表10.11的规定。

表10.11 光电测距三角高程测量观测的主要技术要求

等级	仪器等级	边长(m)	观测方式	测距边测回数	垂直角测回数	指标差较差(″)	测回间垂直角较差(″)
三等	1″	≤600	2组对向观测	2	4	5	5
四等	2″	≤800	对向观测	2	3	7	7
五等	2″	≤1000	对向观测	1	2	10	10

三等光电测距三角高程测量应按单程双对向或双程对向方法进行两组独立对向观测。测站间两组对向观测高差的平均值之较差不应大于$\pm 12\sqrt{D}$mm。

(3)精密光电测距三角高程测量。

精密光电测距三角高程进行二等及以下水准测量，是基于中铁第四勘察设计院集团有限公司与武汉大学共同完成的"精密三角高程测量研究"课题，并在武广客运专线大瑶山隧道二等水准测量中成功应用，且通过由国家测绘地理信息局组织的评审验收的情况下提出的。在实践中只要同时进行对向观测，减少或削弱垂线偏差的影响，就能够满足二等水准测量的要求。

精密光电测距三角高程测量主要用于困难山区代替二等水准测量，所采用的全站仪应具有自动目标识别功能，仪器标称精度不应低于0.5″、1mm+1ppm，使用的全站仪应经过特殊加工，能在全站仪把手上安装反射棱镜，反射棱镜的安装误差不得大于0.1mm。并使用特制的水准点对中棱镜杆。精密光电测距三角高程测量观测时应采用两台全站仪同时对向观测，在一个测段上对向观测的边数为偶数，不量取仪器高和觇标高，观测距离一般不大于500m，最长不应超过1000m，竖直角不宜超过10°。测段起、止点观测应为同一全站仪、棱镜杆，观测距离在20m内，距离大致相等。

精密光电测距三角高程测量观测的主要技术要求应符合表10.12的规定。

表 10.12　　　　精密光电测距三角高程测量观测的主要技术要求

等级	边长(m)	测回数	指标差较差(″)	测回间垂直角较差(″)	测回间测距较差(mm)	测回间高差较差(mm)
二等	≤100	2	5	5	3	$\pm 4\sqrt{S}$
	100~500	4				
	500~800	6				
	800~1000	8				

注：S 为视线长度，单位为：km。

(4) 线路水准基点测量。

深埋水准标石、基岩标石埋设主要是为了给高速铁路施工建设和沉降监测提供稳定的高程基准。高速铁路建设的沉降监测和控制是高速铁路建设成败的关键。在地表不均匀沉降及地质不良地区，沉降监测需要稳定的基准点，如果没有稳定的深埋水准点和基岩点，沉降监测的工作基点的复测必须从国家基岩点引出，将会加大沉降监测工作量，而且精度还得不到保证。深埋水准点、基岩点标石规格和埋设间距主要根据京津城际、郑西、武广、京沪、石武等高速铁路埋设标准制定。

(5) CPⅢ控制点高程测量。

矩形环构网单程测量是我国铁路测量工作者自主创新的高速铁路无砟轨道 CPⅢ控制点水准测量方法，每相邻两对 CPⅢ构成一个水准闭合环，其水准路线构网如图 10.1 所示。

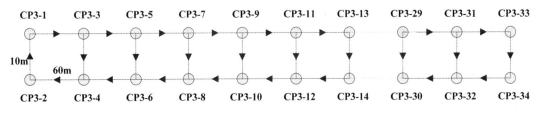

图 10.1　CPⅢ点矩形环构网单程测量水准路线构网示意图

由于通过闭合环闭合差可以检核水准观测数据质量，因此采用单程水准测量，从而减少外业观测工作量。

3. 控制点埋石图及标志注字方法

各级平面水准点标石的埋设规格均为一般地区普通标石的埋设(标石可采用混凝土预制桩或现场浇注)，对于特殊地区的标石埋设，应根据线路所在地区的土质、地质构造及区域沉降等因素，进行特殊地区的控制点埋设(如基岩点、深埋点等)。

(1) CP0 控制点标石埋设规格应符合图 10.2 所示的规定。

(2) 二等导线/三角形网/GPS 平面控制点标石埋设规格应符合图 10.3 所示的规定。

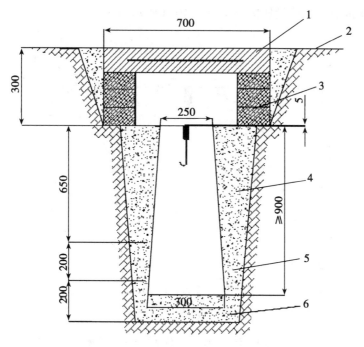

1—盖；2—土面；3—砖；4—素土；5—冻土；6—贫混凝土
图 10.2 CP0 控制点标石埋设图（单位：mm）

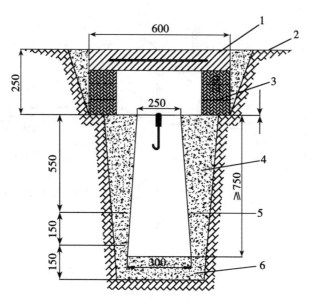

1—盖；2—土面；3—砖；4—素土；5—冻土线；6—贫混凝土
图 10.3 二等导线/三角形网/GPS 平面控制点点标石埋设图（单位：mm）

（3）四等水准点标石埋设规格应符合图10.4所示的规定。

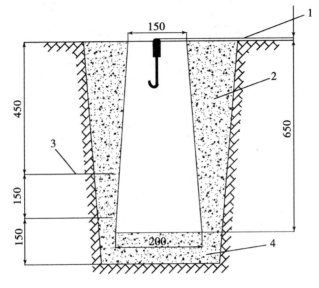

1—地面；2—素土；3—冻土线；4—贫混凝土
图10.4 四等水准点标石埋设图（单位：mm）

（4）水准基点墙脚标石埋设规格应符合图10.5所示的规定。

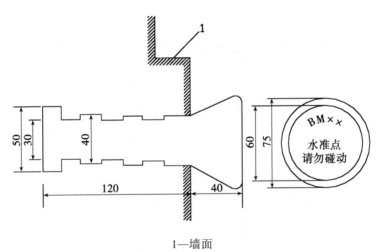

1—墙面
图10.5 墙脚水准基点标石埋设图（单位：mm）

（5）基岩水准点、深埋水准点规格如图10.6所示。

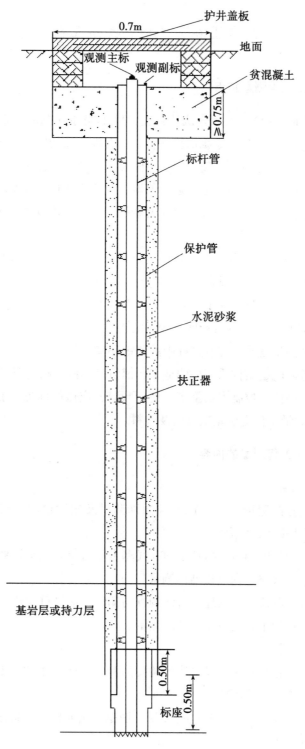

注：基岩水准点应达到基岩，深埋水准点埋设深度应达到稳定的持力层
图 10.6　基岩水准点、深埋水准点规格及埋设图

工作任务 2　地下铁路工程测量

一、地下铁路工程测量特点

地铁(或叫轨道交通)是国际公认的解决大城市交通问题的首选技术,我国大城市的交通堵塞和拥挤问题历来都是令城市管理者和老百姓头痛的问题,解决这一问题的唯一出路就是发展地铁,它以运量大、速度快、时间准、能耗低、污染少和安全舒适的特点赢得了世界各大城市的青睐。我国已建成运营的地铁线路已接近 1000km,还有 1000 多公里的地铁线路正在建设之中,这股建设春风在席卷神州大地,可以说我国的城市交通已经进入地铁时代。

地铁测量是地铁建设工程的一个重要组成部分,其主要特点表现在以下五个方面:

(1)地铁工程建设期长,投资大,测量工作贯穿始终。

(2)地铁工程有严格限界规定,为降低工程成本,施工误差裕量已很小,设计采用三维坐标解析法,所以对施工测量精度有较高的要求。

(3)地铁联系测量是质量控制过程中的关键环节。

(4)地铁隧道内轨道结构采用整体道床,铺轨基标测量精度要求高。

(5)隧道及车站内的控制点数量多、使用频繁,应做好标志,加强维护,为地铁不同阶段施工及后期测量工作提供基础点位及资料。

二、地下铁路工程测量的内容

1. 设计阶段测量

(1)地铁首级控制测量,包括 GPS 控制网测量及定期检测,精密导线测量及定期检测,精密水准网测量及定期检测。

(2)线路带状地形图测量,包括 1/500 线路带状数字化地形图测绘,车站及关键部位 1/200 大样图测绘,线路方向纵横断面测量。

(3)专项调查与测绘,包括地下管线调查与测绘,沿线重大建(构)筑物专项调查。

(4)设计线路地面定线测量及拆迁线测量。

2. 施工阶段测量

(1)变形监测,包括施工阶段沿线环境变形测量,明挖车站、出入口、施工竖井支护稳定性监测,机构施工变形测量。

(2)贯通测量,地面施工定线(位)测量,明挖段贯通检测,暗挖段贯通检测,明挖段与暗挖段贯通检测。

(3)线路中线调整测量,包括线路中线测量,既有隧道结构净空断面测量,变更后线路中线调整测量。

三、地下铁路工程测量的主要技术方法

1. 地下铁路控制网测量

平面控制网一般应分两级布设,首级为 GPS 控制网,二级为精密导线网。在城市二等平面控制网的基础上,建立专用平面控制网,并且施工前应对平面控制网进行复测。高程控制网同样应在城市二等高程控制网的基础上,建立专用控制网,并且施工前进行复测。

2. 定向测量

利用全站仪、垂准仪和陀螺经纬仪联合进行竖井定向,并且采用双投点、双定向的方法,不仅增加了测量检核条件,而且提高了定向精度。

3. 断面测量

在地铁隧道中断面形式多种多样,一般要求直线段每 6m、曲线段(包括曲线元素点)每 5m 测量一个断面,并根据隧道不同的断面形状,在断面上选择与行车密切相关的位置测定其与线路中线的距离。

随着测量仪器和测量技术的发展,断面测量仪已经面世,它可以在隧道中直接进行断面测量,使得断面测量工作有了新的突破,但该仪器价格较贵,不经济。

4. 铺轨基标测量

(1)中线调整测量和精密水准测量。

以"铺轨单位"两个车站中的中线控制点为起算控制点,与在区间隧道内的原有施工中线控制点(如果原有中线控制点已被破坏,则可重新埋设新的中线点)布设通过左、右线的附合导线。平差后导线点坐标和原来坐标比较,当其较差不影响隧道限界时,即可用这些中线控制点进行下一步控制基标测量工作。如果影响隧道限界时,则应会同设计等有关人员改移或调整中线至允许误差内的合适位置上。

在"铺轨单位"中布设一条通过左右线的精密附合水准网,在区间埋设精密水准控制点,精密水准网按二等水准测量的技术要求施测。

(2)铺轨基标测量。

控制基标的测设,利用调整后的中线控制点测设控制基标。控制基标分为初测、串线测量和调线测量三个步骤。初测:根据事先计算的控制基标测设数据,用极坐标法测至地面,并精确测定其位置;串线测量:对"铺轨单位"中的控制基标进行串线测量,检测控制基标间几何关系是否满足设计精度要求;调线测量:调线前,先在室内计算控制基标间夹角实测值与理论值较差,然后在现场对超限的控制基标进行归化改正。归化改正时要照顾到相邻基标改正值的相互影响。控制基标的高程利用上述精密水准点测定,其观测方法和限差同精密水准测量。控制基标测设往往进行多次,直至满足要求为止。

加密基标测设,在曲线段依据控制基标间的方向,按加密基标的间距,在控制基标间埋设加密基标。埋设时定向、测距或在控制基标间张拉直线、钢尺量具等方法确定各加密基标位置。在曲线段将仪器安置在控制基标或曲线元素点上,用偏角量距等方法设置加密基标。加密基标高程依控制基标高程测量方法测定。

道岔铺轨基标的测设,地铁线路道岔有单开道岔、交分道岔、交叉渡线道岔,对这些

道岔的铺轨基标测设应根据道岔铺轨基标图进行。测设时可先对道岔的岔心、交点、主线和侧线进行测设，然后根据铺轨基标与上述各线路中线和交点的关系，利用控制基标直接测设。同样以精密水准测量方法确定其高程。在基标测设前首先要研究基标设计图，然后确定测设步骤。

四、地下铁路控制测量

地铁工程地面控制测量应采用先整体后局部的原则，通过合理精度与布局的平面控制网及高程控制网对工程进行控制。

1. 地铁平面控制网

目前情况下平面控制网以 GPS 网和精密导线网为佳。我国的地铁建设城市均为百万人口以上的大城市或特大城市，这些城市均建有独立的城市控制网、采用独立的城市坐标系统(与国家坐标系联系甚少，也可以说与国家坐标系完全不相关)，城市的各种建设活动均是在城市坐标系统的框架下进行的，因此地铁建设也应该在城市坐标系统的框架下进行。地铁平面控制网应以 GPS 网为骨干，地铁平面控制网中应有 5~7 个原城市控制网中最高等级的平面控制点(这 5~7 个原城市控制网点应在地铁总体建设区域内均匀分布以增加网形强度，保证 GPS 网的精度均匀、减少尺度比的误差影响，同时也是 GPS 网的起算数据)，通过地铁平面 GPS 控制网的联测获得城市控制网与地铁 GPS 控制网间的坐标转换关系(进而实现 2 网的统一)，地铁沿线间 GPS 点的平均边长宜为 1.5~2km(最短边不宜小于 700m，因边太长易造成不通视、边太短则会影响精度)，原则上每个车站应设一个 GPS 点且每个点应尽可能有两个以上的通视方向(这样既便于在地铁施工时直接从 GPS 点上向下引测，又便于用常规方法进行检测)。精密导线网应为通过电子全站仪沿地铁方向布设的附合在 GPS 点上的附合导线、闭合导线或结点网，为满足施工需要，各车站、竖井口、车辆段等施工地段均应设导线点，导线点的点位要稳定、可靠、便于使用并按规范要求进行埋设。地铁测量的重要任务之一是保证暗挖隧道的正确贯通，地铁隧道横向贯通中误差一般应不大于 50mm。

2. 地铁高程控制网

地铁高程控制网应采用二等水准测量的形式，在软土地区及地面沉降发育的地区要强化水准基点与水准网的定期复测工作(这一点对于地铁的安全监测具有特别重要的意义)。水准路线可布设成附合路线、闭合路线或结点网。地铁沿线的二等水准网要起闭于一等水准点，加密水准网要起闭于二等水准点。为便于使用和检测，每个地铁车站至少应设 2 个二等水准点，每个施工口应至少设 2 个精密水准点。地铁水准点要尽可能设在施工范围之外且稳定、可靠和便于使用的地方。地铁隧道要求竖向贯通中误差不大于 25mm。

哈尔滨市地铁八标段区间隧道从工程大学站出发向北沿南通大街进入太平桥站，设计里程范围为 SK13+680.336~SK14+561.785，总长为 881.449m。区间沿线主要为多层建筑物，地下管线较多，路面交通繁忙，地形起伏较大。本段区间隧道纵坡为单坡，最大坡度为 22j，最小平面曲线半径约 2000m。设计平面控制和高程控制如下：

从地面向地下采用导线测量方法进行定向，垂直角应小于 30°，定向边中误差应小于 ±8″。精密导线只有两个方向时，按左右角观测，左右角平均值之和与 360° 的较差小于

4″。水平角观测遇到长、短边需要调焦时,应采用盘左长边调焦,盘右长边不调焦;盘右短边调焦,盘左短边不调焦的观测顺序观测。每条导线边应往返观测各两个测回,每测回间应重新照准目标,每测回3次读数。测距时每测回3次读数的较差小于3mm,测回间平均值的较差应小于3mm,往返平均值较差小于5mm。气象数据每条边在一端测定一次。

本标段平面控制网分为3个导线网(如图10.7所示):

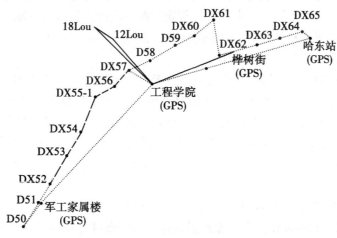

图10.7 平面控制网

在本标段业主提供了11个精密水准点,并利用I065、I006两个精密水准点构成附合水准路线(如图10.8所示)。在车站附近先做附合水准路线然后再做趋近水准,将高程传递到车站附近。水准测量均按二等水准测量作业指标执行,每一测段的往测与返测分别在上午和下午进行施测(也可在夜间观测)。

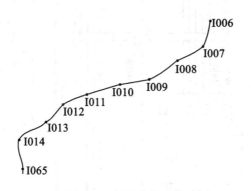

图10.8 精密水准路线

五、地下铁路施工测量

施工阶段的测量是地铁测量的一个主要的、日常的工作,地铁施工测量按服务性质的不同可分为施工控制测量、细部放样测量、竣工测量和其他测量等作业模式。施工控制测量主要包括地面控制测量、联系测量、地下控制测量等三部分内容。地下控制测量的主要工作包括建立明挖地下中桩的控制体系、建立暗挖地下控制导线、建立明暗挖工程的地下控制水准网；进行分段的贯通测量；完成地下平面、高程控制网的平差工作、确保各段工程间的空间位置无缝高精度衔接和贯通后的地下控制网（平面、高程）复测。细部放样测量工作主要包括土建放样和轨道放样两大部分。竣工测量是指以贯通后地下控制网的复测平差成果为基础，在中线调整结束后，按规定间距和断面点数进行的断面净空测量工作以及其他为积累竣工图素材和编制竣工图而进行的测绘工作。其他测量作业是指在工程前期、中期、后期进行的其他测量工作。

地铁施工精准测控的关键涉及许多技术环节，其关键点包括地铁 GPS 网的网型结构、地铁 GPS 网中原城市控制点的精度及点位分布的均匀性与全面性、地铁 GPS 坐标系统与原城市坐标系统间转换模型的合理选择及转换参数的转换精度、地面沉降的发育情况以及地铁高程控制网复测的合理性与正确性、测绘仪器的精度、测量方法的合理性与科学性、联系测量的准确性、地下测量复测的及时性与合理性及准确性、形变测量的及时性与准确性等。

地铁施工联系测量大多通过竖井进行。竖井是地铁隧道施工的起始点，竖井结构示意图如图 10.9 所示，其空间位置控制系统的准确性是确保隧道正确贯通的关键。

地铁施工竖井的尺寸一般较小（平面净宽度一般为 3.9~6m、平面净长度一般为 6.0~12m、井深一般在 20~30m）。竖井联系测量的过程见图 10.10，竖井联系测量的工作包括

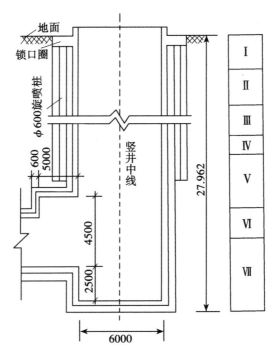

图 10.9　某项目九号竖井结构示意图

平面联系测量和高程联系测量两大部分。

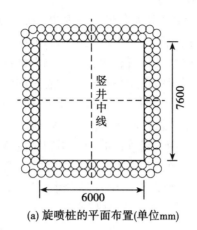

(a) 旋喷桩的平面布置(单位mm)

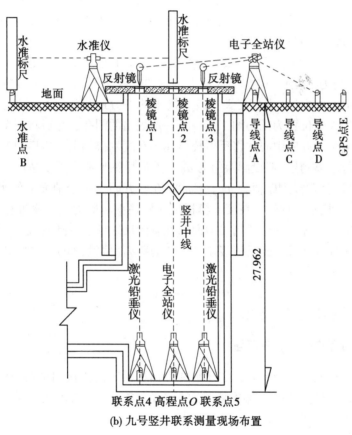

(b) 九号竖井联系测量现场布置

图 10.10 竖井联系测量现场布置示意图

(1)竖井井底测量基准点的设置在竖井井底施工结束后,在井底混凝土中灌埋 3 个金属标志的测量基准点(即联系点 4、联系点 5、高程点 O),井底 2 个联系点的连线应通过竖井的中心且应尽量贴近竖井壁(联系点到竖井壁的距离应控制在 0.3~0.4m 的范围内),高程点 O 应尽量位于竖井的中心位置。

(2)平面联系测量。将两台激光铅垂仪安置在竖井井底,向地面发射可见激光束,在地面竖井口上根据可见激光束的位置在可见激光束的两侧固定两根工字钢,然后在工字钢上用拉线的方法交会出可见激光束的位置,再在工字钢上铺设废木模板并在模板上根据拉线预估出可见激光束的位置,以模板上预估的可见激光束的位置为圆心加工出两个一定规格的圆孔,再在圆孔上用胶粘上半透明的塑料板。在竖井井底用钢尺准确丈量两个联系点间的水平距离 D,将两台激光铅垂仪各旋转一周即可在地面半透明的塑料板上形成一个圆形的轨迹,地面上随着竖井井底激光铅垂仪的旋转用细马克笔在塑料板上标出激光点的旋转轨迹进而标定出激光点旋转轨迹的圆心(该圆心即为井底联系点的铅直投影位置),地面上用钢尺准确丈量两个联系点铅直投影位置间的水平距离 d,若 d 与 D 的差值不超过 1mm,则认为投点无误(否则应检查激光铅垂仪是否存在问题)。将电子全站仪安置在一个地面导线点或 GPS 点上后视另一导线点或 GPS 点,然后将发射棱镜依次安置在半透明的塑料板上标出的两个联系点的铅直投影位置处即可测出两个联系点的平面直角坐标(即城市坐标),平面联系测量即告结束。

(3)高程联系测量。将电子全站仪安置在竖井井底高程点 O 上,使电子全站仪望远镜指向天顶(即竖直角为零度),确定望远镜十字丝中心在平面联系测量用的废木模板底的大概位置(可用两根白颜色的木棍交叉在废木模板的下方进行标定),以望远镜十字丝中心在废木模板底的大概位置为圆心加工出一个一定规格的圆孔,然后将一个反射棱镜的反射面通过圆孔指向竖井井底中心并将反射棱镜固定在废木模板上,再启动安置在竖井井底的电子全站仪进行距离测量(假设测距值为 a),然后用钢尺或电子全站仪专用量高器测量电子全站仪的仪器高(假设测距值为 b)。最后,在竖井附近一个地面上的水准点(假设其高程为 H)上竖立一把水准标尺,在废木模板反射棱镜上也竖立一把水准标尺,将水准仪假设在与两把水准标尺等距的位置测出地面水准点到反射棱镜的高差(假设为 h)。再用钢尺测量反射棱镜水准标尺尺底到反射棱镜杆中线的距离(假设为 c),则竖井井底高程点 O 的高程 H_O 为

$$H_O = H + h - c - a - b$$

至此,高程联系测量即告结束。

六、地下铁路盾构区间施工测量

盾构机是一个近似圆柱的锥体,在开始隧道掘进后不能直接测量其刀盘的中心坐标,只能间接推算。在盾构机壳体内选择观测点的位置非常重要,要求既要利于观测,又要利于保护,且空间关系稳定。

1. 盾构机始发测量

盾构机始发测量包括盾构机定位测量、反力架定位测量、盾构机姿态初始测量等。

(1)盾构机导轨定位测量。主要控制导轨的中线与设计隧道中线偏差不能超限、导轨的前后高程与设计高程不能超限、导轨下面是否坚实平整等。

(2)反力架定位测量。包括反力架的高度、俯仰度、偏航等,以及反力架下面是否坚

实、平整。反力架的稳定性直接影响到盾构机始发掘进是否能正常按照设计方位进行。

(3)盾构机姿态初始测量。包括测量水平偏航、俯仰度、扭转度。盾构机的水平偏航、俯仰度是用来判断盾构机在以后掘进过程中是否在隧道设计中线上前进，扭转度是用来判断盾构机是否在容许范围内发生扭转。

2. 盾构机姿态人工复测

在盾构施工过程中，为了保证导向系统的正确性和可靠性，在盾构机掘进一定长度或时间之后，应通过洞内的独立导线独立检测盾构机的姿态，即进行盾构姿态的人工检测。

(1)盾构机参考点测量。盾构机组装时生产厂家已在盾体上布置了盾构姿态测量参考点(如图 10.11 所示，共 21 个)，并精确测定了各参考点的三维坐标，盾体前参考点及后参考点实际上是虚拟的，并不存在。在进行盾构姿态人工检测时可直接利用这些相关数据，测站位置选在盾构机第一节台车的连接桥上，此处通视条件非常理想，便于架设全站仪，只要在连接桥上的中部焊上一个全站仪的连接螺栓就可以了。测量时应根据现场条件尽量使所选参考点之间的连线距离大一些，以保证计算精度，最好保证左、中、右各测量一两个点，这样可以提高测量计算的精度。

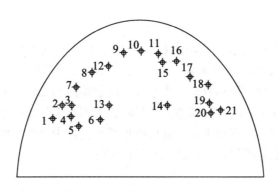

图 10.11 盾构机参考点的布置

(2)盾构姿态计算。先把已知参考点的相对坐标(至少 3 个点)输入至 CAD 文件中，再把每次所测相同编号参考点的三维绝对坐标输入到同一个 CAD 文件，利用 CAD 里面的"对齐"命令，通过测量垂线在水平和垂直方向上的偏离值来求解盾构机前后点的姿态。

3. SLS-T 导向系统初始测量

SLS-T 导向系统初始测量包括：隧道设计中线坐标计算、TCA 托架和后视托架的三维坐标测量、VMT 初始参数设置和掘进等工作。

4. 盾构机掘进测量

盾构开挖隧道是利用设置在盾构上的激光导向系统进行导向的。隧道施工测量则是采用地下施工控制导线点和施工水准控制点逐次重复测量成果的加权平均值作为起算数据。盾构法掘进隧道施工测量包括盾构井(室)测量、盾构拼装测量、盾构姿态测量和衬砌环片测量采用联系测量方法将测量控制点传递到盾构井(室)中，并利用测量控制点测设出线路中线点和盾构安装时所需要的测量控制点，测设值与设计值较差应小于 3mm。安装盾构导轨时，测设同一位置的导轨方向、坡度和高程与设计较差应小于 2mm。盾构拼装竣工后，进行盾构纵向轴线和径向轴线测量，主要测量内容包括刀口、机头与盾尾连接点中心、盾尾之间的长度测量；盾构外壳长度测量；盾构刀口、盾尾和支承环的直径测量。盾构机与线路中线的平面偏离、高程偏离、纵向坡度、横向旋转和切口里程的各项测量误差限差应满足表 10.13 的要求。

表 10.13　　　　　　　　　　　各项测量误差限差

测量项目	测量误差
平面偏离值/mm	±5
高程偏离值/mm	±5
纵向坡度/(%)	1
横向旋转角/(′)	±3
切口里程/mm	±10

5. 衬砌环片测量

衬砌环片测量采用横尺法，测出衬砌环的水平偏差和垂直偏差（如图 10.12 所示）。管环的内径为 2.7m，采用铝合金制作一水平尺，水平尺长可根据实际情况进行调整。在水平尺正中央贴一反射片，根据管环、水平尺、反射贴片的几何尺寸，就可以计算出管环中心与水平尺上反射片中心的实际高差。测量时，先把水平尺精确整平，再用全站仪测量出水平尺上反射贴片中心的三维坐标，就可以推算出管环中心的三维坐标。每次管环测量时，应重叠五环已经稳定的管环，以消除测错的可能。

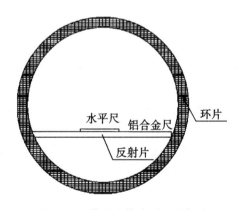

图 10.12　横尺法管片测量示意图

盾构掘进测量以 SLS-T 导向系统为主，辅以人工测量校核。利用盾构上所带的 SLS-T 自动激光隧道导向系统及图像靶来完成隧道内盾构机位置、形态及管片位置等隧道内的测量工作，并通过控制系统随时进行调整。

盾构机的测量主要包括以上几个部分，具体的施工项目需具体对待。

工作任务 3 　 线下工程测量

线下工程是指钢轨(不含轨道)以下的桥梁(不含机架梁)、隧道、路基、道渣工程。350公里时速客运专线线下工程测量，具体测量流程如图10.13所示.

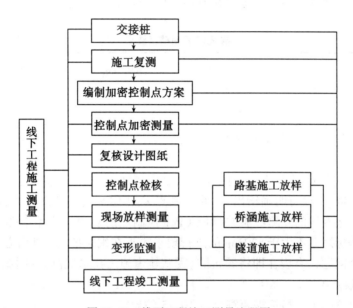

图10.13　线下工程施工测量流程图

一、交接桩和施工复测

1. 交接桩的程序与内容

交接桩由建设单位组织，设计单位、监理单位、施工单位参加，以现场点交控制点的形式交接。

与设计单位进行现场交接桩时应交接的控制点包括CPⅠ、CPⅡ平面控制点、二等精密水准点。

现场控制点交接完后还应进行测量资料的交接，包括：CPⅠ、CPⅡ平面控制点坐标及点之记；水准点高程成果及点之记；中线逐桩坐标；曲线要素表；断链表。与设计单位交接桩后，交接的桩点、资料应办理书面记录、各方签字存档。

2. 施工复测

(1)施工复测的内容。交接桩完成后应立即安排测量人员对设计单位所交的控制点逐桩进行复测，复测的内容包括全管段CPⅠ、CPⅡ平面控制点、二等精密水准点。

(2)施工复测的精度要求。复测的方法和精度要求应满足《客运专线无碴轨道铁路工程测量测量暂行规定》铁建设〔2006〕189号的规定。

CPⅠ控制点应按 B 级 GPS 测量的技术要求进行复测，CPⅡ控制点可以采用 C 级 GPS 测量或四等导线测量的方法进行复测，水准点应采用几何水准测量的方法按二等精密水准测量的方法进行复测。

（3）施工复测的测量限差。

CPⅠ控制点的复测应满足 X、Y 复测坐标与设计坐标之差不大于±20mm 的要求。CPⅡ控制点复测应满足如下精度要求：

①当采用导线法复测时需要符合表 10.14 的规定。

表 10.14　　　　　　　　　　　导线法复测精度要求

水平角差值	导线方位角闭合差	距离（mm）	导线长度闭合差
≤5″	≤$5\sqrt{n}$″	≤$2m_D$	≤1/40000

注：n 为导线测站数，m_D 为仪器标称精度。

②当采用 GPS 测量复测时，由于《客运专线无砟轨道铁路工程测量测量暂行规定》（铁建设[2006]189 号）中没有明确给出 CPⅡ控制点采用 GPS 复测的限差指标，根据郑西客运专线、武广客运专线的复测经验并参照 CPⅠ控制点的复测的限差指标，也按 X、Y 复测坐标与设计坐标之差不大于±20mm 的进行要求，正在编制的《无砟轨道施工技术规范》中已考虑到这个问题，有望在即将颁布的《无砟轨道施工技术规范》中明确 CPⅡ控制点采用 GPS 复测的限差指标。

③水准点复测的限差指标需要符合表 10.15 的规定。

表 10.15　　　　　　　　　　　水准点复测的限差指标

二等/mm	精密水准/mm	三等/mm	四等/mm
$6\sqrt{L}$	$12\sqrt{L}$	$20\sqrt{L}$	$30\sqrt{L}$

注：L 为测段长度，单位为 km。

④复测结论。当复测各项精度指标满足上述精度要求时，应采用设计成果作为施工依据，当发现精度指标超出限差要求时应重新对超限的控制点进行复测确认，确认控制点发生位移或沉降不能满足精度要求时，应及时同业主、监理、设计院研究解决。

二、施工控制点加密

一般情况下，设计单位布设一对 CPⅠ控制点间距约为 4km，相邻 CPⅡ控制点间距约为 1km，相邻水准点间距约为 2km，这样的点位密度还不能完全满足线下工程施工放样的需要，因此需要在设计单位布设的控制点基础上进行控制点加密测量。

（1）加密桩选点时应充分利用设计单位的 CPⅠ、CPⅡ控制点，并结合施工放样的要求，加密点应按少而精的选择选布。加密点应选埋在便于施工放样和保存的地方，应在设计单位的CPⅠ或者CPⅡ控制点间进行加密，两相邻加密点间的距离不应短于300m；相邻点之间要求通视。

（2）加密水准点的选布平面控制点加密点应与水准点加密点结合布设，加密水准点应埋设稳固，位置应避开大型车辆碾压的地方，水准点加密测量应按附合水准路线在设计水准基点间进行加密。水准点加密精度要求为满足线下工程变形监测的需要，水准点加密亦按二等精密水准测量的技术要求进行施测，设计每公里高差中数的偶然中误差为±1mm。

（3）GPS测量加密控制点的技术要求测量等级和技术标准按《客运专线无碴轨道铁路工程测量暂行规定》和《全球定位系统(GPS)铁路测量规程》执行。

（4）采用导线测量进行加密的技术要求。

①网形设计。加密导线点应起闭于CPⅠ、CPⅡ控制点构成附合导线或导线网，因支导线缺乏必要的检核条件，不得采用支导线进行控制点的加密。

②精度要求应按四等导线测量的技术要求进行施测，设计测角中误差为±2.5″。

③导线水平角观测技术要求如表10.16所示。

表10.16　　　　　　　　　　导线水平角观测技术要求

控制点等级	仪器等级	测回数	半测回归零差	2C较差	同一方向各测回较差
四等	DJ1	4	6″	9″	6″
	DJ2	6	8″	13″	9″

④距离测量技术要求。距离应往返各观测2测回，并应进行气象改正，加、乘常数改正，投影改正。

⑤平差计算。已经过复测确认正确无误的CPⅠ、CPⅡ控制点为固定点，采用严密平差计算。

（5）水准点加密测量技术要求。

为满足线下工程变形监测的需要，水准点加密亦按二等精密水准测量的技术要求进行施测，设计每公里高差中数的偶然中误差为±1mm。

二等水准测量作业注意事项：

①二等水准测量使用的水准仪硬件要求等同于二等水准点施工复测。

②二等水准测量作业前应对水准仪的i角进行检查，i角不应大于15″，否则应进行校正。

③测量过程中应使用尺垫立尺，扶尺时应使用尺撑，使水准尺上的气泡居中，水准尺竖直。

④水准测量观测时，应按奇数站后—前—前—后、偶数站前—后—后—前的观测顺序进行，每一测段应为偶数测站。

⑤由往测转向返测时，两根标尺必须互换位置。

三、设计图纸的复核

（1）平面线位的复核应根据设计单位提供的曲线要素表、交点计算表、断链表复核线路逐桩。

坐标应特别注意对断链桩坐标的复核；并对涉及的曲线要素、断链里程的所有设计图纸进行核对，所有图纸的线位数据应一致。

（2）纵断面纵坡数据的复核应对纵断面设计高程数据进行复核，并对变坡点里程进行核对，并对涉及的纵断面高程数据的所有设计图纸进行核对，所有图纸的里程、纵坡、高程数据应一致。

（3）复核发现设计数据有不符之处时，应进一步核实，并及时与设计单位联系解决。

四、线路施工测量

1. 主要任务

是在地面上测设线路施工桩点的平面位置和高程。

2. 主要内容

直线控制桩、曲线控制桩、百米桩、中线桩。

3. 测量方法

采用全站仪极坐标法和 GPSRTK 测设。

五、路基施工测量

1. 测量内容

路堤路堑施工放样测量、地基加固工程施工放样、桩板结构路基施工放样。

2. 测量方法

地基加固工程施工放样和路堤施工放样测量可在恢复中线的基础上采用横断面法、极坐标法或 GPSRTK 法施测。桩板结构路基平面控制测量应采用 GPS 测量、导线测量，板桩结构路基施工放样采用极坐标法测量。

六、桥梁施工测量

1. 桥位控制测量

桥位控制测量，要根据实际情况合理布设控制网图形，保证施工时放样桥位轴线和墩台位置方向等有足够的精度。桥位平面控制网多为闭合导线网，在布设桥位控制网时，应综合考虑桥梁长度、结构形式、孔径大小、施工方法等因素对精度的要求，力求控制网图形简单，并有足够的强度。桥位控制测量的目的，是为测量桥位地形、施工放样和变形观测提供具有足够精度的控制点。一般，控制网图形可参照桥梁长度布设，当桥梁长度不足 200m 时，控制网图形为两个简单三角形或大地四边形；当桥梁长度超过 200m 时，控制网图形为双大地四边形或三角锁。

桥位三角网主要技术要求见表 10.17。

表 10.17　　　　　　　　　桥位三角网主要技术要求

等级	桥位轴线桩间距离	桥轴线边长中误差	三角形最大闭合差	测角中误差
二	>5000m	±7cm	±5″	±1.0″
三	2000～5000m	±7cm	±7″	±1.8″
四	1000～2000m	±5cm	±9″	±2.5″
五	500～1000m	±5cm	±15″	±5.0″
六	200～500m	±5cm	±30″	±10.0″
七	<200m	±4cm	±60″	±20.0″

桥位控制网包括平面控制和高程控制。平面控制测量确定各控制点的平面位置,高程控制测量确定各控制点的垂直位置,只有具有空间三维坐标的控制网,方能对桥轴线,桥头引道及施工放样等起到全面的控制作用。

2. 桥位及墩、台基础放样

在桥梁施工前,必须将桥梁设计图上的桥台、桥墩的平面位置在实地放样出来,然后才能进行桥梁墩、台基础施工。放样桥梁墩、台平面位置的方法,按照桥梁大小及河流情况分为直接丈量法、角度交会法和极坐标法等。

3. 墩身、墩帽放样

基础完成之后,在基础上放样墩台轴线,弹上墨线,按墨线和墩、台身尺寸设立模板,模板下轴线标记与基础的墨线对齐,上用经纬仪控制。使模板上轴线标记与墩台轴线一致,固定模板,浇筑混凝土。随着墩台砌筑高度的增加,应及时检查中心位置和高程。

墩台砌筑至离顶帽底约 30cm 时,要测出墩台纵横轴线,然后支立墩(台)帽模板。为确保顶帽中心位置的正确,在浇筑混凝土前,应复核墩台纵横轴线。

4. 桥台锥坡放样

桥台两边的护坡为四分之一锥体,坡脚和基础边缘线的平面为四分之一椭圆。放样时根据椭圆的几何性质,可采用内测量坐标法、外测量坐标法、拉绳法。

5. 高程放样

高程放样就是将桥梁各部分的建筑高度控制在设计高度。常规水准测量操作简单,速度快。但在桥梁施工过程中,由于墩台基础或顶部与桥边水准点的高差较大,用水准测量来传递高程非常不方便,可以采用三角高程测量或垂吊钢尺法。

七、隧道施工测量

隧道平面控制测量应结合隧道长度、平面形状、辅助坑道位置以及线路通过地区的地形和环境条件等,采用 GPS 测量、导线测量、三角形网测量及其综合测量方法。高程控制测量可采用水准测量、光电测距三角高程测量。具体测量应符合以下规定:

(1)隧道平面控制测量应结合隧道长度、平面形状、辅助坑道位置以及线路通过地区的地形和环境条件等,采用 GPS 测量、导线测量、三角形网测量及其综合测量方法。高程控制测量可采用水准测量、光电测距三角高程测量。

(2)平面控制网坐标系宜采用以隧道平均高程面为基准面,以隧道长直线或曲线隧道切线(或公切线)为坐标轴的施工独立坐标系,坐标轴的选取应方便施工使用。高程系统应与线路高程系统相同。

(3)隧道两相向开挖洞口施工中线在贯通面上的横向和高程贯通误差应符合表 10.18 的规定。

(4)隧道长度大于 1500m 时,应根据横向贯通误差进行平面控制网设计,估算洞外控制测量产生的横向贯通误差影响值,并进行洞内测量设计。水准路线长度大于 5000m 时,应根据高程贯通中误差进行高程控制网设计。

表 10.18 隧道贯通误差规定

项目	横向贯通误差							高程贯通误差
相向开挖长度(km)	$L<4$	$4 \leqslant L<7$	$7 \leqslant L<10$	$10 \leqslant L<13$	$13 \leqslant L<16$	$16 \leqslant L<19$	$19 \leqslant L<20$	
洞外贯通中误差(mm)	30	40	45	55	65	75	80	18
洞内贯通中误差(mm)	40	50	65	80	105	135	160	17
洞内外综合贯通中误差(mm)	50	65	80	100	125	160	180	25
贯通限差(mm)	100	130	160	200	250	320	360	50

注:1. 本表不适用于利用竖井贯通的隧道。
2. 相向开挖长度大于 20km 的隧道应作特殊设计。

(5)洞外控制网与线路控制网的联结应符合下列规定:

当线路控制网(CPⅠ、CPⅡ)精度满足隧道控制测量要求时,应在线路控制网基础上扩展加密,建立隧道控制网。

当线路控制网精度不能满足隧道控制测量要求时,应建立隧道独立控制网,并与隧道洞口附近线路控制点联测。

洞外高程控制测量应从隧道一端的线路水准基点联测至另一端的线路水准基点。

(6)当隧道洞口两端的线路控制网(CPⅠ、CPⅡ)不在一个投影带内时,可建立独立的隧道施工控制网。

隧道洞外控制测量技术要求应满足表 10.19 和表 10.20 的规定。

表 10.19　　　　　　　　　　　　平面控制测量设计要素

测量部位	测量方法	测量等级	适用长度 /km	洞口联系边方向中误差/(″)	测角中误差/(″)	边长相对中误差
洞外	GPS测量	一	6~20	1.0		1/250000
		二	4~6	1.3		1/180000
		三	<4	1.7		1/100000
	导线测量	二	8~20		1.0	1/200000
			6~8			1/100000
		三	4~6		1.8	1/80000
		四	1.5~4		2.5	1/50000
	三角形网测量	二	8~20		1.0	1/200000
			6~8			1/150000
		三	4~6		1.8	1/100000
		四	1.5~4		2.5	1/50000
洞内	导线测量	二	9~20		1.0	1/100000
		隧道2等	6~9		1.3	1/100000
		三	3~6		1.8	1/50000
		四	1.5~3		2.5	1/50000
		一级	<1.5		4.0	1/20000

表 10.20　　　　　　　　　　　　高程控制测量技术要求

测量部位	测量等级	两开挖洞口间高程路线长度/km	每千米高程测量偶然中误差/mm
洞外	二	>36	≤1.0
	三	13~36	≤3.0
	四	5~13	≤5.0
	五	<5	≤7.5
洞内	二	>32	≤1.0
	三	11~32	≤3.0
	四	5~11	≤5.0
	五	<5	≤7.5

(7)洞内施工中线测设应符合下列规定：

采用导线测设中线点，一次测设不应少于3个，并相互检核。

采用独立中线测设中线点，直线上应采用正倒镜法延伸直线；曲线上宜采用偏角法测设。

衬砌用的临时中线点宜每10m加密一点。直线上应正倒镜压点或延伸；曲线上可用偏角法测设。

掘进用的临时中线点可采用串线法延伸标定。串线长度直线段不大于30m，曲线段不大于20m。

全断面开挖的施工中线可先用激光导向，后用全站仪、光电测距仪测定。

采用上下半断面施工时，上半断面每延伸90~120m时应与下半断面的中线点联测，检查校正上半断面中线。

(8)洞内中线点宜采用混凝土包桩，严禁包埋木板、铁板和在混凝土上钻眼。设在顶板上的临时点可灌入拱部混凝土中或打入坚固岩石的钎眼内。

(9)当曲线隧道设有导坑时，可根据隧道中线和导坑的横移偏移距离，按一定密度计算。

(10)洞内高程测量应符合以下规定：

洞内高程测量应根据洞内高程控制点引测加密。加密点可与永久中线点共桩。

采用光电测距三角高程测量施工高程时，宜变换反射器高测量两次或利用加密点作转点闭合到已知高程点上。

八、变形监测

高速铁路变形测量的内容包括路基、涵洞、桥梁、隧道、车站以及道路两侧高边坡和滑坡地段的垂直位移监测和水平位移监测。

高速铁路变形监测的精度等级应按照监测量的中误差小于允许变形值的1/10~1/20的原则进行设计，并符合表10.21规定。

表10.21 变形测量等级及精度要求

变形测量等级	垂直位移测量		水平位移观测
	变形观测点的高程中误差(mm)	相邻变形观测点的高差中误差(mm)	变形观测点的点位中误差(mm)
一等	±0.3	±0.1	±1.5
二等	±0.5	±0.3	±3.0
三等	±1.0	±0.5	±6.0
四等	±2.0	±1.0	±12.0

(1)水平位移监测网的建立应符合下列规定：

水平位移监测网可采用独立坐标系统一次布设；控制点宜采用有强制归心装置的观测墩；照准标志采用强制对中装置的觇牌或红外测距反射片。

水平位移监测网的主要技术要求应符合表10.22的规定。

表 10.22　　　　　　　　　　水平位移监测网的主要技术要求

等级	相邻基准点的点位中误差（mm）	平均边长（m）	测角中误差（"）	测边中误差（mm）	水平角观测测回数		
					0.5"级仪器	1"级仪器	2"级仪器
一等	±1.5	≤300	±0.7	1.0	9	12	—
		≤200	±1.0	1.0	6	9	—
二等	±3.0	≤400	±1.0	2.0	6	9	—
		≤200	±1.8	2.0	4	6	9
三等	±6.0	≤450	±1.8	4.0	4	6	9
		≤350	±2.5	4.0	3	4	6
四等	±12.0	≤600	±2.5	7.0	3	4	6

在设计水平位移监测网时，应进行精度预估，选用最优方案。

（2）垂直位移监测网的建立应符合下列规定：

垂直位移监测网应布设成闭合环状、节点或附合水准路线等形式。

水准基点应埋设在变形区以外的基岩或原状土层上，亦可利用稳固的建筑物、构筑物设立墙上水准点。

垂直位移监测网的主要技术要求应符合表 10.23 的规定。

表 10.23　　　　　　　　　　垂直位移监测网的主要技术要求

等级	相邻基准点高差中误差（mm）	每站高差中误差（mm）	往返较差、附合或环线闭合差（mm）	检测已测高差较差（mm）	使用仪器、观测方法及要求
一等	±0.3	±0.07	$0.15\sqrt{n}$	$0.2\sqrt{n}$	DS_{05}型仪器，视线长度≤15m，前后视距差≤0.3m，视距累积差≤1.5m。宜按国家一等水准测量的技术要求施测
二等	±0.5	±0.15	$0.3\sqrt{n}$	$0.4\sqrt{n}$	DS_{05}型仪器，宜按国家一等水准测量的技术要求施测
三等	±1.0	±0.3	$0.6\sqrt{n}$	$0.8\sqrt{n}$	DS_{05} 或 DS_1型仪器，宜按本规范二等水准测量的技术要求施测
四等	±2.0	±0.7	$1.40\sqrt{n}$	$2.0\sqrt{n}$	DS_1 或 DS_3型仪器，宜按本规范三等水准测量的技术要求施测

九、线下工程竣工测量

线下工程竣工完毕后,应进行线路竣工测量。竣工测量的主要内容有:线路中线贯通测量(包括全线(段)二等水准贯通测量和线下工程线路平面测量和高程测量,并贯通全线\段的里程),路基竣工测量(主要是横断面测量、应在路基沉降稳定后进行)、桥涵竣工测量(包括桥梁墩台竣工测量、桥梁中线贯通测量和涵洞竣工测量)以及隧道竣工测量(包括洞内水准基点测量和隧道净空断面测量)。线下工程测量的目的是对线下工程施工做出评价,并为无碴轨道铺设做准备。

工作任务4　无碴轨道铺设测量

无碴轨道(又称无砟轨道)。在铁路上,"砟"的意思是小块的石头。常规铁路都在小块石头的基础上,再铺设枕木或混凝土轨枕,最后铺设钢轨,但这种线路不适于列车高速行驶。高速铁路的发展史证明,其基础工程如果使用常规的轨道系统,会造成道砟粉化严重、线路维修频繁的后果,安全性、舒适性、经济性相对较差。但无碴轨道均克服了上述缺点,是高速铁路工程技术的发展方向。无碴轨道平顺性好,稳定性好,使用寿命长,耐久性好,维修工作少,避免了飞溅道碴。

在无碴轨道铺设阶段,首先应建立无碴轨道铺设控制网,包括基桩控制网和高程控制网,然后进行无碴轨道的安装测量,主要包括加密基桩测量、轨道安装测量、道岔安装测量、轨道衔接测量、线路整理测量,最后进行轨道铺设竣工测量,如图10.14所示。

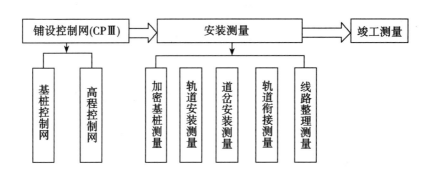

图10.14　无碴轨道铺设流程

一、CPⅢ网建立

1. CPⅢ网建立

基桩控制网(CPⅢ)是在CPⅠ、CPⅡ基础上采用导线测量或自由设站边角交会法施测的,主要为铺设无碴轨道和运营维护提供控制基准。基桩控制网的布设和测量方法应根据无碴轨道的结构形式及施工工艺来确定的。

(1)采用导线测量法施测基桩控制网(CPⅢ)时,为了保证无砟轨道施工满足线路平顺性要求,CPⅢ控制点应设为线路外移桩,距线路中线距离一般为3~4m,控制点的间距以150~200m为宜。CPⅢ控制点有条件时宜埋设混凝土强制对中标。

(2)CPⅢ基桩控制网观测的自由测站间距一般约为120m,自由测站到CPⅢ点的最远观测距离不应大于180m;每个CPⅢ点至少应保证有三个自由测站的方向和距离观测量。CPⅢ平面网水平方向应采用全圆方向观测法进行观测,如采用分组观测,应以同一归零方向,并重复观测一个方向。水平方向观测应满足表10.24的规定。

表10.24　　　　　　　　　　CPⅢ平面水平方向观测技术要求

控制网名称	仪器等级	测回数	半测回归零差	不同测回同一方向2C互差	同一方向归零后方向值较差
CPⅢ平面网	0.5″	2	6″	9″	6″
	1″	3	6″	9″	6″

(3)CPⅢ控制点高程测量可以利用CPⅢ基桩控制网测量的边角观测值,采用CPⅢ控制网自由测站三角高程测量方法与CPⅢ基桩控制测量合并进行。CPⅢ控制网自由测站三角高程测量应采用不同测站所测得的相邻点的高差。用于构建CPⅢ控制网自由测站三角高程的观测值,除满足CPⅢ平面网的外业观测要求外,还应满足表10.25的规定。

表10.25　　　　CPⅢ控制网自由测站三角高程外业观测的主要技术要求

全站仪标称精度	测回数	测回间距离较差	测回间竖盘指标差互差	测回间竖直角互差
≤1″,1mm+1ppm	≥3	≤1mm	≤9″	≤6″

CPⅢ自由测站三角高程网应附合于线路水准基点,每2km左右与线路水准基点进行高程联测。CPⅢ高程网与线路水准基点联测时,应按精密水准测量要求进行往返观测。

2. CPⅢ控制网的布设

在无砟轨道施工中,铺设控制基桩不仅是加密基桩的基准点,也是无砟轨道铺设的控制点,它的精确测设是保证轨道施工质量的关键。布设CPⅢ网的目的就在于准确地测设铺轨控制基桩确保无砟轨道施工满足线路平顺性要求。

(1)起算基准。基桩控制网CPⅢ可附合到CPⅠ和CPⅡ网上,采用固定数据平差基准,或采用独立自由网平差基准,然后在CPⅠ网中置平CPⅢ网。

(2)网形布设。

①CPⅢ控制网的平面构网图形。轨道控制网CPⅢ的平面控制网宜采用图10.15所示的构网形式。平面观测测站间距应为120m左右,每个CPⅢ控制点应有三个方向交会。

因遇施工干扰或观测条件稍差时,CPⅢ平面控制网可采用图10.16所示的构网形式,平面观测测站间距应为60m左右,每个CPⅢ控制点应有四个方向交会。

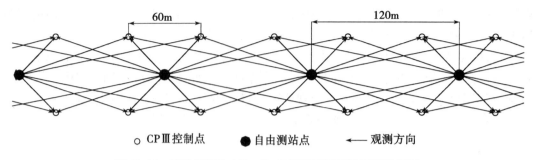

○ CPⅢ控制点　　● 自由测站点　　← 观测方向

图10.15　测站间距为120m的CPⅢ平面网观测网形示意图

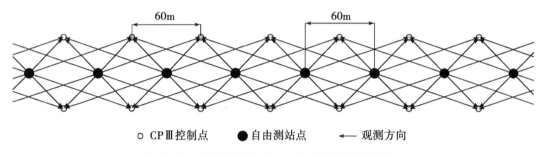

○ CPⅢ控制点　　● 自由测站点　　← 观测方向

图10.16　测站间距为60m的CPⅢ平面网构网形式

CPⅢ平面网与上一级CPⅠ、CPⅡ控制点联测可以通过自由测站置镜观测CPⅠ、CPⅡ控制点，或采用在CPⅠ、CPⅡ控制点置镜观测CPⅢ点。

当采用在自由设站置镜观测CPⅠ、CPⅡ控制点时，应在2个或以上连续的自由测站上观测CPⅠ、CPⅡ控制点，其观测图形如图10.17所示。

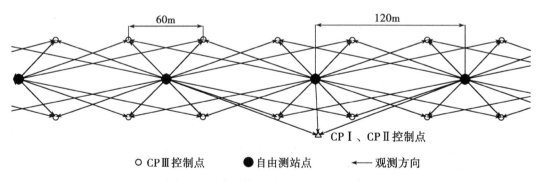

○ CPⅢ控制点　　● 自由测站点　　← 观测方向

图10.17　在自由测站点置镜观测CPⅠ、CPⅡ控制点的观测网图

当采用在CPⅠ、CPⅡ控制点置镜观测CPⅢ点，应在CPⅠ、CPⅡ控制点置镜观测三个以上CPⅢ控制点。其观测图形如图10.18所示。

②CPⅢ控制点的高程测量的水准路线形式。CPⅢ控制点高程的水准测量宜采图

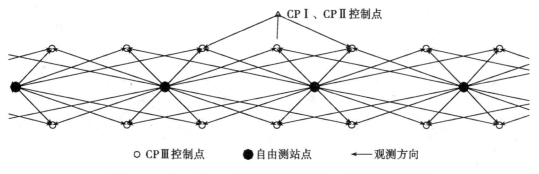

图 10.18 在 CP Ⅰ、CP Ⅱ 控制点置镜观测 CP Ⅲ 点的观测网图

10.19 所示的水准路线形式。测量时,左边第一个闭合环的四个高差应该由两个测站完成,其他闭合环的三个高差可由一个测站按照后—前—前—后或前—后—后—前的顺序进行单程观测。单程观测所形成的闭合环如图 10.20 所示。

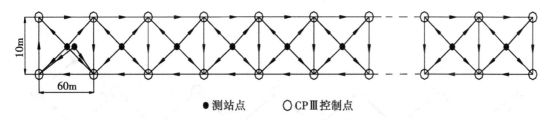

图 10.19 矩形法 CP Ⅲ 水准测量原理示意图

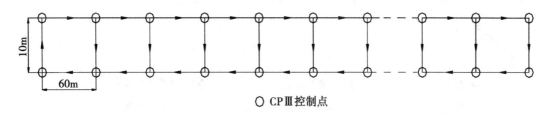

图 10.20 CP Ⅲ 水准网单程观测形成的闭合环示意图

CP Ⅲ 控制点高程的水准测量也可采图 10.21 和图 10.22 所示的水准路线形式。测量时,往测时以轨道一侧的 CP Ⅲ 控制点为主线贯通水准测量,另一侧的 CP Ⅲ 控制点在进行贯通水准测量摆站时就近进行中视观测。返测时以另一侧的 CP Ⅲ 控制点为主线贯通水准测量,对侧的控制点在摆站时就近进行中视观测。观测所形成的闭合环如图 10.23 所示。

3. CP Ⅲ 控制网测量

CP Ⅲ 平面控制网外业观测时,应按表 10.26 格式现场填写 CP Ⅲ 平面控制测量自由测站测量记录表。

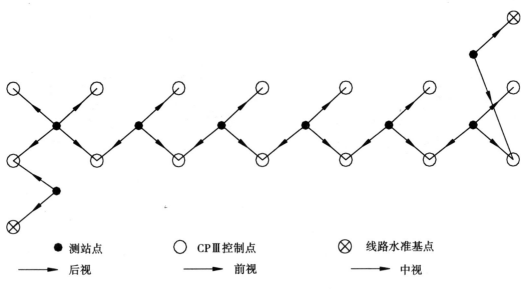

图 10.21　CPⅢ往测水准路线示意图

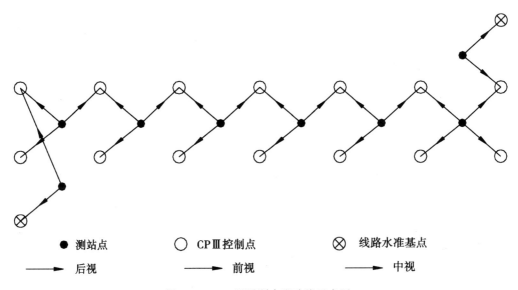

图 10.22　CPⅢ返测水准路线示意图

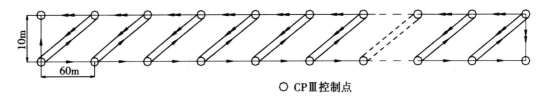

图 10.23　CPⅢ高程网往返观测形成的闭合环示意图

表 10.26　　　　　　　　**平面控制测量自由测站测量记录表**

线段第　页共　页

测量单位：　　　　　天气：　　　　测量日期：　年　月　日

自由测站点编号		温度		气压	
CPⅢ点编号	备注	CPⅢ点编号	备注		

自由测站、CPⅢ点编号示意图

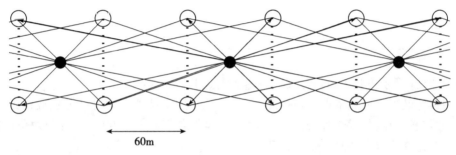

60m

线路里程方向

说明：将自由测站点和 CPⅢ 点的编号标记于上述示意图中。每一测站均应填写一张表格

观测：　　　　记录：　　　　测量时间：　　时　　分

二、安装测量

1. 轨道安装测量

（1）CRTS Ⅰ 型轨道板安装定位（精调）可采用速调标架法或基准器法进行，并应符合下列规定：

①采用速调标架法或螺栓孔适配器法测量时，每一测站精调的轨道板不应多于 5 块，换站后应对上一测站的最后一块轨道板进行检测。

②采用基准器精调轨道板时，应使用三角规控制轨道板扣件安装中心线，同时实现轨道板纵、横向及竖向的调整。

③轨道板定位限差横向和纵向应分别不大于 2mm 和 5mm；高程定位限差应不大于 1mm。相邻轨道板搭接限差横向和高程应分别不大于 2mm 和 1mm。

（2）CRTS Ⅱ 型轨道板安装定位（精调）测量应按下列要求进行：

①全站仪设于待调轨道板端基准点上，完成定向后，测量待调轨道板上6个棱镜的三维坐标，根据实测值与设计值较差，对轨道板进行横向和竖向调整。全站仪距待调轨道板的距离应在6.5~19.5m范围内。

②更换测站后，应依据待调轨道板末端的基准点，检测已调整的最后一块轨道板板首端承轨槽上的精调标架，检测的横向和竖向偏差均不应大于2mm，纵向偏差不应大于10mm。

③轨道板精调后的限差应满足表10.27的要求。

表10.27　　　　　　　　　　　轨道板精调后的允许偏差

项　　目	允许偏差（mm）
板内各支点实测与设计值的横向偏差	0.3
板内各支点实测与设计值的竖向偏差	0.3
轨道板竖向弯曲	0.5
相邻轨道板间横向偏差	0.4
相邻轨道板间竖向偏差	0.4

（3）CRTSI型双块式无砟轨道安装测量应满足下列要求：

①轨排组装前，应先依据轨道控制网CPⅢ，采用全站仪自由设站方法放设道床模板及线路中线控制点或外移控制点，每一设站放样距离不应大于90m。中线放样允许偏差5mm。模板允许偏差：平面2mm，高程5mm。

②轨排组装允许偏差为：轨距≤2.0mm，轨枕间距≤5.0mm。

③轨排粗调宜采用全站仪自由设站配合粗调机或轨道几何状态测量仪进行，也可采用全站仪自由设站配合水准仪进行；并符合每一设站测量的距离不宜大于70m，轨排粗调后的允许偏差：中线2mm，高程-5~0mm。

（4）轨排精调应采用全站仪自由设站配合轨道几何状态测量仪进行，轨排精调应满足下列要求：

①全站仪距轨道几何状态测量仪的工作距离宜为5~55m。

②轨排精调测量测点应设在轨排支撑架位置，其步长应为每个支撑螺杆的间距。

③下一循环施工时，测量应伸入上一循环不少于20m。

④轨排精调后，轨道中线和轨顶高程允许偏差均应不大于2mm。

（5）CRTSⅡ型双块式型无砟轨道安装测量应满足下列要求：

①应依据轨道控制网CPⅢ，采用全站仪自由设站方法测设道床板模板轴线，每一设站放样距离不应大于90m，道床模板定位允许偏差：平面2mm，高程5mm。

②CRTSⅡ型轨排安装应利用精调完成后的支脚（加密基标）进行定位，道床板混凝土浇筑前应检测支脚点三维坐标。实测与设计三维坐标（x, y, h）较差均不应大于1mm。

③轨排安装允许偏差要求如下：

- 相邻轨枕框架首根承轨槽（台）横向偏差≤3mm。

- 轨枕框架内相邻承轨槽(台)横向偏差≤1mm。
- 相邻承轨槽(台)高差偏差≤0.5mm。

2. 道岔安装测量

站场内各组道岔宜一次测设完成，并复核道岔间相互位置。站线无砟轨道的测量宜与道岔同时进行，误差的调整应在站线测量中消除。无砟道岔两端应预留不小于200m的长度作为道岔与区间无砟轨道衔接测量的调整距离。道岔铺设前，应以CPⅢ控制点为依据，在混凝土底座或支承层及板式道岔的找平层上于岔心、岔前、岔后、岔前100m和岔后100m分别测设道岔控制基标。道岔精调应先进行道岔主线测量，再进行道岔侧线测量。

(1) 道岔区枕式无砟轨道安装测量应符合下列要求：

①道岔控制基标横向允许偏差不应大于1mm。相邻道岔控制基标允许偏差：间距2mm，高差1mm。

②道岔加密基标宜设置在线路中线两侧，间距宜为5～10m，转辙器、导曲线和辙叉起始点应增设加密基标。加密基标的横向允许偏差不应大于2mm。相邻加密基标相对允许偏差：平面位置2mm、高程1mm。

③道岔粗调测量应以加密基标为准，也可采用全站仪自由设站配合轨道几何状态测量仪进行，每测站最大测量距离不应大于80m。道岔平面位置及高程粗调偏差均不应大于±5mm。

④采用全站仪配合水准仪进行道岔精调测量时，将全站仪安置于道岔控制基标上，以道岔控制基标为基准，道岔方向调整由全站仪控制；高程采用几何水准法按精密水准精度要求施测。并符合下列规定：

- 道岔精调后，道岔定位中线允许偏差为±2mm，轨面高程允许偏差为-5mm～0，且与前后相连线路一致。
- 道岔精调完成后，应采用轨道几何状态测量仪对道岔平顺性进行检测。

⑤混凝土道床板模板放样可采用全站仪自由设站或通过道岔加密基标进行，道床模板安装定位允许偏差为：横向2mm，高程5mm。

(2) 道岔区板式无砟轨道安装测量应符合下列要求：

①道岔板定位应以CPⅢ控制点为依据，在混凝土找平层上测设道岔板角点和混凝土调节垫块角点。平面位置放样误差应≤5mm。

②道岔板加密基标(基准点)应设于找平层上，测设位置及测量精度应满足本规范CRTSⅡ型板式无砟轨道加密基标(基准点)的测量要求。

③道岔板精调应采用全站仪三维放样模式，分别精确测量每块道岔板上的4个(或6个)棱镜位的三维坐标，并根据放样与计算差值调整道岔板调节架，对道岔板进行横向、纵向和竖向的调整。道岔板精调实测与设计值偏差应满足：纵向偏差≤0.3mm，横向偏差≤0.3mm，竖向偏差≤0.3mm的要求。

④道岔板精调完成后，在混凝土灌注前，应依据CPⅢ控制点采用全站仪自由设站方式对道岔板进行线性检测，并满足下列要求：

- 每块道岔板允许偏差：竖向1.5mm，横向1mm，纵向3mm。
- 道岔板与道岔板搭接允许偏差：横向和竖向均为1mm。

⑤道岔精调后,应采用轨道几何状态测量仪对道岔几何状态进行检测。道岔定位中线允许偏差为±2mm,轨面高程允许偏差为-5mm~0,具体参照《客运专线无砟轨道铁路工程测量暂行规定》。

3. 轨道精调测量

轨道精调测量应在长钢轨应力放散并锁定后,采用全站仪自由设站方式配合轨道几何状态测量仪进行。轨道精调测量前应按要求对CPⅢ控制点进行复测,复测结果在限差以内时采用原测成果,超限时应检查原因,确认原测成果有错时,应采用复测成果。

轨道精调测量前,应将线路平面、纵断面设计参数和曲线超高值等数据录入轨道几何状态测量仪,并复核无误。

轨道几何状态测量仪测量步长:无砟轨道宜为1个扣件间距,有砟轨道不宜大于2m。更换测站后,应重复测量上一测站测量的最后6~10根轨枕(承轨台)。

测量内容包括线路中线位置、轨面高程、测点里程、轨距、水平、高低、扭曲。

【知识小结】

本项目主要介绍了高速铁路平面控制测量、高程控制测量、线下工程测量的特点;详尽介绍了地下铁路工程测量的特点、内容、主要的技术要求、控制测量、施工测量、盾构区间施工测量的内容和方法。对无砟轨道安装测量的作业方法和精度要求进行了说明。

【知识与技能训练】

1. 高速铁路精密工程测量的特点和主要内容是什么?
2. 如何建立高速铁路施工控制网?
3. 地下铁路工程测量的特点和主要内容是什么?
4. 线下工程测量的具体步骤是什么?
5. 无砟轨道铺设基桩控制网建立的基本思想是什么?
6. 建立一个高速铁路施工控制网。

参 考 文 献

1. 李青岳，陈永奇．工程测量学．北京：测绘出版社，2004
2. 王金玲．工程测量．北京：中国水利水电出版社，2008
3. 张正禄，等．工程测量学．武汉：武汉大学出版社，2002
4. 刘志章．工程测量学．北京：中国水利水电出版社，1997
5. 周建郑．工程测量（测绘版）．郑州：黄河水利出版社，2006
6. 陈龙飞，金其坤．工程测量．上海：同济大学出版社，2005
7. 章书寿，华锡生．工程测量．北京：中国水利水电出版社，1994
8. 王金玲．建筑工程测量．北京：北京大学出版社，2008
9. 唐保华．工程测量技术．北京：中国电力出版社，2012
10. 王兆祥．铁道工程测量．北京：铁道出版社，2001
11. 中华人民共和国国家标准．工程测量规范（GB50026—2007）．北京：中国计划出版社，2008
12. 王金玲．土木工程测量．武汉：武汉大学出版社，2010